최신
전기철도개론
New Electric Railway Engineering

| 강인권 지음 |

도서 A/S 안내

당사에서 발행하는 모든 도서는 독자와 저자 그리고 출판사가 삼위일체가 되어 보다 좋은 책을 만들어 나갑니다.

독자 여러분들의 건설적 충고와 혹시 발견되는 오탈자 또는 편집, 디자인 및 인쇄, 제본 등에 대하여 좋은 의견을 주시면 저자와 협의하여 신속히 수정 보완하여 내용 좋은 책이 되도록 최선을 다하겠습니다.

구입 후 14일 이내에 발견된 부록 등의 파손은 무상 교환해 드립니다.

저자 e-mail : ikkang@kemt.co.kr

본서 기획자 e-mail : hck8181@hanmail.net(황철규)

홈페이지 : http://www.cyber.co.kr

전화 : 031)955-0511

Preface

전기철도는 도시간 및 도시 내의 대량, 고속 운송기관으로서 매우 중요한 역할을 담당하고 있다.

최근에 고속전철의 건설, 기존 간선철도의 단계적 전철화, 도시철도 및 지하철의 단계적 건설 등이 진행되고 있어 전기철도의 사명과 기능은 더욱 중대해지고 있으며, 이에 따라 전기철도 기술분야가 부각되고 있다.

그리고 간선철도 및 도시철도로서 전기철도는 고속화, 고효율화를 지향하면서 신기술 및 새로운 설비방식이 적극적으로 개발, 도입되고 있다.

즉, 최근에 현저하게 진전되고 있는 파워 일렉트로닉스(power electronics)기술을 이용하여 직류방식 전기차는 저항제어에서 초퍼(chopper)제어를 거쳐서 인버터(inverter)제어로 진전되고 있고, 교류방식 전기차는 변압기탭제어에서 사이리스터(thyristor)위상제어를 거쳐서 PWM인버터(inverter)제어로 이행되고 있다.

더불어, 직류방식 및 교류방식은 감속 또는 정지 시에 전력을 역행 전기차 또는 전원에 반환하는 회생제동이 적용되고 있다.

또한 전기운전의 고밀도화와 동시에 고속화가 진행되고 있다.

이러한 추세에 부응하여 전기철도 전반에 대해서 체계적이고 전기철도의 최신 적용기술이 서술된 저서가 필요하다고 판단되어 최신 전기철도개론을 개정, 편집하여 발간하게 되었다.

본서는 전기철도 전반에 걸쳐서 기초분야, 전력응용분야 및 전기철도의 전문기술분야에 대해서 체계적으로 상세히 기술되어 있다.

그러므로 본서는 대학강의 교재, 기술자격시험의 참고서 및 실무기술자의 기술참고서로 유효하게 활용될 수 있을 것이다.

마지막으로 본서의 편집내용에 일부 미숙한 점이 있다면 양해를 구하는 바이며, 발간에 도움을 주신 모든 분들께 깊은 감사를 드린다.

편저자

Contents

CHAPTER **03** 전기차량

CHAPTER **04** 전기차의 주전동기

Contents

CHAPTER 05 전기차의 속도제어

CHAPTER 06 전기차의 설비

Contents

CHAPTER 07 전기차의 운전

CHAPTER 08 ▶ 전차선로

Contents

Contents

CHAPTER **10** **전기철도의 변전소**

Contents

CHAPTER **14** 선형전동기식 철도

CHAPTER **15** 자기부상식 철도

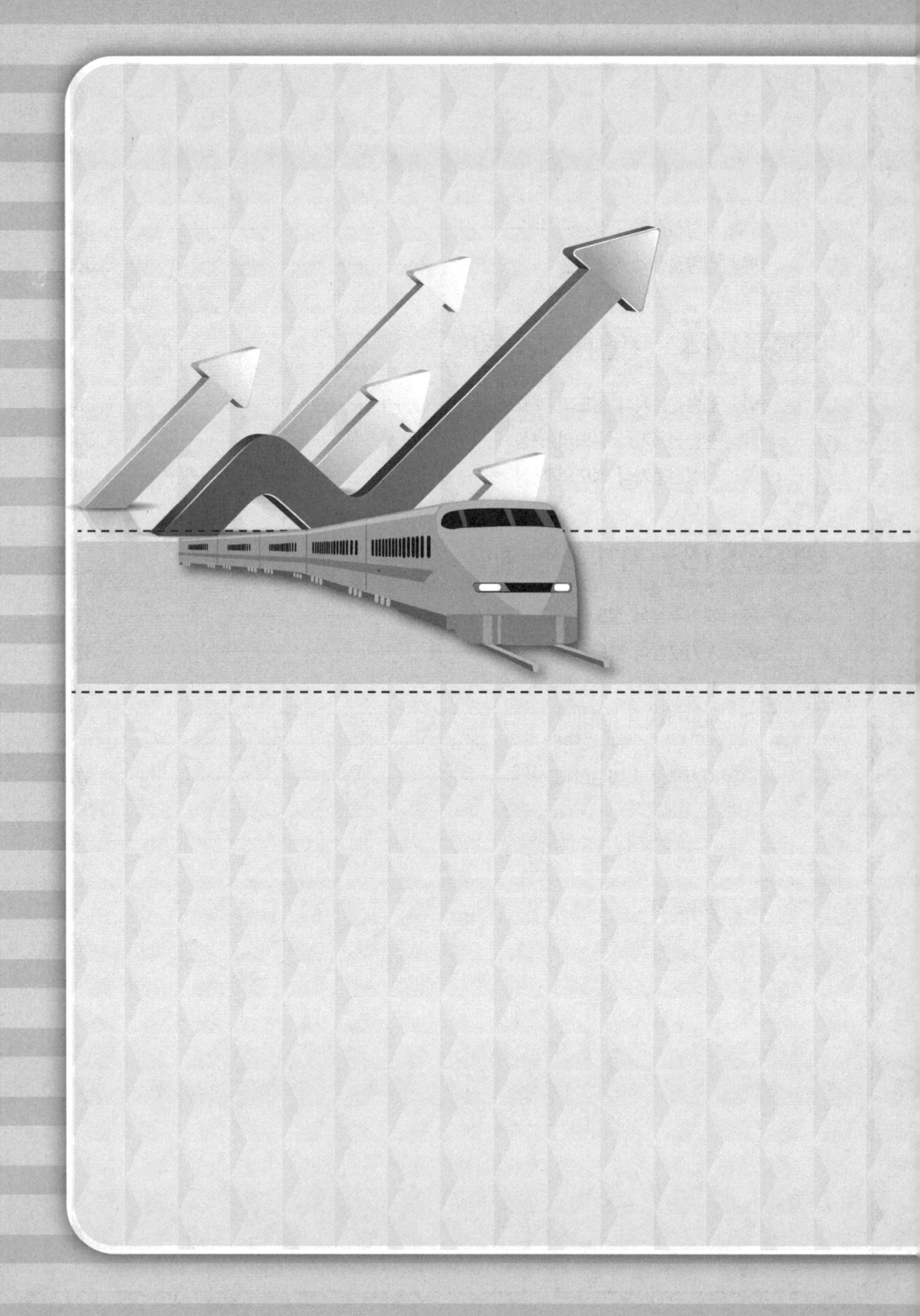

서 론

01 서 론

01 전기철도의 개요

전기철도(electric railway)가 실용화된 것은 1879년 베를린(Berlin) 산업박람회에서 시멘스 할스케(Siemens Halske) 회사가 소형 전기기관차(견인전동기 : 직류 150V, 2.2kW, 2극 직류전동기)로 객차 3량을 속도 12km/h로 견인 운전하면서 시작되었다. 이어서 시멘스 할스케 회사가 1881년에 베를린 시 부근의 리히테르펠데(Lichterfelde)에 전기철도를 건설하고 전기차에 의한 일반여객의 수송을 개시하여 전기철도의 영업운전이 최초로 시작되었다.

이후, 전기철도는 철도수송의 주역으로 계속 발전하여 왔으며, 최근에는 선형전동기의 실용화에 따라 더욱 발전을 거듭하고 있다.

1 전기철도의 급전방식

전기철도의 전기방식은 급전되는 전력의 종류에 따라 직류방식과 교류방식으로 분류된다.

직류방식은 변전설비와 급전선 등의 비용은 높으나, 차상 전기기기의 구성이 단순하게 되어 소요비용이 저렴하다. 그러므로 직류방식은 수송밀도가 높은 선로에 적합하다. 일반적으로 직류방식에서는 750V 이하의 저압이 사용되며, 비교적 저속도의 단거리선로나 노면전차에는 600~750V가 많이 사용되고, 수송밀도가 높은 철도에는 1,500V가 사용되고 있다. 세계적으로는 일부 국가(이탈리아, 폴란드, 남아프리카, 스페인, 러시아 등)에서 3,000V를 사용하고 있으며, 대부분의 국가에서는 1,500V 이하를 많이 사용하고 있다.

교류방식에는 단상방식과 3상방식이 있다.

세계적으로는 일부 국가에서 3상방식을 사용(스페인 : 25Hz/6kV)하고 있는 것 이외에는 대부분의 국가에서 단상방식(미국 : 25Hz/11kV, 프랑스 : 50Hz/25kV, 독일/스위스/스웨덴/노르웨이 : $16 \cdot \frac{2}{3}$ Hz/15kV)을 사용하고 있다. 우리나라에서는 상용주파수 60Hz/25kV가 사용되고 있다.

단상교류방식에서는 변전소의 설비와 전차선로의 구조가 단순하게 되어 소요비용이 저렴하고, 전압강하가 적으므로 변전설비의 설치간격을 길게 할 수 있으며, 전력손실이 적다. 반면, 차상의 전기구조가 복잡하게 되고, 유도장해가 발생할 수 있다.

2 전기차의 구동방식

전기차는 급전되는 전력의 종류에 따라 직류전기차, 교류전기차, 교직류전기차로 분류된다.

직류전기차는 전차선으로부터 직류전력을 집전하고 주전동기로 직류전동기를 구동시켜 주행한다.

교류전기차는 고압의 교류전력을 집전하여 차상에서 변압기에 의해 강압시키고 정류기에 의해 직류로 변환하여 직류전동기를 구동시켜 주행하는 방식과 교류전동기를 직접 구동시켜 주행하는 방식이 있다. 최근에는 대부분 후자의 방식을 많이 취하고 있다. 단상교류방식의 경우에는 일반적으로 (인버터＋3상유도전동기) 방식을 사용하고, 3상교류방식의 경우에는 3상유도전동기가 주로 사용되고 있다.

교직류전기차는 교류구간과 직류구간을 직통 운행할 수 있도록 양 구간에 적합한 전기기기를 탑재하고 경계구간에서 이를 절체하여 운행한다.

3 전기차의 견인방식

전기차(electric traction car)는 열차를 견인하는 방식에 따라 동력집중방식과 동력분산방식이 있다.

동력집중방식은 전기기관차(electric locomotive)와 같이 열차의 구동력을 견인차에 집중하는 방식으로 장거리 열차에 많이 채용되고 있다.

동력분산방식은 전기차(electric car)와 같이 열차편성 중의 복수의 차량에 동력을 분산하는 방식으로 동력을 가진 차량을 전동차(motor car), 동력이 없는 차량을 부수차(trailer)라고 한다.

전기차의 성능, 차량의 중량 등에 따라 M차와 T차의 비율(MT비) 및 제어계의 표준화를 고려하고 분할, 합병 등에 대응하여 운용효율을 높이고 있다.

우리나라에서는 여객열차나 화물열차를 견인하는 전기기관차 이외에는 거의 대부분이 동력분산방식을 취하고 있다.

02 ▶ 전기철도의 종류

전기철도는 기능, 수송량, 수송거리, 운행속도 등에 따라 다음과 같이 분류된다.

1 일반철도(general railway)

(1) 간선철도(trunk route railway)

교통의 기간이 되는 철도로 장거리 및 고속운행이 수행되며, 장편성열차, 고속화물열차 등이 이에 속한다. 종래에는 디젤기관차(diesel locomotive)에 의한 견인운전이 많았으나 최근에는 대부분이 전기운전으로 교체되고 있다.

(2) 지선철도(branch line railway)

간선으로부터 분기되는 지방선로(local line)로 보통 수송량이 적고, 저속으로 운행된다.

2 도시철도(urban railway)

(1) 시가철도(street railway)

노면전차(tramway), 트롤리버스(trolley bus) 등이 이에 속한다.

시가철도는 일반 공공도로상에 설치되며, 운행속도가 낮고, 정차장 간격이 짧다. 소형, 소출력의 전기차가 운행되고 전차선 전압도 저압이 사용된다. 최근에는 버스나 승용차 등 교통기관의 발달과 도로교통의 혼잡때문에 거의 사라지고 있다.

(2) 도시고속철도(urban rapid transit)

도시 내의 지하철, 고가철도, 단궤조철도(mono-rail) 등이 이에 해당된다.

도시고속철도는 일반적으로 30~40km/h 정도의 표정속도로 대도시 내에서 고속운행을 수행한다.

(3) 도시간철도(intercity railway)

도시간에 연결되는 철도로 표정속도가 높고, 도시와 도시간의 수송을 수행한다.

(4) 교외철도(suburban railway)

도시를 중심으로 교외로 연결되는 철도로 표정속도가 높고, 도시와 교외간의 수송을 담당한다.

3 특수철도(special railway)

(1) 전용철도(exclusive railway)
광산철도, 항만철도, 삼림철도 등으로 특수한 목적에 전용으로 사용되는 철도이다.

(2) 관광철도(sightseeing railway)
관광객 수송목적으로 사용되는 철도로 저속운행을 하며, 일정시기에만 운행되는 것이 많다.

(3) 등산철도(mountainous railway)
강삭철도(케이블카 : cable car), 보통삭도(로프웨이 : rope way), 래크철도(rack way) 등으로 등산객의 수송에 사용되는 철도이다.

03 전기철도의 전기방식

전기철도의 전기방식은 직류방식과 교류방식으로 구분되며, 교류방식은 단상교류방식 및 3상교류방식으로 분류되고, 각각 전압 또는 주파수에 따라 다수의 방식이 있다.

1 직류방식

일반적으로 직류전기철도의 표준전압은 가공단선방식 및 강체복선방식에서는 1,500V 또는 600V, 제3레일방식과 가공복선방식 및 안내궤조식 철도의 강체복선방식에서는 750V 또는 600V를 사용하고 있다.

직류 1,500V는 운행속도가 높고 수송단위가 크며 수송량이 많은 간선철도 또는 교외철도 등에 널리 채용되고 있다. 최근에 외국에서는 직류 3,000V도 사용되고 있다.

직류방식은 전기차의 주전동기로 매우 우수한 특성을 가지는 직류직권전동기에 전차선 전압을 그대로 급전하여 이용가능하고, 전기차의 설비도 간단하게 된다. 그리고 통신선에 미치는 유도장해가 적고 전압이 낮아 절연이 용이하며, 또한 활선작업의 수행이 용이하고 신호의 궤도회로에 간단한 교류식을 사용할 수 있는 장점이 있다.

반면에, 전철용 변전소에 정류장치를 설치하여야 하므로 건설비가 높아지고 전압이 낮아 전류가 크므로 전선의 동량이 많이 소요되고, 전력손실이 커지며, 전압강하도 크게 되어 변전소의 간격을 길게 할 수 없다. 그리고 운전전류가 크므로 사고전류의 선택차단

21

이 곤란하고 보호방식이 복잡하게 되며, 다른 지중매설 금속체에 전식피해를 끼치는 등의 단점이 있다.

2 교류방식

(1) 단상교류방식

단상교류방식에는 상용주파수방식, 저주파수방식 및 단상3상방식(분상방식)이 있다. 단상교류방식은 고전압이 사용되어 전류가 작고 전선동량이 적게 소요되며 전력손실이 적고 변전도 간격을 길게 취할 수 있으며 전식에 의한 피해가 없는 등의 장점이 있지만, 통신선에 대한 유도장해가 크다. 단상교류방식에는 다음의 종류가 있다.

① 단상교류 상용주파수방식

사용전압은 25kV, 20kV, 16kV 등이 있으며, 우리나라는 60Hz, 25kV 방식을 사용하고 있다.

최근 전기차는 VVVF(Variable Voltage Variable Frequency) 인버터 제어에 의한 유도전동기 구동형이 많이 사용되고 있다.

② 단상교류 저주파수방식

전기차의 주전동기로 단상정류자전동기를 사용하고, 이 변압기의 기전력에 의한 정류불량을 경감하기 위하여 25Hz, $16\frac{2}{3}$Hz 등의 특수저주파가 사용된다. 따라서 전용의 발전소 또는 저주파변환장치가 필요하며, 변전소설비가 복잡하게 된다. 반면에, 전기차에는 변압기만 설치하면 되고 정류의 문제는 거의 없다.

사용전압은 6.6kV, 11kV, 15kV 등이 있고, 일찍부터 구미각국에서 채용되어 왔으며, 최근에는 상용주파수방식의 진전에 의해 밀려나는 경향이 있다.

③ 단상3상방식(분상방식)

전차선에는 단상으로 급전하고 전기차상의 상변환장치에 의해서 단상을 3상으로 변환시키며 주전동기로 3상유도전동기를 사용하는 방식으로 특수한 방식이다. 유도전동기를 사용하므로 정류의 문제는 없지만 속도제어가 곤란하여 특별한 장치가 필요하고, 기동토크(torque)가 작다. 반면에, 3상유도전동기의 극수를 변환시켜 동기속도를 감소시켜서 전력회생제어를 용이하게 수행할 수 있다.

전기차에는 상변환장치가 설치되어 복잡하게 되지만 집전장치와 전차선은 간단하게 된다. 이 방식은 단상방식과 3상방식의 장점을 취한 것으로 전기차의 구조가 복잡하여 중량이 크고 특수하므로 일반성이 결핍되어 최근에는 많이 사용되지 않고 있다.

(2) 3상교류방식

3상교류방식은 주전동기로 3상유도전동기를 사용하며, 상변환장치가 필요 없어 전기차 설비는 간단하게 된다. 정류의 문제가 없고 전력회생제어를 용이하게 수행하는 반면에, 속도제어가 곤란하게 되고 기동토크도 작다.

3상3선방식은 3본의 전선이 필요하고, 3상2선방식은 1상으로 레일을 이용하며 2본의 전선이 필요하고 전차선 설비가 복잡하며 고가이고 전기차의 집전장치도 복잡하게 된다. 또한, 전선 상호간의 절연이 곤란하므로 전압을 높게 할 수 없다. 사용전압으로는 3.7kV, 6kV 등이 사용되고 있다.

3상교류방식은 구배구간에는 적합하지만 일반의 전기철도에는 부적합하며, 3상3선방식은 교류전기철도 초기의 것으로 최근에는 거의 소멸되었다.

선 로

02 선 로

01 선로의 구조

1 선로의 개요

선로는 열차 또는 차량을 주행시키는 통로로 궤도와 이를 지지하는 노반으로 구성되며, 노반의 표면을 시공기면이라 한다. 궤도는 시공기면상의 레일, 침목, 도상으로 구성되며, 열차의 하중을 받고 이 힘을 노반으로 전달한다. 노반에는 일반지반, 성토지반, 절취지반 등이 있으며, 특수한 교량노반도 있다. 선로의 일반적인 구조를 [그림 2.1]에 보인다.

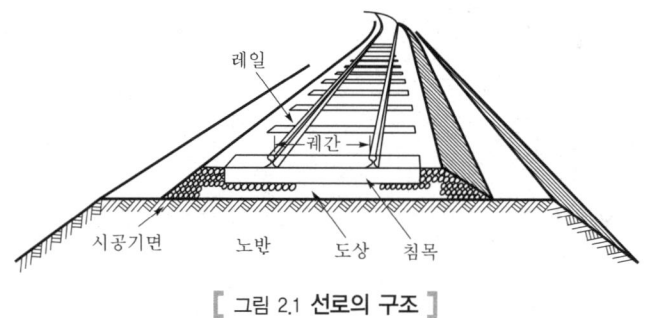

[그림 2.1 **선로의 구조**]

2 선로의 등급

선로는 주요간선이나 지선 등과 같이 선로구간에 따라 운행되는 열차(차량)의 종류, 형식, 속도, 열차횟수 등의 수송조건이 서로 다르다. 이러한 수송조건이 서로 다른 선로를 모두 일률적으로 동일한 규격이나 구조로 하고 보수정도를 동일하게 하는 것은 비경제적이므로 선로의 중요도나 수송량에 대응하는 등급으로 구분하여 각각의 구조와 규격을 부여하고 있다.

이러한 선로의 등급 구분을 선로등급이라 하고, 일반적으로 4등급(1급선, 2급선, 3급선, 4급선)으로 구분된다. 선로의 등급에서 1급선은 수송량이 특히 많고 중요도가 높으며,

4급선은 수송량이 적은 한산한 선로구간에 적용된다.

3 궤간(gauge)

궤간은 레일면에서 16mm 이내의 거리에 있는 레일의 상부간의 최단거리이다. 표준궤간은 1,435mm이며, 이것보다 좁은 것을 협궤, 넓은 것을 광궤라고 한다.

광궤와 협궤의 특성을 비교하면 다음과 같다.

(1) 광궤

① 대형차량이 운행되므로 그 중심이 낮게 되어 고속운전이 가능하다.

② 수송력이 크다.

③ 차량의 안정성이 좋고 동요가 작아서 승차감이 양호하다.

(2) 협궤

① 건설비가 저렴하다.

② 급곡선을 주행하기 쉬우므로 건설비가 저렴한 선로를 선정가능하다.

현재, 세계적으로 사용되고 있는 궤간을 [표 2.1]에 보인다.

표 2.1 **세계적 주요궤간**

구 분	궤 간	적용국가
광궤	1,676mm 1,524mm	스페인, 포르투갈, 칠레, 아르헨티나, 러시아
표준	1,435mm	한국, 일본, 영국, 프랑스, 독일, 미국, 중국
협궤	1,371mm 1,067mm 1,000mm 914mm 610mm	일본 일본, 필리핀 태국, 베트남 멕시코 아프리카

4 차량의 편위

차량이 곡선부를 통과하는 경우에 차체의 양단부는 곡선의 외방, 중앙부는 곡선의 내방으로 편기되며 이것이 차량의 편위이다.

[그림 2.2]에서 차량의 양단부 및 중앙부의 편위 W_1, W_2를 구하면 다음과 같다.

$$W_1 = \frac{2.8 \times (2.8 + 13.4)}{2R} = \frac{22,680}{R}$$

$$W_2 = \frac{13.4 \times 13.4}{8R} = \frac{22,445}{R}$$

$$\therefore \quad W_1 \fallingdotseq W_2$$

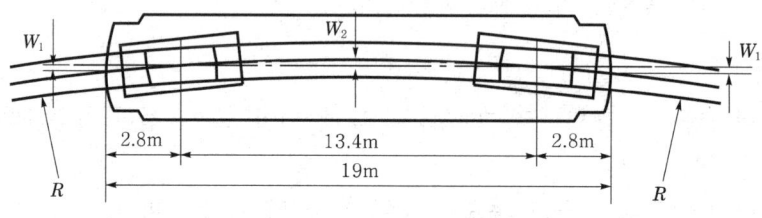

[그림 2.2 **차량의 편위 계산도**]

이것을 밀리미터(mm) 단위로 환산하면 다음과 같이 된다.

$$W = \frac{22,500}{R}$$

곡선부에서 건조물과 차량 사이의 간격을 직선과 동일하게 하기 위해서는 편위량만큼 건축한계의 폭을 넓게 하여야 한다.

궤도중심선의 양측으로 확대 총 치수 W는 다음과 같다.

$$W = \frac{22,500}{R}$$

여기서, R : 1,000m 이하의 곡선반경(m)

그리고 전기차량 상부의 집전장치(팬터그래프)에 대한 한계로서는 해당 장치가 편위가 작은 보기(bogie)의 중심부근에 설치되므로 다음 식이 적용된다.

$$W = \frac{11,250}{R}$$

여기서, R : 1,000m 이하의 곡선반경(m)

5 궤도 중심간격(track spacing)

궤도가 2선로 이상 설치되는 경우에 일반적으로 그 중심간격은 정거장(차량기지 포함) 외부 및 내부로 구분되어 다음과 같이 지정된다.

(1) 정거장 외부

정거장 외부에서는 열차의 승객과 승무원의 위험을 고려하여 궤도 중심간격을 고속선은 5.0m 이상, 1급선은 4.3m 이상, 2급선~4급선은 4.0m 이상으로 규정하고 있다.

그러나 3선로 이상의 궤도가 있는 경우에는 보수 종사원의 작업이나 열차를 피하는데에 불충분하므로 인접하는 중심간격 중의 1개는 4.5m 이상이 되어야 한다.

(2) 정거장 내부

정차장 내부의 궤도 중심간격은 4.3m 이상으로 되어 있으며, 이것은 주요역이나 조차장에서 구내 종사원이 각종 작업을 수행하는 데에 필요하기 때문이다.

그리고 6선로 이상 병행시설의 경우에는 5선로마다 인접선로와의 궤도 중심간격이 6m 이상인 한 개 선로를 확보하여야 한다. 또한 고속선의 경우에는 본선과 통과선의 궤도 중심간격을 6.5m로 하고 있다.

곡선의 경우는 정거장 내외부 모두 위에 기술한 치수의 2배 이상으로 해야 한다.

6 선로의 곡선(curve)

선로에는 직선구간과 곡선구간이 있으며, 곡선은 그 크기가 반경의 길이로 표시된다. 이러한 곡선에는 다음과 같은 종류가 있다. ([그림 2.3] 참조)

(1) 단심곡선(simple curve)

원의 중심이 1개인 것으로 원곡선의 시점을 B.C., 종점을 E.C.라고 한다.

(2) 복심곡선(compound curve)

반경이 서로 다른 2개의 원의 중심이 선로에 대해서 동일한 측에 위치하는 곡선이다.

(3) 반향곡선(reverse curve)

2개의 곡선반경의 중심이 선로에 대해서 서로 반대측에 위치하는 것으로 S-곡선(S-curve)이라고도 한다.

(4) 완화곡선(transition curve)

직선과 곡선의 사이에 삽입되는 곡선으로 곡선반경이 원곡선의 반경으로부터 점차 증가하여 무한대(직선)에 도달할 때까지의 곡선을 말한다.

완화곡선의 시점을 B.T.C., 종점을 E.T.C.라고 한다.

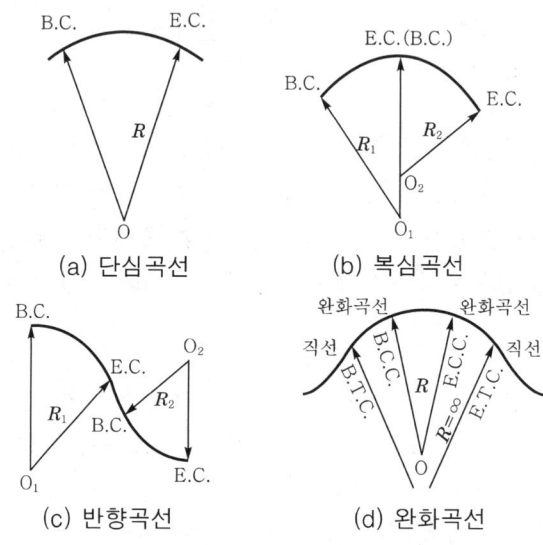

(a) 단심곡선 (b) 복심곡선

(c) 반향곡선 (d) 완화곡선

[그림 2.3 **곡선의 종류**]

7 곡선의 반경(radius of curve)

곡선은 분기기, 이음매부 등과 같이 궤도의 취약부분으로 된다. 곡선반경이 작으면 다음과 같은 단점이 있다.

① 열차속도가 제한된다.

② 곡선저항에 따라 견인정수가 제한된다.

③ 레일의 마모, 궤간의 오차, 차륜의 손상 등이 많아지게 된다.

④ 투시불량, 탈선의 위험, 차량의 동요 등이 많아지게 된다.

곡선반경은 크면 클수록 좋지만 선로의 지형에 따라 제약을 받으므로 열차의 속도, 운전의 안전성, 경제성 등의 면에서 최소한도가 지정이 되고 있다. ([표 2.2] 참조)

∥ 표 2.2 **곡선반경의 최소한도** ∥

구 분		최소 곡선반경(m)
본선	일반 곡선	300, 400, 600, 800
	분기부 곡선	160, 240, 320, 460
	승강장인접 곡선	400, 500, 600, 800
측선	−	160 이상

8 캔트(cant)

열차가 직선을 주행하는 경우에 차량의 중심은 거의 궤도의 중심선에 일치하여 작용하게 되지만, 곡선부를 통과하는 경우에는 원심력의 작용에 의해서 외방으로 기울어져 작용하게 된다. 이 때문에 외측레일을 내측레일보다 높여서 전도되려는 힘을 억제하여 차량의 안정을 유지하도록 하고 있다. 이렇게 외측레일을 내측레일보다 높게 하며 그 높임량을 캔트(cant)라고 한다.

[그림 2.4]에서 다음의 식이 성립한다.

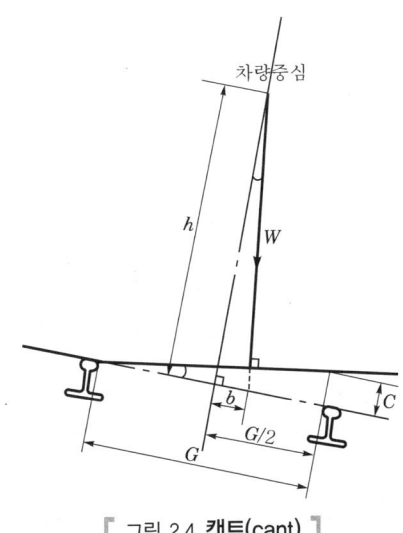

[그림 2.4 **캔트**(cant)]

$$\frac{b}{h} = \frac{C}{G}$$

여기서, b : 레일면상 차량 중심선과 차량 중량축 간의 거리
      h : 차량중심의 높이
      C : 캔트
      G : 궤간
      W : 차량의 중량

차량의 전도에 대한 안전을 3배로 보고 b를 궤도중심으로부터 G의 1/6 이내에 있도록 하기 위해서는 다음과 같이 된다.

$$C = \frac{G^2}{6h}$$

차량의 중심높이를 1,700mm로 하면 C값은 112mm가 된다. 여기에 궤도의 오차, 차량 스프링의 이완에 의한 영향 등을 고려하여 여유를 취하여 캔트의 최대량을 105mm로한다. 캔트는 곡선의 반경이 작은 만큼 또는 열차의 속도가 빠른 만큼 커져야 한다. 일반적으로 다음 식을 사용하여 캔트를 계산한다.

$$C = \frac{GV^2}{127R} \fallingdotseq 8.4\frac{V^2}{R}$$

여기서, C : 캔트(mm)

G : 궤간(mm)($G = 1,435$mm 적용)

R : 곡선반경(m)

V : 열차의 평균속도(km/h)

9 슬랙(slack)

선로의 곡선부에서는 차량의 구조(고정축거리)상 차륜의 플랜지와 레일이 일부 비켜서 맞물려 주행하게 된다. 이 때문에 내측레일을 곡선내방으로 약간 확대시킬 필요가 있다. 이 확대되는 치수를 슬랙(slack)이라 한다. 슬랙은 다음 식의 평균치를 취하고 있다.

$$S_1 = \frac{6,000}{R} - 5, \quad S_2 = \frac{5,300}{R} - 10$$

슬랙은 곡선반경이 작은 만큼 크게 되며, 그 최대한도는 25mm이다. 그 이유는 차륜의 플랜지가 얇은 경우에 탈선할 우려가 있기 때문이다.

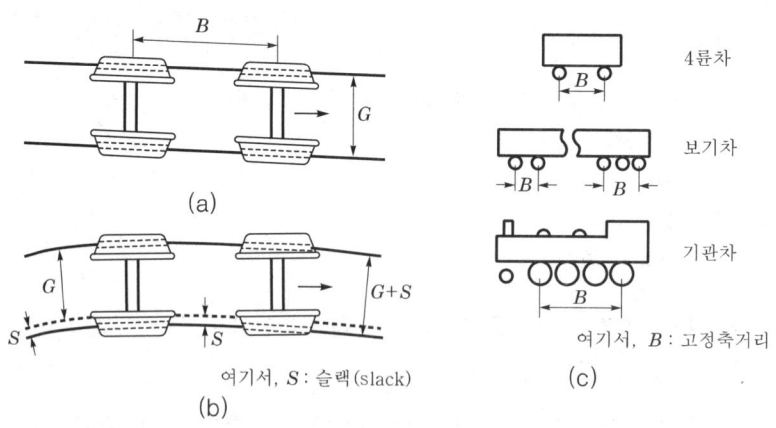

그림 2.5 슬랙(slack)

10 구배와 종곡선(grade and vertical curve)

구배는 선로의 2지점간의 높이의 차이를 그 지점간의 수평거리로 나눈 값을 1,000분율로 표시한다. ([그림 2.6] 참조)

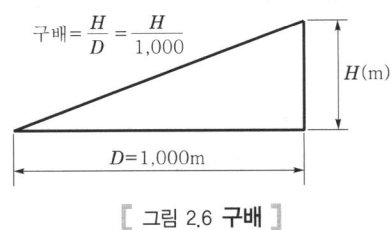

$$구배 = \frac{H}{D} = \frac{H}{1,000}$$

H(m)

$D = 1,000$m

[그림 2.6 **구배**]

선로의 구배는 열차에 큰 저항이 되며, 구배구간에서는 수평구간에 비해서 견인정수가 크게 감소하게 된다. 예를 들면, 어느 전기차가 10/1,000의 상향구배에서 1,000ton이라도 25/1,000에서는 350ton밖에 되지 않는다. 일반적으로 구배의 한도는 다음의 [표 2.2]와 같다.

┃ 표 2.2 **구배의 한도** ┃

구 분		구배한도
본선	정거장 외부	10/1,000, 20/1,000, 25/1,000, 35/1,000
	정거장 내부	3.5/1,000
측선	−	3.5/1,000

열차가 구배의 변경지점을 통과하는 경우에 굴곡이 급하면 전후의 차량간의 연결기에 무리가 발생하고 부상탈선의 우려가 있으므로 구배의 변경지점에서는 종방향(수직방향)으로 곡선을 삽입하여 완화시키고 있으며, 이것을 종곡선(vertical curve)이라고 한다.

종곡선의 곡선반경은 일반적으로 다음과 같이 지정되고 있다.

① 반경 800m 이하의 곡선 : 4,000m 이상
② 기타의 경우 : 3,000m 이상

11 건축한계와 차량한계(construction gauge and vehicle gauge)

(1) 건축한계와 차량한계의 정의

건축한계는 차량의 운전에 지장이 없도록 궤도상에 일정한 공간을 확보하기 위하여 설정하는 한계이며, 선로에 근접하는 건물이나 건조물은 이 한계 내에 설치될 수 없도록 지정되어 있다. 여기서 건물에는 정거장건물, 창고, 주택 등이 포함되며, 건조물에는 승강장, 신호기, 전차선로, 교량, 터널, 자연암석, 수목 등이 포함된다.

차량한계는 차량의 설계, 제작시에 어떠한 종류의 차량도 이 이상의 크기로 제작될 수 없도록 한 치수로, 차량의 횡단면의 크기가 이 한계 이내에 들어가도록 지정되어 있다.

(2) 건축한계와 차량한계의 관계

건축한계는 필요한 크기의 차량한계를 결정하고 이에 상당한 여유공간을 주어서 그 크기가 결정되며, 차량한계는 기관차, 객화차의 구조, 설비 등을 고려하여 결정한다.

양 한계의 기본치수와 상호간의 공간을 [그림 2.7]에 보인다.

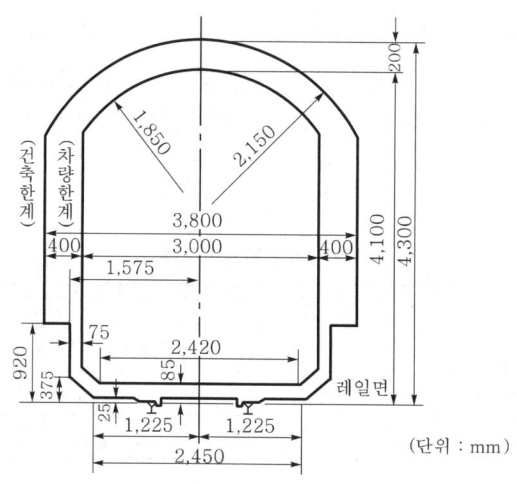

[그림 2.7 건축한계와 차량한계의 공간]

02 궤도의 구조

1 도상(track bed)

도상은 노반과 침목과의 사이에 정치된 자갈, 쇄석 등의 층으로, 열차의 하중을 노반에 균등하게 분포시키고 궤도의 배수를 양호하게 하며 노반의 파손, 침목의 이동을 방지한다. 그리고 열차의 진동을 감소시키고 궤도에 탄력성을 주는 역할을 수행한다.

도상은 구조면에서 발라스트(ballast)도상, 콘크리트(concrete)도상 등이 있으며, 일반적으로 발라스트도상이 많다. 발라스트도상에는 쇄석, 자갈 등이 주로 사용되며, 최근의 고속도구간이나 통과중량이 큰 구간에서는 쇄석이 많이 사용되고 있다.

도상의 단면형태는 [그림 2.8]과 같으며, 도상의 두께는 선로의 등급에 따라 지정되어 있고 중요한 선로일수록 침목하의 두께가 크게 된다. 일반적으로 도상의 두께는 200mm, 250mm가 적용되고 있으며, 특수하게 150mm가 적용되는 경우도 있다.

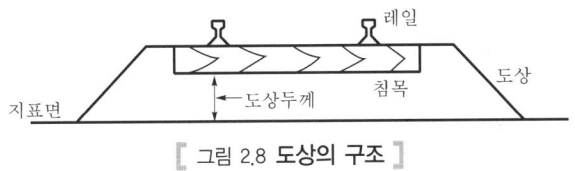

[그림 2.8 **도상의 구조**]

2 침목(sleeper)

침목은 레일을 지지하고 궤간을 일정하게 유지하며 레일로부터의 하중을 도상에 전달하는 역할을 수행한다. 침목은 사용목적에 따라 병치침목, 분기침목, 교량침목으로 분류되고, 그 재료에 따라 목침목(소재 또는 방부재), 콘크리트침목(철근콘크리트) 및 PC(Pre-stressed Concrete)침목으로 구분된다.

목침목은 가장 많이 사용되고 있는 것으로 일반적으로 소나무, 삼나무, 회나무 등의 목재가 많이 사용된다. 그러나 최근에 목재자원의 고갈 및 콘크리트공법의 발달 등에 의해서 PC침목이 다수 사용되고 있다.

PC침목은 목침목에 비해서 초기비용은 높으나 내용연수가 4~6배로 길어서 교체 및 보수비용이 적어 경제적이며 장대레일(long rail)의 설치가 가능한 장점이 있다. [그림 2.9]에 PC침목의 구조를 보인다.

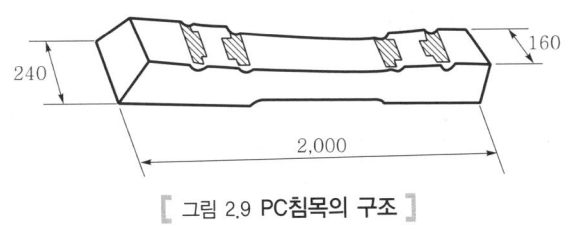

[그림 2.9 **PC침목의 구조**]

3 레일(rail)

(1) 레일의 형태

레일의 종류는 단면형태에 따라 교량형, 쌍두형, 우두형, 평저형, 홈형, 단형 등이 있으며, 종류별 단면형태를 [그림 2.10]에 보인다.

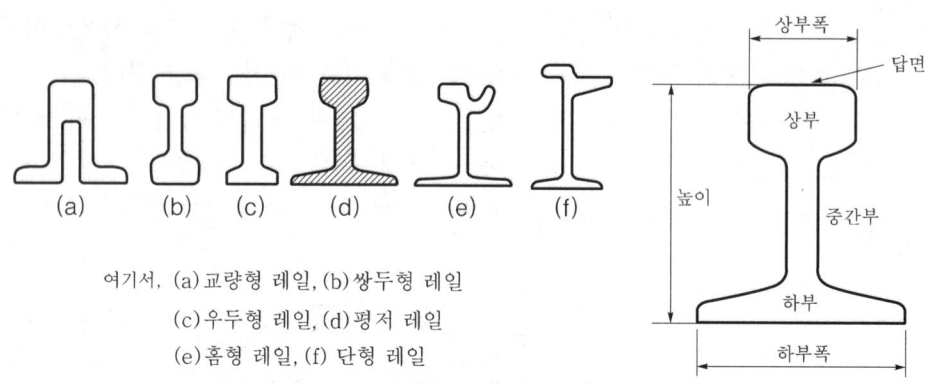

여기서, (a)교량형 레일, (b)쌍두형 레일
(c)우두형 레일, (d)평저 레일
(e)홈형 레일, (f) 단형 레일

[그림 2.10 **레일의 종류와 단면형태**]

철도의 초기에는 쌍두형 레일이 사용되었으나, 최근에는 평저레일이 사용되고 있다. 그리고 홈형 및 단형 레일은 현재 노면궤도에 사용되고 있다.

(2) 레일의 규격

레일의 규격은 그 중량에 따라 지정되어 있으며, 30kg, 37kg, 40kgN, 50kgPS, 50kgN, 50kgT, 60kg 등으로 분류되고 있다. 최근 신설선로에는 50kgN 이상의 레일이 설치되고 있다. 레일의 규격별 형태 및 치수를 [그림 2.11]에 보인다.

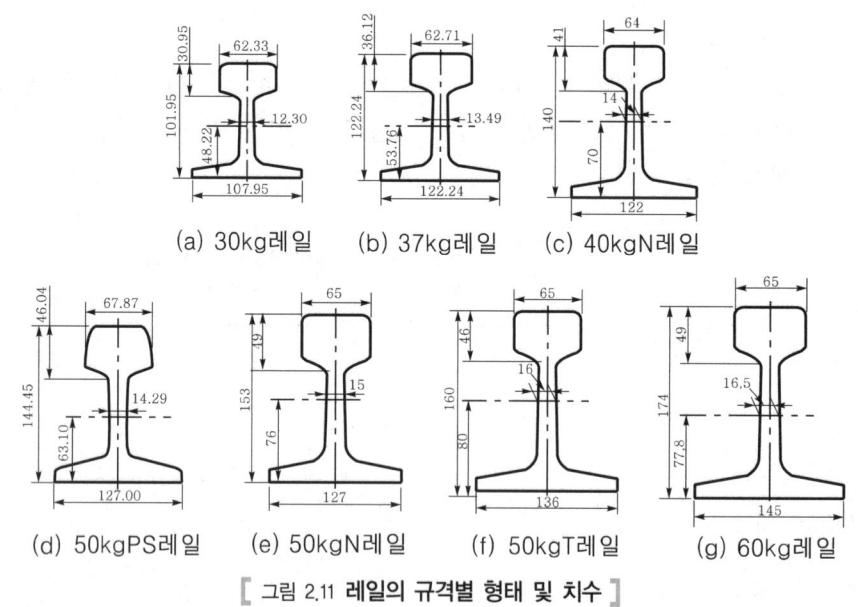

[그림 2.11 **레일의 규격별 형태 및 치수**]

(3) 레일의 길이

레일의 길이가 길면 길수록 이음매의 수량이 적어지고 선로보수 및 비용이 줄게 되며 승차감이 양호하게 되지만, 취급이나 운반이 불편하다. 또한 레일의 길이가 짧으면 취급이나 운반은 편리하지만, 보수비용이 고가로 된다.

일반적으로 30kg레일은 20m, 기타의 레일은 25m로 표준제작되고 있으며, 이 길이의 레일을 표준장 또는 정척레일이라 한다. 그리고 이 길이 이하의 레일을 단척레일, 25m를 초과하고 200m 미만의 용접된 레일을 장척레일, 200m 이상으로 용접된 레일을 장대레일(long rail)이라고 한다.

(4) 레일의 사용구분

일반적으로 본선로에 사용되는 레일은 선로의 등급에 따라 50kgN, 50kgT 이상 및 60kg 이상의 것이 사용되고 있다.

4 레일의 이음(rail joint)

레일은 온도의 변화에 따라 신축하므로 레일의 접속시에는 일정간격을 유지하여 신축이 자유롭도록 하여야 하는데, 이 간격을 유간(clearance)이라고 한다.

유간이 작으면 온도의 상승에 의해서 레일이 신장하여 유간이 영(0)으로 되고 레일이 횡방향으로 창출하게 되며, 반대로 유간이 크면 차륜의 충격에 의해서 열차에 진동을 주게 되어 승차감이 악화되고 궤도에 각종 손상을 주게 된다. 이와 같이 레일의 이음은 궤도의 취약부가 된다.

레일의 이음에는 좌우 레일의 배치위치에 따라 다음의 2종류가 있다. ([그림 2.12] 참조)

(1) 상대식
좌우 레일의 이음이 동일한 위치에 있도록 레일을 배치한 것이다.

(2) 상호식
좌우 레일의 이음이 상호 교차배치되도록 레일을 배치한 것이다.

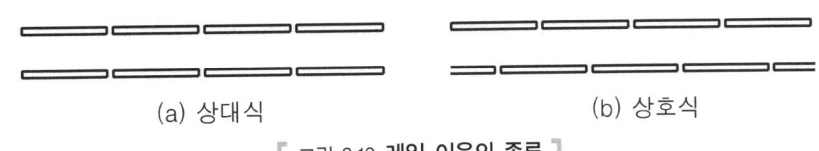

(a) 상대식   (b) 상호식

[그림 2.12 **레일 이음의 종류**]

5 레일의 부속재

(1) 이음판

레일의 이음매는 궤도구조 중에서 가장 취약한 부분이므로 이음판은 레일에 대해서 그 중간부와 동일한 강도를 가져야 한다.

이음판은 그 형태에 따라 단삽입형, L형, I형 등이 있으며, 사용목적에 따라서는 일반 이음판, 절연이음판, 이형이음판 등이 있다. ([그림 2.13] 참조)

그리고 이 이음판을 레일과 체결하는 데에는 이음판 볼트, 너트, 로크너트 및 와셔 등이 사용된다.

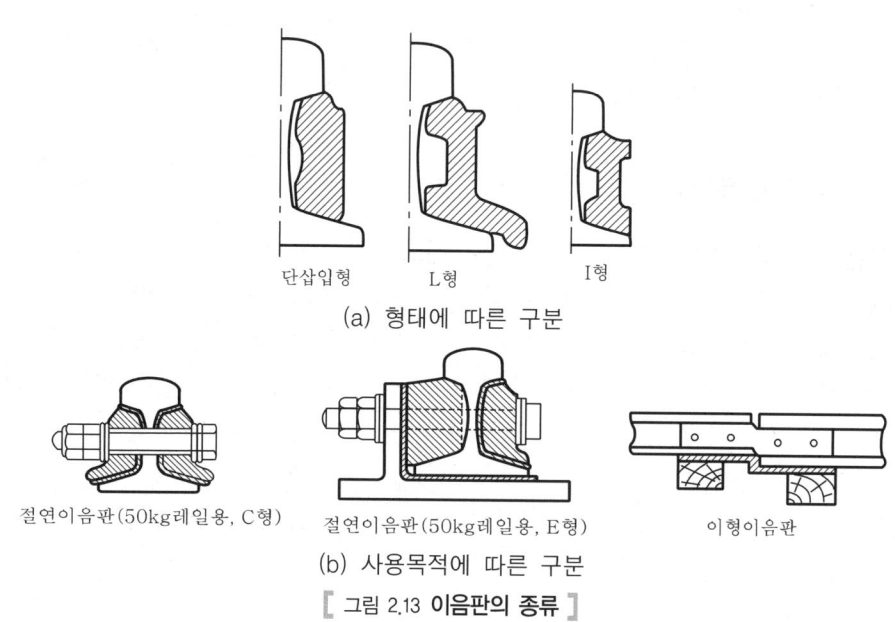

단삽입형 L형 I형

(a) 형태에 따른 구분

절연이음판(50kg레일용, C형) 절연이음판(50kg레일용, E형) 이형이음판

(b) 사용목적에 따른 구분

[그림 2.13 **이음판의 종류**]

(2) 이음판 볼트

이음판 볼트는 너트나 로크너트, 와셔와 일체로 1매의 이음판을 체결시에 사용된다.

(3) 레일 못

레일 못은 레일을 침목에 정치시키고 궤간의 확대를 방지하는 역할을 한다.

레일 못의 종류에는 견정, 스크루스파이크(screw spike), 스프링못 등이 있다. ([그림 2.14] 참조)

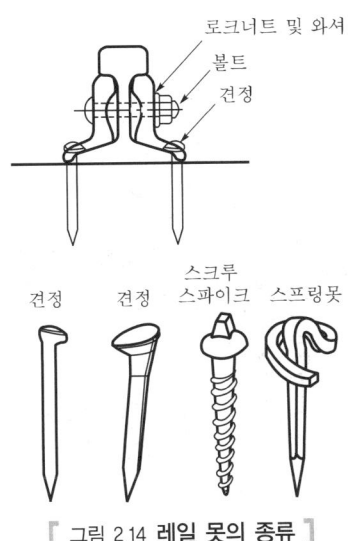

[그림 2.14 **레일 못의 종류**]

(4) 타이플레이트(tie plate)

타이플레이트는 레일과 침목의 사이에 삽입되는 철제판으로 레일로부터의 압력을 넓게 침목에 분포시켜서 레일의 침식을 방지하는 것이다.

타이플레이트의 종류에는 일반용 타이플레이트, 콘크리트도상용 타이플레이트 등이 있으며, 이의 한 예를 [그림 2.15]에 보인다.

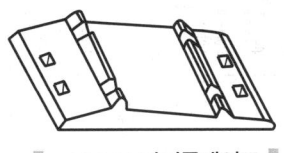

[그림 2.15 **타이플레이트**]

(5) 레일의 체결방식

레일의 체결방식에는 견정이나 스크루스파이크에 의한 방법, 타이플레이트를 사용하는 방법, 탄성체결법 등이 있다.

탄성체결법으로는 레일과 침목의 사이에 고무제의 패드(pad)를 삽입하고 위로부터 레일을 스프링 등을 이용한 탄성체로 침목을 체결하는 방법 즉, 2중탄성체결방법이 사용되고 있다. ([그림 2.16] 참조)

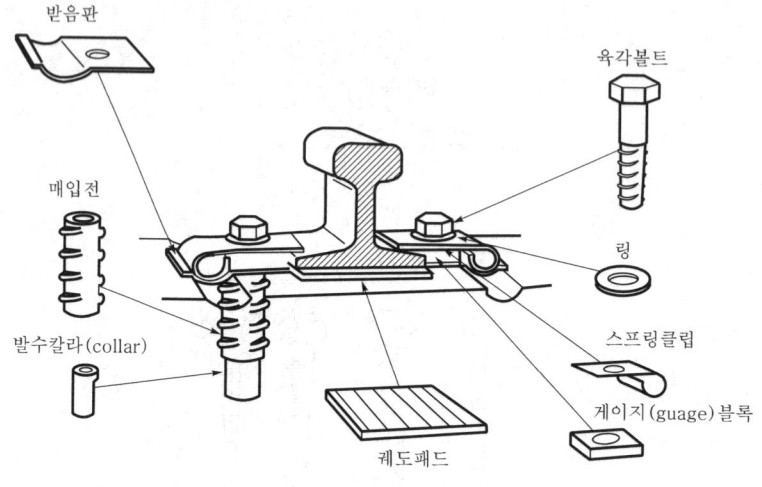

받음판

육각볼트

매입전

링

발수칼라(collar)

스프링클립

게이지(guage)블록

궤도패드

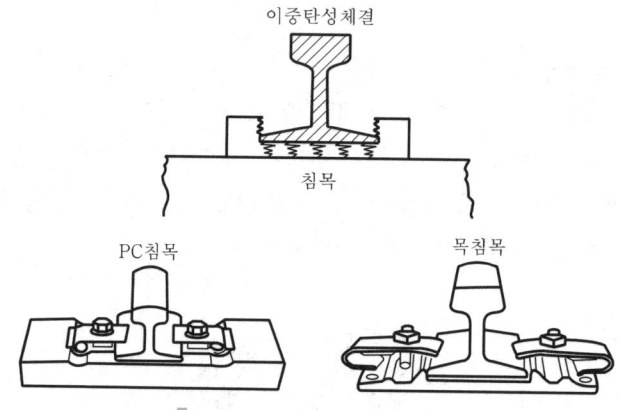

이중탄성체결

침목

PC침목

목침목

[그림 2.16 레일의 체결방식]

(6) 앤티클리퍼(anti-clipper)

설치되어 있는 레일이 종방향으로 이동하는 것을 복진이라 하며, 그 원인은 이음매에서 차륜의 압착이나 브레이크, 온도변화에 의한 레일의 신축이 있기 때문이다.

복진은 열차가 한 방향으로 운행되는 복선구간, 급하향구배, 브레이크 사용장소, 무도상의 긴 교량의 전후 등에서 발생하기 쉽다. 이러한 복진을 방지하기 위해서 앤티클리퍼가 사용된다. ([그림 2.17] 참조)

그러나 PC침목구간 및 탄성체결구간에서는 앤티클리퍼를 원칙적으로 설치하지 않는다.

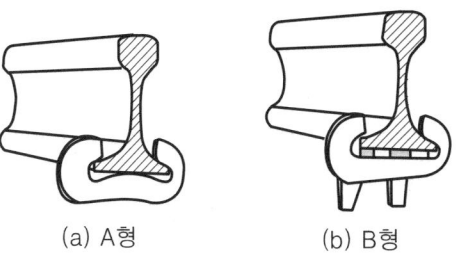

(a) A형　　　　　(b) B형

[그림 2.17 **앤티클리퍼의 설치도**]

6 장대레일(long rail)과 신축이음

　레일의 이음은 온도에 의한 레일의 신축을 조정하는 것이지만 이것이 궤도의 가장 취약한 지점으로 되고, 이 지점을 통과하는 차량의 충격에 의해서 승차감이 악화되며, 설치자재의 마모 및 소손도 빠르게 된다.

　이와 같은 단점을 줄이기 위하여 최근에는 콘크리트침목이 설치되고 레일과 침목의 강력한 체결법이 적용되고 있으며, 이는 장대레일에서도 안전한 것으로 확인되고 있다. 따라서 종래의 정척레일(25m)을 대신하여 200m 이상으로 연결 제작된 장대레일이 많이 사용되고 있다.

　장대레일은 정척레일을 플래시오버(flash-over)용접, 가스용접 등에 의해서 제작된다. 실제로는 선로상의 분기기나 신호궤도회로와의 관계가 있어서 분기기가 많은 정거장의 구내 등에서는 레일의 길이가 제한된다. 또한 장대레일은 보수 및 경제적인 면에서 곡선반경 600m 미만의 구간에서는 설치하지 않고 있다. 장대레일의 양단은 연간의 온도차에 따라서 적어도 30~40mm의 신축이 있으므로 일반적인 이음으로는 이에 대응할 수 없으므로 장대레일 상호간 또는 장대레일과 정척레일의 접속에는 일반적으로 신축이음이 사용되고 있다.

　[그림 2.18]의 신축이음에서 텅(tongue)레일과 받음레일은 각각의 후단에 접속되어 있는 장대레일의 신축에 따라서 ±62.5mm만큼 유동할 수 있도록 되어 있다.

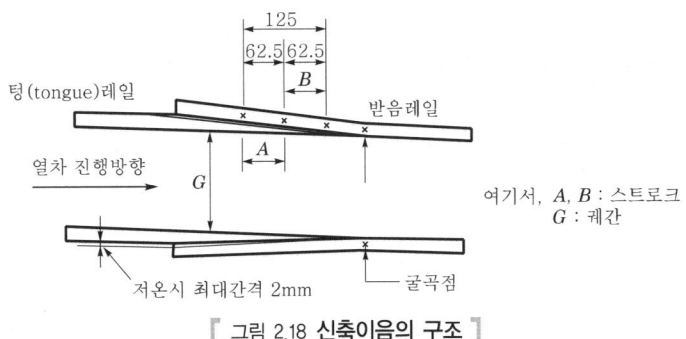

여기서, A, B : 스트로크
　　　　G : 궤간

[그림 2.18 **신축이음의 구조**]

7 궤도구조와 열차속도

궤도의 구조는 선로의 수송상태에 대응할 수 있어야 한다. 즉, 궤도상을 주행하는 차량의 중량, 횡압, 통과중량 및 속도에 대응하여 충분한 강도를 가져야 하는 동시에, 궤도의 보수비용이 최소로 되는 점에서 결정된다.

8 분기기(turnout)

(1) 분기기의 구조

분기기는 1본의 선로에서 2본 또는 3본의 선로로 분기시키는 궤도구조로 포인트(point)부, 리드(lead)부, 크로싱(crossing)부로 구성된다. 그리고 분기기에서는 구조상 취약하므로 다른 일반궤도와 달리 열차속도가 제한되고 있다.

일반적으로 많이 사용되고 있는 일반 분기기의 구조를 [그림 2.19]에 보인다.

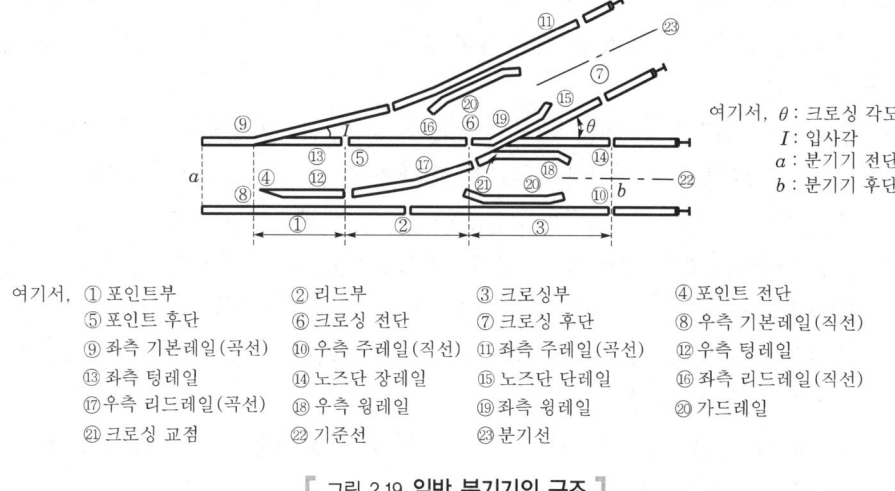

여기서, θ : 크로싱 각도
I : 입사각
a : 분기기 전단
b : 분기기 후단

여기서, ① 포인트부　② 리드부　③ 크로싱부　④ 포인트 전단
⑤ 포인트 후단　⑥ 크로싱 전단　⑦ 크로싱 후단　⑧ 우측 기본레일(직선)
⑨ 좌측 기본레일(곡선)　⑩ 우측 주레일(직선)　⑪ 좌측 주레일(곡선)　⑫ 우측 텅레일
⑬ 좌측 텅레일　⑭ 노즈단 장레일　⑮ 노즈단 단레일　⑯ 좌측 리드레일(직선)
⑰ 우측 리드레일(곡선)　⑱ 우측 윙레일　⑲ 좌측 윙레일　⑳ 가드레일
㉑ 크로싱 교점　㉒ 기준선　㉓ 분기선

[그림 2.19 **일반 분기기의 구조**]

(2) 분기기의 종류

분기기를 설치형태에 따라 분류하면 다음과 같다. ([그림 2.20] 참조)
① 기준선이 직선인 경우
　㉠ 편개분기기
　㉡ 양개분기기
　㉢ 진분분기기

② 기준선이 곡선인 경우

    ㉠ 내방분기기

    ㉡ 외방분기기

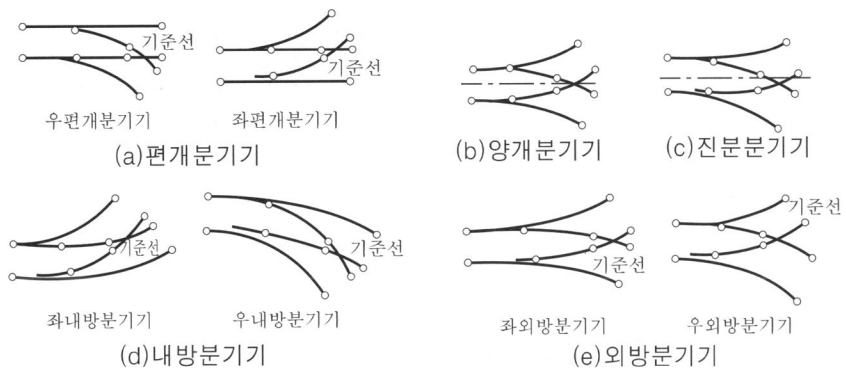

[그림 2.20 **분기기의 종류**]

(3) 분기기의 호칭번호

분기기의 호칭번호는 분기선이 기본선으로부터 분기되는 각도 즉, 크로싱(crossing) 각의 대소를 표시하는 것으로 8번 분기기는 8번의 크로싱을 사용하는 분기기를 말한다.

크로싱의 번호는 [그림 2.21]에서와 같이 x와 y의 길이의 비를 나타낸다.

$$(크로싱\ 번호) = \frac{x}{y}$$

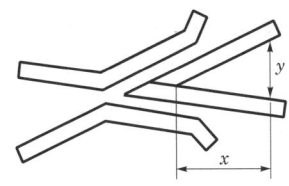

[그림 2.21 **크로싱(crossing)의 구조**]

(4) 포인트(point)

포인트의 종류에는 첨단포인트, 모자형 포인트, 승월포인트 등이 있으며, 가장 많이 사용되고 있는 첨단포인트는 전철봉에 의해서 좌우의 텅레일을 전환시켜 밀착시키는 장치이다. ([그림 2.22] 참조)

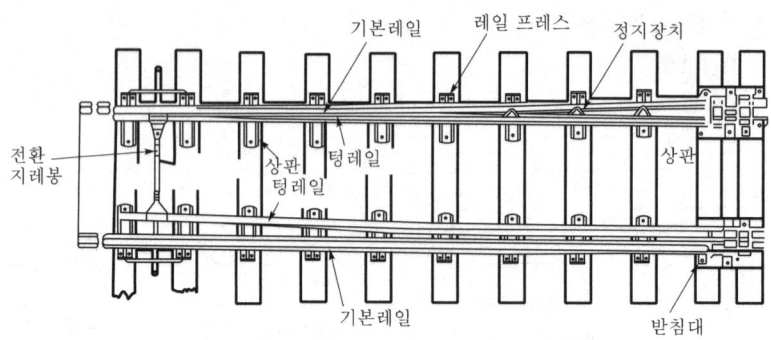

[그림 2.22 **첨단포인트(point)의 구조**]

(5) 크로싱(crossing)

크로싱의 종류에는 고정식과 가동식의 2종류가 있다.

고정식은 일반적으로 널리 사용되고 있는 것으로 크로싱 전체의 각부가 전부 고정되어 있는 것이며, 가동식은 교차부가 이동하여 크로싱 작용을 하는 것이다. 고정식은 플랜지웨이(flange way)때문에 레일의 답면이 일부 단절되므로 운전보안상, 선로보수상 좋지 않으므로 이를 보완하여 가동되도록 한 것이 가동식이다.

가장 많이 사용되고 있는 고정식 일반 크로싱의 구조를 [그림 2.23]에 보인다.

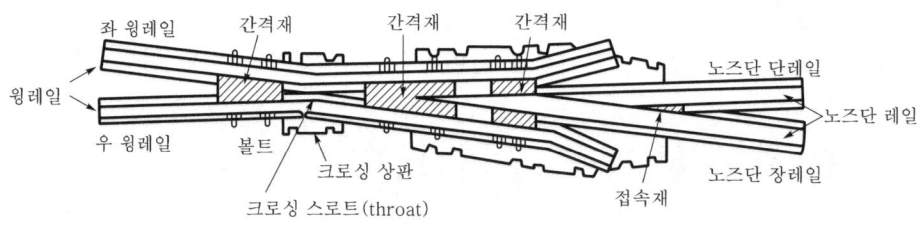

[그림 2.23 **고정크로싱(crossing)의 구조**]

그리고 현재 많이 사용되는 노즈가동크로싱(movable nose crossing)의 구조를 [그림 2.24]에 보인다.

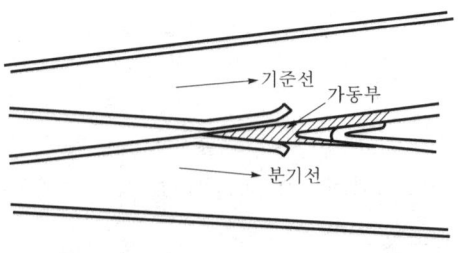

[그림 2.24 **노즈가동크로싱의 구조**]

MEMO

전기차량

03 전기차량

01 전기차의 개요

전기차(electric traction car)는 전기철도에서 전기에너지를 동력원으로 하여 주행하는 차량이며, 다음과 같이 분류된다.

　① 전기기관차(electric locomotive)

　② 전기차(electric car) : 전동차(motor car), 부수차(trailer)

전기기관차는 전력을 동력으로 하여 다른 차량을 견인하는 것이다.

전기차는 차량자체에 승객이나 화물을 탑재하여 수송하는 것으로 전동기를 가지고 자체가 운전능력을 가지고 있는 것이 전동차이며, 전동기를 탑재하지 않고 다른 전동차에 의해서 견인되는 것이 부수차이다.

기관차는 사용목적에 따라 여객용 기관차, 화물용 기관차, 입환용 기관차 등으로 분류된다. 여객용 기관차에서는 견인력보다 고속성능이 중요하고, 화물용에서는 고속성능보다 견인력이 중요하므로 기어의 감속비를 변화시켜 사용하고 있다. 최근의 기관차에서는 전동기의 성능이 향상되고 약계자제어를 널리 사용하게 되어 양쪽의 성능을 만족시킬 수 있는 객화차 양용의 기관차가 널리 사용되고 있다.

02 차체

1 차체의 종류

차체를 주요 구조재에 의하여 분류하면 다음과 같다.

(1) 목제차

차체의 골조를 포함한 전체가 목재로 제작된 것으로 전기철도의 초기에 사용되었던 것이다. 현재는 거의 사용되고 있지 않다.

(2) 반강제차

차체의 골조 및 외장을 강제로 조립하고 그 이외는 목재를 사용한 것이다. 경량이고 제작비용이 저렴하며 상대적으로 강도가 견고하므로 일반적으로 널리 사용되고 있다.

(3) 전강제차

전강제차는 거의 전부를 강제로 제작하여 내화성이 있고 동시에 강도도 향상된 것이다. 지하철과 고속전철에 사용되고 있으며, 최근에는 거의 전강제차를 사용하고 있다.

(4) 스테인리스(stainless)강제차

전강제차에 내식성이 부여되고 외장판의 도장도 생략된 것이나, 스테인리스강은 가공이 어려운 단점이 있다. 일반적으로 외장판 등의 부식이 쉽게 발생할 수 있는 부분만을 스테인리스강으로 제작하고 있다.

(5) 경합금차

차체는 차량 전 중량의 35% 이상을 점유하므로 차체를 경량화하는 것은 동력비의 절감에 매우 큰 효과가 있다. 그래서 알루미늄합금으로 Al-Mn계, Al-Mn-Si계, Al-Zn-Mn계 등이 사용되고 있다. 이 중에서 Al-Zn-Mn계 합금은 용접성이 양호하여 널리 사용되고 있다.

비용은 강제에 비해서 수배정도 고가이지만 비중은 강제의 1/3이다. 그리고 전력의 절감, 궤도보수비용이 경감되며 내식성이 좋으므로 무도장 또는 간단한 도장으로 충분하다. 단점으로는 고가인 점과 탄성계수가 강제의 1/3이므로 강제와 동일한 구조에서는 강성이 부족하므로 각부의 단면치수가 커져야 한다. 따라서 비중은 1/3이어도 중량을 1/3로 경감하는 것은 불가능하다.

객차의 차체는 가대구조체상에 측구조체, 첩구조체, 상면 등을 조립하여 상자형으로 제작하고 여기에 강판의 외장판을 부착하며 목재, 박강판 또는 경합금판 등의 내장재를 부착한다. 차체에 가해지는 힘은 차체 각 구조부의 자중, 각 개장품의 중량, 승객하중 등의 수직하중과 연결운전시에 차체의 양단에 받는 충격력이 있다.

차체는 운전중에 격심한 진동을 받으므로 이에 대응하는 하중을 여분으로 고려하여야 한다. 차체는 이러한 하중에 대응하는 충분한 강도를 가지면서 경량으로 승차감이 좋아야 한다. 저속도이고 차체가 작았던 때에는 부하의 분담은 가대구조체만으로 충분하였으나 차체가 대형화되고 속도가 상승함에 따라 부하하중도 증가하고 가대구조체 이외의 부분에도 상당한 부하가 분담되게 되었다.

고속도, 경량차에 장각구조(shell construction)의 것이 채용되고 있다. 이것은 측들보, 수직주 등을 동일단면으로 구성하고 강력한 원형 구조를 형성하여 본체 전체로 하중을 분담하는 구조이다.

2 가대구조체

가대구조체의 상부에는 차체가 조립되고 하부에는 대차와 연결된다. 또한 그 양단에는 연결기가 설치되고 제어기, 보조기 등의 각종 장치가 현수되어 장착된다. 따라서 중하중과 충격력이 가해지므로 차체 구조 중에서 가장 중요한 부분이 된다. 2개의 측들보와 그 중간에 중들보를 종방향으로 병행설치하고 여기에 단들보, 횡들보를 적절한 간격으로 횡방향으로 설치하여 조립된 것이다.

보기(bogie)차에서 전체 차체의 중량을 부담하는 대형 횡들보를 침들보(body bolster)라고 하며, 침들보 하면의 중앙에는 차체 중심판이 설치되어서 대차의 중심판과 일치하도록 하고 있다.

[그림 3.1]에 용접가대구조체를 보인다.

[그림 3.1 **가대구조체의 외형**]

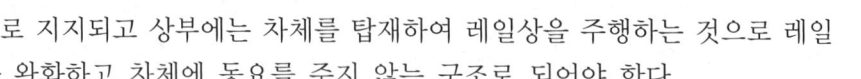

03 대차

대차는 차륜으로 지지되고 상부에는 차체를 탑재하여 레일상을 주행하는 것으로 레일로부터의 충격을 완화하고 차체에 동요를 주지 않는 구조로 되어야 한다.

전동기의 회전력을 차륜으로 전달하는 데에 편리하도록 전동기와 구동장치를 대차에 장착하는 경우가 많으며, 또한 기초브레이크 장치도 대차에 설치된다.

1대의 대차의 전후 차축의 중심선간의 거리를 고정축거리라고 한다. 축거리는 일정하므로 이것이 크면 곡선을 통과하는 것이 곤란하게 된다. 따라서 축거리는 곡선반경에 따라 제한된다.

1 대차의 종류

주요 대차방식을 분류하면 다음과 같다. ([그림 3.2] 참조)

(1) 단대차

차체를 1대의 대차로 지지하는 방식으로 일반적으로 차륜은 4개로 구성된다. 이 단대
차방식은 주로 소형 저속도의 전기차에 사용된다.

(2) 보기(bogie)대차

차체가 2대의 대차로 지지되고 각 대차는 차체에 대해서 자유롭게 회전할 수 있도록
되어 있다. 따라서 차체의 길이가 길다. 일반적으로 이 보기대차가 많이 사용되고 있다.

(3) 연접차

2대의 차체가 1대의 대차(회전대차)를 공유하는 방식으로 양 차량을 분리하지 않는 것
을 원칙으로 하고 있다. 이 차는 중량이 경감되고 승차감을 향상시킬 수 있다.

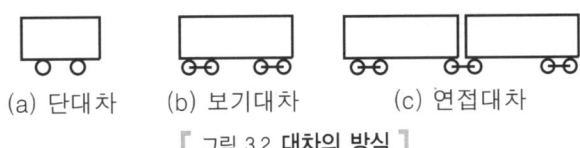

(a) 단대차   (b) 보기대차   (c) 연접대차

[그림 3.2 **대차의 방식**]

2 대차의 구조

대차 구조체는 측들보, 횡들보, 단들보 등으로 구성되고, 프레스강의 용접조립 또는 주
철강의 일체형 주조로 제작된다. 중앙좌우의 측들보 사이에 침들보가 설치되며, 이의 중앙
에 판상 베어링의 중심판이 있어서 차체를 지지하고 있다. 대차 구조체의 하부에도 이와
동일한 중심판이 있고, 양 중심판 중앙의 구멍에 핀이 끼워져 있다. 대차는 중심판 핀을 중
심으로 하여 차체에 대해서 자유롭게 회전할 수 있도록 되어 있다. ([그림 3.3] 참조)

[그림 3.3 **대차의 중심판**]

침들보의 양단에는 측베어링이 설치되어 있다. 이 측베어링에도 차체 중량의 일부를 분담시키고 있다. 침들보를 측들보에 고정시킨 고정식과 고정시키지 않은 비고정식의 2종류가 있다.

고정식은 측들보와 축상자와의 사이에 스프링이 있는 것으로 충격완화작용이 좋지 않다. 일반적으로 비고정식인 동요침방식이 사용되고 있다.

동요침방식은 상동요침과 하동요침으로 구성된다. 횡들보로부터 동요침걸이로 매어달아 내려진 하동요침상에 침스프링이 설치되고 그 위에 상동요침이 장착되어 있다. 상동요침 중앙의 중심판은 그 양단에 있는 측스프링과 함께 차체를 지지한다.

[그림 3.4]에서는 동요침방식 보기대차의 구조를 보인다.

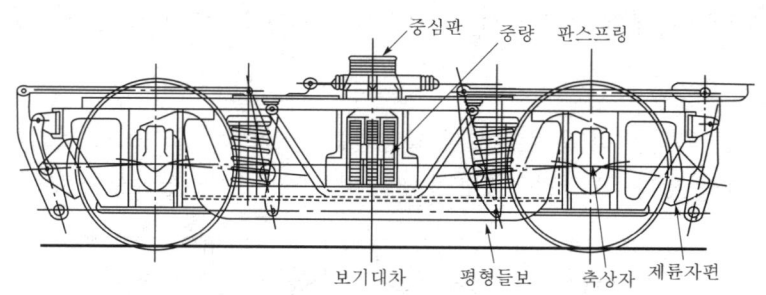

[그림 3.4 **동요침방식 보기대차의 구조(예 1)**]

전후의 축상자가 평형들보로 연결된 것으로 각 축상자의 전후운동을 작게 하고 중심판에 걸리는 중량을 균등하게 축상자로 전달한다. 그러나 평형들보가 있으므로 그만큼 스프링 하중량이 크게 된다. 차체 중량은 다음의 경로로 차축에 걸린다.

중심판 ⇨ 상동요침 ⇨ 침스프링 ⇨ 하동요침 ⇨ 동요침걸이 ⇨ 측들보 ⇨ 평형스프링 ⇨ 평형들보 ⇨ 축상자 ⇨ 차축

[그림 3.5]에서도 동요침방식의 보기대차의 구조를 보인다.

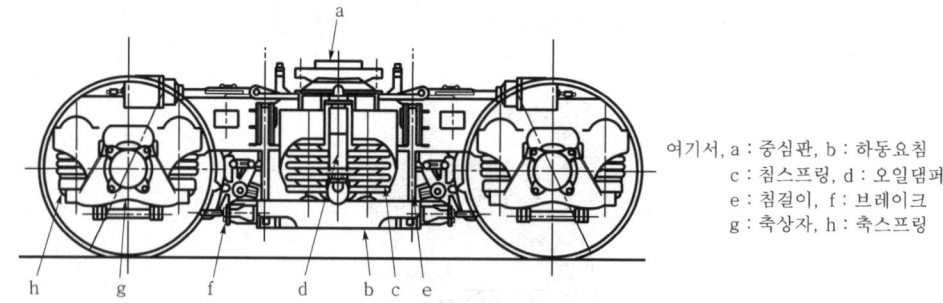

여기서, a : 중심판, b : 하동요침
c : 침스프링, d : 오일댐퍼
e : 침걸이, f : 브레이크
g : 축상자, h : 축스프링

[그림 3.5 **동요침방식 보기대차의 구조(예 2)**]

침스프링에는 코일(coil)스프링과 오일댐퍼(oil damper)를 병용하고 있다.

축상자는 측들보에 있는 축상자 축수에 끼워져 있으며, 축상자와 측들보 사이에는 축스프링에 의한 완충장치가 설치되어 있다. 차체 중량은 다음의 경로로 차축에 걸린다.

중심판 ⇨ 상동요침 ⇨ 침스프링 ⇨ 하동요침 ⇨ 동요침걸이 ⇨ 대차 구조체 ⇨ 축스프링 ⇨ 축상자 ⇨ 차축

대차의 스프링은 충격을 완화하고 동시에 진동을 적절하게 감쇄시킬 필요가 있다. 무거운 판스프링은 판의 마찰에 의해서 진동을 감쇄시키지만 고조파의 진동에 대해서는 그 작용이 충분하지 않다. 고속운전에서 진동특성을 양호하게 하고 승차감을 양호하게 하기 위해서 스프링을 설치하거나 적절한 개소에 방진고무를 사용한다. 그리고 침스프링으로 코일스프링에 오일댐퍼를 병용한다.

최근에는 침스프링으로 공기스프링이 사용되고 있다. 공기스프링은 고무제의 벨로스에 압력공기를 삽입하고 이것을 스프링으로 사용하는 것으로 고조파의 진동은 완전하게 차단될 수 있으므로 종래의 스프링에 비해서 한층 승차감이 향상된다.

공기스프링은 본체 이외에 보조공기조 및 높이조절밸브가 있어서 하중의 크기에 따라서 공기조의 공기압력을 자동적으로 변경하고 그 높이를 항상 일정하게 유지하도록 하고 있다. ([그림 3.6] 참조)

[그림 3.6 **공기스프링의 구조**]

또한, 최근에는 하동요침으로부터 스프링을 개재하여 직접 차체 하중을 받는 상동요침이 없는 방식, 대차 구조체로부터 공기스프링을 개재하여 상동요침으로 전달되는 하동요침이 없는 방식 등도 있다.

04 차륜

1 일반차륜

차륜(wheel)의 종류에는 일체 차륜 및 타이어부 차륜이 있다. 타이어부 차륜은 [그림 3.7]과 같이 일반적으로 주철강제의 윤심에 타이어를 태워서 부착시키고 여기에 지륜을 끼운 것이며, 지륜을 사용하지 않고 태워서 부착만 한 것도 있다. 윤심에서 차축을 끼우는 부분을 보스(boss), 타이어를 지지하는 부분을 림(rim)이라고 하며, 윤심의 형태에는 디스크(disc)형과 스포크(spoke)형이 있다.

타이어는 탄소의 함유량이 많은 탄소강을 사용한다. 타이어는 마모되어 내부 두께가 얇아지면 균열이 발생하기 쉽게 되거나 제동시 과열되는 경우에 이완되어 이탈할 우려가 있다. 타이어가 마모되어 답면이 불규칙하게 되면 선반으로 절삭보정하여 얇게 되므로 이 경우에는 새 타이어로 교체하여야 한다. 타이어의 답면은 약 1/20의 구배가 주어져 있다. 이것은 곡선궤도에서 내측의 차륜은 직경이 작은 곳에서, 외측의 차륜은 직경이 큰 곳에서 회전하여도 주행거리를 일정하게 하기 위함이다. 일체 차륜은 타이어와 윤심을 일체압연하여 제작된 것으로 과열에 의한 타이어의 이완이 없어 최근 전기차 또는 화차 등에 널리 사용되고 있다. ([그림 3.7] 참조)

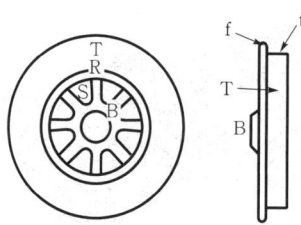

여기서, R : 림(rim), S : 스포크(spoke)
B : 보스(boss), T : 타이어(tire)
f : 플랜지(flange), t : 답면(tread)

[그림 3.7 **차륜의 구조**]

2 탄성차륜

주행중 발생하는 충격을 완화하고 소음을 방지하여 승차감을 향상시키기 위하여 방진고무를 사용한 차륜이 최근에 노면전차 등에 사용되고 있다. [그림 3.8]에 탄성차륜의 구조를 보인다.

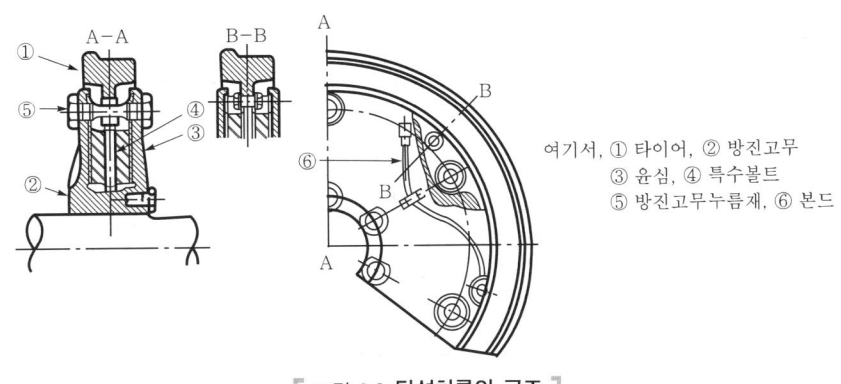

여기서, ① 타이어, ② 방진고무
③ 윤심, ④ 특수볼트
⑤ 방진고무누름재, ⑥ 본드

[그림 3.8 **탄성차륜의 구조**]

타이어와 윤심은 방진고무로 격리되어 있고 방진고무 내측의 접착판은 볼트로 타이어에 고정되고 외측의 접착판도 볼트로 윤심 또는 고무누름판에 고착되어 있다.

타이어에 가해지는 하중은 방진고무 내측의 접착판으로부터 외측의 접착판으로 전달되고 여기에 고무누름판을 개재하거나 또는 직접 윤심으로 전달된다.

05 점착력

차륜이 레일상을 미끄러지지 않고 주행할 수 있는 것은 차륜과 레일의 사이에 마찰력이 있기 때문이다. 이 마찰력은 견인력이 크게 되면 증가하지만 이에는 한도가 있어서 견인력이 이 한도를 초과하면 차륜은 공전한다. 일반적으로 이 한도가 되는 최대 마찰력을 점착력이라 한다.

점착력 F_a는 차륜이 레일과 접촉하는 점에서의 수직압력 W(점착중량)와, 레일과 차륜 사이의 마찰계수 μ(점착계수)의 상승적으로 표시된다. 즉, 다음 식이 성립한다.

$$F_a = \mu W$$

그리고 차륜이 공전하지 않기 위해서는 다음의 식이 성립되어야 한다.

견인력 ≤ 점착력

견인력을 크게 하기 위해서는 점착력을 크게 하여야 한다. 점착계수를 일정하게 하면 예상 견인력은 점착중량에 따라서 결정된다. 따라서 중량의 기관차가 아니면 큰 견인력을 낼 수 없으며, 기관차를 중량으로 하면 궤도에의 영향이 크므로 경량의 기관차로 큰 견인력을 발생하도록 하는 것이 바람직하다. ([그림 3.9] 참조)

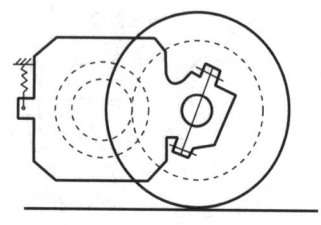

[그림 3.9 **점착력 예시도**]

1 축중이동

전동기의 회전력이 차륜에 전달되고 점착력에 의해서 동륜주에 인장력으로 나타나는 것이며, 이러한 힘의 전달에는 필수적으로 모멘트(moment)를 발생하므로 모멘트에 의한 힘때문에 차축에 걸리는 중량이 변하게 되는데 이 현상을 축중이동이라고 한다.

이 원인은 동력전달장치에 의한 것, 인장력의 전달장치에 의한 것 등이 있으며, 축중이동은 대차의 구조에 따라서 서로 다르다. 이 현상은 브레이크력이 작동하는 경우에도 발생한다. 전기차에서는 1축당의 인장력이 작으므로 축중이동이 거의 문제가 되지 않으나 기관차와 같이 인장력을 적극 이용하는 것은 그 인장력은 동축에 발생하는 인장력의 합으로 결정되므로 공전이 문제가 된다.

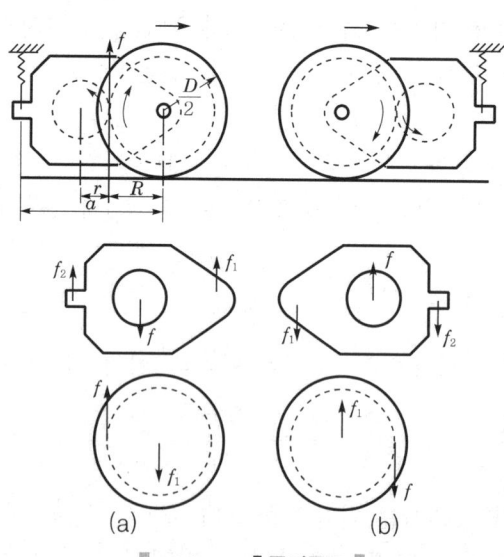

[그림 3.10 **축중이동도**]

1대의 기관차의 1축에서 공전이 발생하면 다른 측도 전기적, 기계적으로 영향을 받으므로 기관차의 인장력은 가장 공전하기 쉬운 축의 공전직전의 인장력으로 결정된다. ([그림 3.10] 참조)

■2 점착계수와 재점착

전기차에서는 별로 문제가 되지 않으나 전기기관차에서는 전기기기가 대용량의 것도 소형으로 가능하게 되어 기관차의 제작비용을 절감하고 작으면서도 큰 하중을 인장하는 소형 대출력의 기관차가 바람직하다. 그러나 인장력은 기관차의 동륜상의 중량이 결정되면 점착계수에 의해서 차이가 발생한다.

점착계수는 차륜과 레일 사이의 물리적 특성에 따라 서로 다르다. 즉, 전동축이 최대의 점착력으로 사용되고 있는지의 여부, 일단 공전하여도 즉시 재점착하여 다시 인장력을 발생하는지의 여부에 따라서 기관차로서의 점착계수가 변한다.

점착계수의 개선방법은 다음과 같다.

① 모래를 살포한다.
② 전체를 동륜으로 한다.
③ 동륜축중의 균등화를 도모한다. 축중이동을 방지하거나 대차 내의 동축을 결합하여 대차단위에서 축중을 균등화한다.
④ 축중에 대응하는 토크(torque)를 준다(축중보상).
⑤ 토크를 항상 최대치로 한다.
⑥ 재점착을 도모한다.

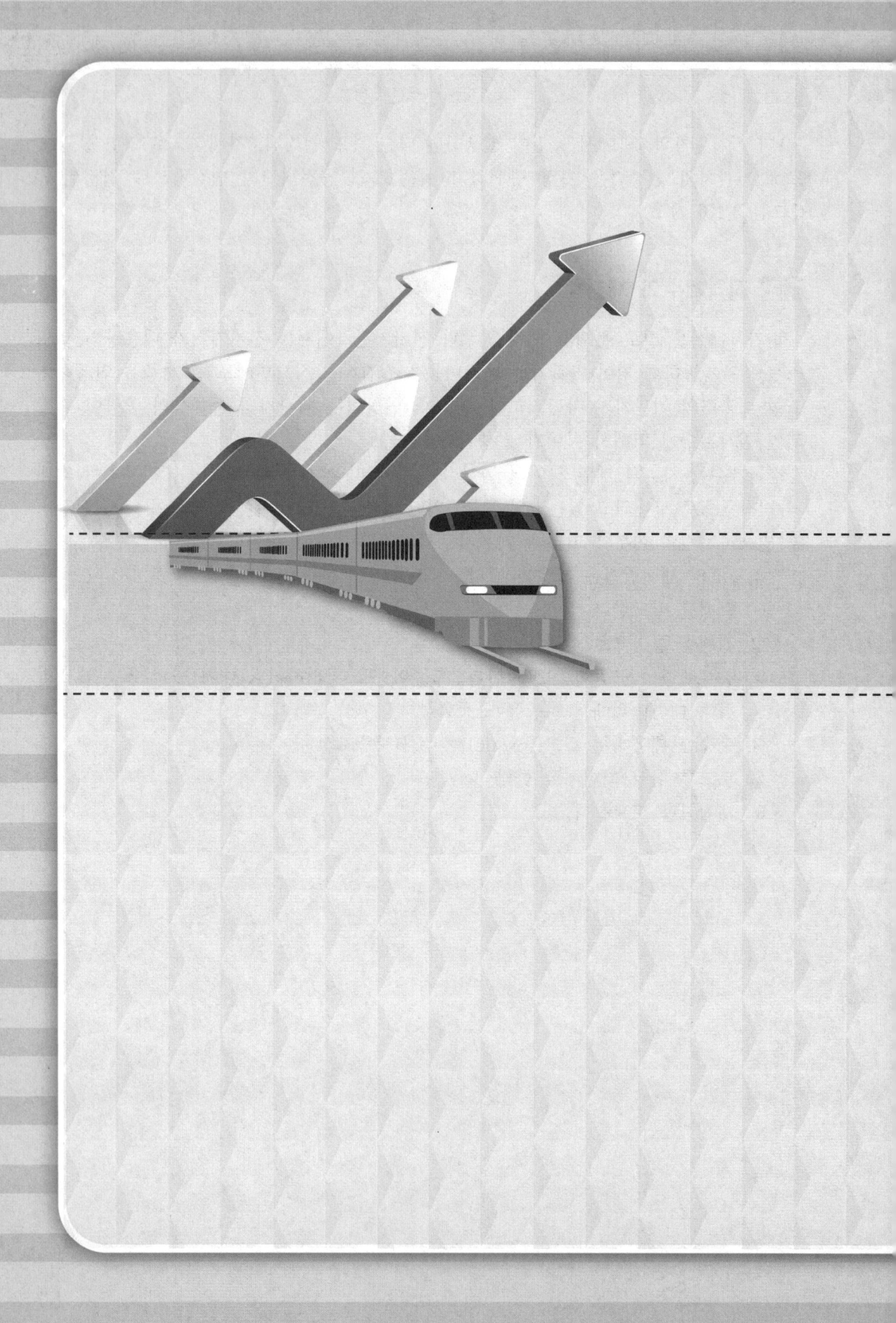

전기차의 주전동기

CHAPTER 04 전기차의 주전동기

01 주전동기의 개요

1 주전동기의 종류

전기철도의 전기차량 견인용 주전동기(traction motor)로 주로 사용되는 전동기에는 다음과 같은 것이 있다.

(1) 직류직권전동기(DC series motor)

직류직권전동기는 전기차의 견인용 주전동기로 가장 적합하여 종래부터 전기차에 널리 사용되어 왔다. 그 구조는 일반용 전동기와 큰 차이가 없으나 보통 4극 또는 6극을 많이 사용하고, 정류 개선을 위하여 보극이 설치된다. 그리고 냉각방식은 소용량은 자연통풍식, 대용량은 강제통풍식이 사용된다.

일반적으로 교류전기차 또는 교직류전기차에 사용되는 직류직권전동기는 탑재된 정류기에 의한 맥류의 악영향을 경감시키기 위한 대책이 실시되어 있는 맥류전동기를 사용한다.

그리고 일부 사이리스터(thyristor)를 사용하는 장거리 대형 구배구간의 교류전력회생제어 전기차나 직류초퍼(chopper)제어 전기차 등에도 직류직권전동기가 사용되고 있다.

(2) 직류복권전동기(DC compound motor)

장거리 대형 구배구간의 직류전력회생제어 전기차에 보통 사용된다.
최근에는 발전브레이크로의 전환에 따라 거의 사용하지 않고 있다.

(3) 단상교류정류자전동기(single-phase AC commutator motor)

정류기가 없는 직접형의 단상교류 전기차에 사용되며, 정류상의 난점때문에 특수 주파수(25Hz, $16\frac{2}{3}$Hz 등)가 사용된다.

(4) 유도전동기(induction motor)

기본적으로 단상 또는 3상 교류 전기차에 사용되며, 최근에 제어기술의 발달(VVVF

inverter 등)로 교직류전기차에 많이 사용되고 있다.

② 주전동기의 조건

전기차의 견인용 주전동기는 기동정지가 빈번하며 동시에 단시간의 부하가 인가되고 차체 구조상 진동 또는 충격을 받으며 차량 상하부의 협소한 장소에 설치된다.
그러므로 주전동기는 다음과 같은 주요특성을 가져야 한다.

(1) 전기적 특성
① 기동시 및 상향구배 운전시에 큰 토크(torque)를 발생해야 하며, 속도의 상승과 동시에 토크가 감소해야 한다.
② 속도제어가 용이하고 광범위한 속도범위에서 고효율로 사용 가능하여야 하고, 전력소비량이 적어야 한다.
③ 과부하 내량이 크고, 전원전압의 급격한 변화에 견뎌야 한다.
④ 병렬운전시에 부하의 불평형이 작아야 한다.

(2) 기계적 특성
① 크기가 작고 경량으로 되어야 하며, 협소한 장소에도 설치가 용이하고, 진동이나 충격에 대해서 충분히 견딜 수 있도록 견고해야 한다.
② 먼지, 우수 등의 침입이 방지되는 구조이어야 한다.
③ 점검, 수리에 편리한 구조이어야 한다.

02 주전동기의 종류와 특성

① 직류직권전동기(DC series motor)

(1) 회전수
직류직권전동기의 회전수는 전동기의 역기전력의 식으로부터 다음과 같이 표현된다.

$$n = \frac{60E_c a}{Pz\phi} = \frac{60(E_t - Ir)a}{Pz\phi} \quad \cdots\cdots (4.1)$$

여기서, n : 전동기 회전수(rpm)

E_t : 전동기 단자전압(V)

a : 전기자 코일의 병렬회로수

ϕ : 1자극으로부터 나오는 자속수(Wb)

r : 전동기의 내부저항(Ω)

I : 전기자 전류(A)

E_c : 전동기 역기전력(V)

P : 자극수

z : 전기자 도체수

여기서, $1/K_1 = 60a/Pz$, K_1을 정수로 두면 식 (4.1)은 다음과 같이 된다.

$$n = \frac{E_t - Ir}{K_1\phi} \quad \cdots\cdots\cdots (4.2)$$

$$E_c = E_t - Ir \simeq E_t$$

그리고 자로의 포화가 없으면 다음 식으로 된다.

$$\phi \propto I, \ \phi = K_0 I$$

여기서, K_0 : 정수

$$\therefore \ n = \frac{E_t}{K_1 K_0 I} = \frac{E_t}{KI} \quad \cdots\cdots\cdots (4.3)$$

단, $K = K_1 K_0$이다.

그러므로 위의 식에서 직류직권전동기의 회전수는 다음과 같은 관계가 있다.

① 단자전압, 역기전력에 거의 비례한다. ([그림 4.1] 참조)

② 계자자속에 반비례한다.

③ 부하전류에 거의 반비례한다.

실제로는 부하전류의 증가와 동시에 자로가 포화되므로 부하전류가 증가하면 회전수의 감소비율은 작아진다. ([그림 4.2] 참조)

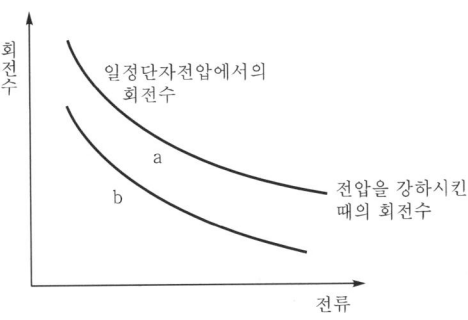

[그림 4.1 **단자전압 변화와 전류·회전수의 변화**]

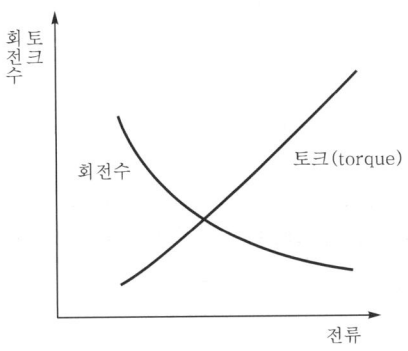

[그림 4.2 **전류·회전수·토크의 변화**]

(2) 토크(torque)

직류직권전동기의 토크는 다음 식으로 표현된다.

$$F = \frac{P\phi}{\pi d} \cdot \frac{I}{a} \quad\text{...} (4.4)$$

$$T = F \cdot \frac{d}{2} \cdot z = \frac{Pz\phi I}{2\pi a}(\text{N} \cdot \text{m}) \quad\text{...........................} (4.5)$$

여기서, F : 전기자 도체 1개가 받는 힘(N)

T : 전동기의 토크(N·m)

P : 자극수

a : 전기자 코일의 병렬회로수

z : 전기자 도체수

d : 전기자 직경(m)

ϕ : 1자극의 자속수(Wb)

I : 전동기의 전류(A)

위의 식 (4.5)를 (kg·m)단위로 환산하면 다음과 같이 된다.

$$T = \frac{1}{2\pi \times 9.81} \cdot \frac{Pz}{a} \phi \cdot I$$

$$= 1.62 \frac{Pz}{a} \phi \cdot I \cdot 10^{-2} (\text{kg·m}) \quad\cdots\cdots\cdots\cdots\cdots\cdots\cdots\cdots (4.6)$$

여기서, $K_1 = 1.62 \frac{Pz}{a} \cdot 10^{-2}$으로 두면, $T = K_1 \phi I$가 된다.

그리고 자로의 포화가 없으면 $\phi = K_0 I$로 되므로 다음 식으로 된다.

$$T = K_1 K_0 I^2 = K I^2$$

단, $K = K_1 K_0$이다.

따라서 직류직권전동기의 토크는 전류와 계자자속의 상승적에 비례하고 자로가 포화되지 않는 경우는 전류의 2승에 비례한다. 그러므로 미소전류에 의해서 토크를 크게 변화시키는 것이 가능하며 토크는 전류에 따라서 결정된다. ([그림 4.2] 참조)

(3) 효율
주전동기의 효율은 전기자의 축출력과 전동기의 입력과의 백분율비로 표시된다. 그리고 전동기의 입력에서 발생되는 손실에는 다음과 같은 것이 있다.
① 동손
② 철손
③ 표류 부하손
④ 브러시 저항손 및 마찰손
⑤ 풍손
⑥ 축수 마찰손

일반적으로 직류직권전동기의 효율은 출력 500kW에서 약 95%, 100kW에서 약 90% 정도이다.

(4) 직류직권전동기의 특성곡선
주전동기의 정격전압 및 여자 조건에 의거하여 전동기의 전류와 회전수, 토크 및 효율의 관계를 표시한 곡선이 주전동기의 특성곡선이며, 전류를 기초로 하여 도시된다.
직류직권전동기의 특성곡선의 예를 [그림 4.3]에 보인다.

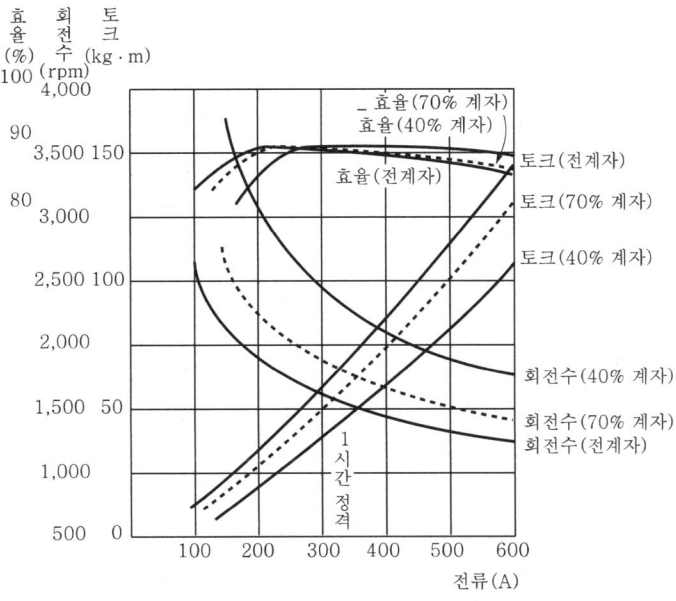

[그림 4.3 **직류직권전동기의 특성곡선(예)**]

주전동기의 특성곡선은 전기차량의 운전계획수립에 기본으로 되는 도표이다. 이 특성곡선에서 주전동기의 전류에 대한 회전수, 토크 및 효율을 구할 수 있으며, 전기차의 특성곡선, 노치(notch)곡선, 견인력곡선, 가속력곡선 등의 각종 곡선을 구하는 데에 기초가 된다. 위의 [그림 4.3]으로부터 알 수 있는 바와 같이 직류직권전동기는 다음과 같은 특성을 가진다.

① 기동시와 저속시에 큰 토크를 발생하고, 속도상승과 동시에 토크는 감소한다.

② 기동후에는 속도상승과 동시에 역기전력이 증가하고 전류는 감소하므로 운전시간의 대부분을 고속으로 운전하는 전기차는 전력소비량이 적게 되어 경제적이다.

③ 토크가 큰 경우는 회전수가 작게 되므로 토크변화에 대해서 전력의 변화가 작고, 변전소에 대한 과부하도 적게 된다.

④ 다른 전동기에 비해서 저항제어나 직병렬제어 등의 방법에 의해서 광범위한 속도제어가 용이하다.

⑤ 주전동기의 병렬운전시에 부하평형이 유지된다.

그러므로 직류직권전동기는 전기차용 주전동기로 매우 적합한 것을 알 수 있다.

(5) 약계자와 보상권선

① 약계자

직권전동기의 회전수는 계자자속에 반비례하고, 토크는 계자자속에 정비례한다.

65

그러므로 계자권선수를 감소시키거나 계자전류를 작게 하면 계자자속이 감소하고 회전수는 증가한다. 회전수를 동일하게 하면 역기전력을 일정하게 유지하도록 전기자 전류가 증가하고 이 증가비율은 자속의 감소비율보다 크게 된다. 이 결과 전동기의 토크가 증가하고 견인력이 커지게 되며 약계자에 의해 속도가 증가된다. 이와 같이 약계자를 이용하여 열차의 속도제어를 수행하는 방식이 계자제어이며, 직류전동기 및 맥류전동기에 적용된다.

약계자의 정도는 다음의 약계자율에 의해서 표현된다

$$약계자율 = \frac{약계자\ 암페어\ 횟수}{전계자\ 암페어\ 횟수} \times 100\%$$

약계자는 전기자 반작용에 의해 정류불량을 야기하므로 일반적으로 전계자의 40% 정도, 보상권선부에서는 25% 정도가 한도로 되어 있다.

한편, 약계자는 기동시의 충격을 완화하기 위해서도 사용된다. 기동시는 기동에 의한 전압강하가 역기전력에 비하여 크므로 전동기 전류는 크게 증가하지 않는다. 따라서 계자자속을 감소한 만큼 토크는 작게 되고 급격한 기동가속에 의한 충격을 완화하는 것이 가능하다.

② 보상권선

약계자가 25% 정도 이하로 되면 보극을 사용하여도 전기자 반작용에 의해 정류불량이 되므로 이것을 방지하기 위하여 전기자의 전기부하를 크게 설계하거나 간격을 크게 하는 등의 방법이 시행된다. 그러나 이러한 방법은 주전동기의 크기 및 중량이 커지게 되므로 이를 피하기 위해 보상권선에 의해 전기자 반작용을 보상하는 방법이 시행된다. 이 보상권선은 구조가 복잡하므로 주로 대용량의 전동기에 사용된다.

■2 맥류전동기

맥류전동기는 정류기에 의해서 단상전파정류된 맥류에 의해서 구동되는 직류직권전동기이며, 정류기형 전기차에 사용된다. 맥류의 정도를 표시하는 데에는 다음의 맥류율이 사용되며, 주전동기의 맥류율은 실용상 30% 이하로 하고 있다.

$$맥류율 = \frac{순시최대전류 - 순시최소전류}{순시최대전류 + 순시최소전류}$$

(1) 맥류의 영향

단상전파정류된 전류는 직류분 이외에 전원주파수의 짝수배의 고조파 성분을 포함하고 있다. 이 고조파 성분은 전동기에 다음과 같은 악영향을 미친다.

① 전동기의 주극에 맥류가 흐르면 주계자 자속의 맥동에 의해서 자기구조체 등의 적층되어 있지 않는 자기회로에 와전류가 발생하여 전동기가 발열한다.

② 주계자자속의 맥동에 의해서 브러시로 단락되어 있는 전기자 권선과 주계자 권선 사이에 변압기의 원리와 동일한 변압기 기전력을 발생하고 정류자편, 브러시 등을 손상시키며 정류를 악화시킨다.

③ 보극에 맥류가 흐르는 경우에는 보극자속이 전류의 맥동에 대응하여 변하지 않으므로 보극의 기능인 전기자 반작용을 말소시키고 정류를 양호하게 하는 작용을 수행하지 못하고 정류를 악화시킨다.

④ 전기자에 맥류가 흐르는 경우에는 전기자 토크가 맥동하므로 기어 등의 동력전달장치에 악영향을 미치고 피로를 촉진한다.

⑤ 맥동에 의해서 도체 내에 와전류에 기인한 동손이 증가하고 철심 와전류손의 증가와 동시에 효율을 저하시키며 온도상승이 커진다.

(2) 맥류의 대책

맥류의 악영향을 경감시키기 위해 일반적으로 다음과 같은 대책이 시행된다.

① 맥류의 적극 평활화

이 대책에는 [그림 4.4]에서와 같이 3종류의 방법이 있다.

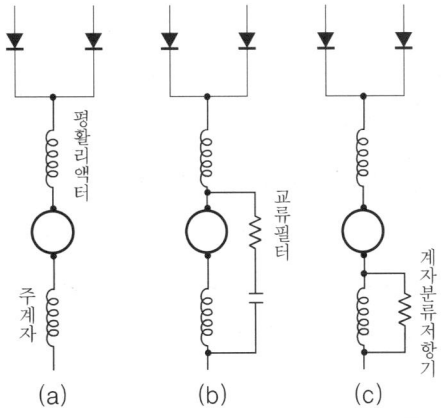

평활리액터   주계자   교류필터   계자분류저항기

(a)   (b)   (c)

[그림 4.4 **맥류의 영향을 경감하는 방법**]

[그림 4.4](a)와 같이 평활리액터(reactor)를 주전동기와 직렬로 설치하는 방법은 상당한 맥류 제한이 가능하지만 크기 및 중량이 크게 되고 또한 맥류를 평활화함에 따라서 변압기 일차측의 고조파가 크게 되고 통신유도장해가 커지게 된다. 그러므로 완전한 맥류 제거는 곤란하다.

[그림 4.4](b)와 같이 교류필터(filter)를 주전동기와 병렬로 설치하는 방법은 효과적이나, 크기 및 중량이 크게 되는 난점이 있다.

[그림 4.4](c)와 같이 분류비가 직류분의 2~3% 정도의 계자분류저항기(resistor)를 설치하고 교류분을 분리시키는 방법에서는 평활리액터에 의해 어느 정도 평활화된 맥류의 교류분은 계자분류저항기로 흐르고 주자계 코일에는 교류분이 거의 흐르지 않는다.

그러나 이 방법에 의해서도 전기자 코일이나 보극의 맥류분은 평활리액터의 작용에 의해서 평활화되고 이 리액터의 임피던스(impedance) 크기가 일정치로 제한되므로 완전한 평활화작용은 수행되지 않으며 직류분에 대해서 일정비율 정도의 교류분이 포함된다. 이 방법은 일반 교류기관차 등에 사용되고 있다.

② 보극 및 주계자 철심의 적층에 의한 와전류손의 경감

③ 전기자 코일에 중(重)권을 채용하고 브러시는 2분할브러시를 적용하는 등 정류 조건의 개선

④ 고온절연재료의 사용 및 주전동기의 냉각성능 향상

⑤ 전기부하의 전류밀도의 적극 경감 및 용량의 여유 확보

이 외에도 최근에 주전동기를 정류자전동기와 유사한 구조로 하여 높은 맥류율에서도 사용이 가능하도록 하고 평활리액터는 설치하지 않는 맥류용 특수전동기도 사용되고 있다. 이것이 맥압전동기이다.

③ 직류복권전동기(DC compound motor)

직류복권전동기로는 화동복권전동기 및 차동복권전동기가 있다.

화동복권전동기는 기동토크가 큰 직권식과 속도변동이 작은 분권식의 특성을 동시에 가지는 것으로 [그림 4.5](a)와 같이 기동토크가 크고 속도변화가 작은 특성을 가지고 있다.

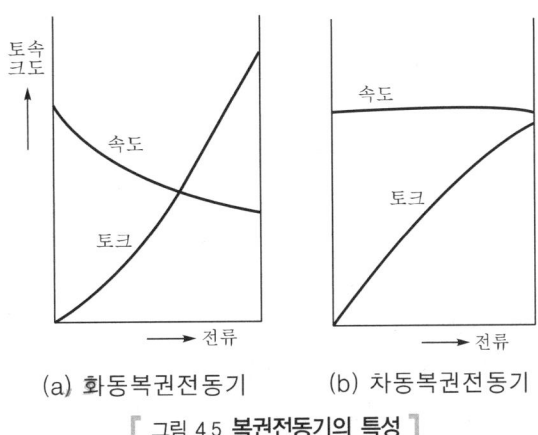

(a) 화동복권전동기   (b) 차동복권전동기

[그림 4.5 **복권전동기의 특성**]

차동복권전동기는 일정 여자를 가지는 분권전동기의 회전수가 부하의 증가에 의해서 감소하는 것을 직권코일에 의해서 부하에 비례하여 주자극을 약화시키고 속도의 감소를 자동적으로 보상한다. 따라서 [그림 4.5](b)와 같이 공급전압과 여자 암페어 횟수가 일정하면 전기자 전류가 변화하여도 속도는 거의 일정하게 된다.

복권전동기는 기동토크는 크지만 직권전동기에 비해서 전류변화에 대한 속도변화의 비율이 작고 고속시에 약계자를 유효하게 이용할 수 없다. 또한 병렬운전시에 동륜 직경의 차이 등에 의해서 부하의 불평형이 크게 되고, 전차선 전압의 변화에 의한 전류 변화도 크다.

이 외에도 분권계자는 임피던스(impedance)가 크고, 전차선 전압의 급격한 변동에 대해서 계자자속의 추종성이 나쁘며, 전기자에 돌입전류를 발생시키기 쉽다. 반면에, 직권계자를 약화시키고 분권계자를 강화함에 의해서 기전력을 높이고 전력을 회생하는 것이 가능하며, 역행으로부터 회생으로 이행시에 주회로의 절환이 필요 없다. 또한 직권전동기를 회생브레이크로 사용하는 경우에 여자기는 불필요하다. 그러므로 복권전동기는 전력회생브레이크용으로 사용되며 역행시에는 화동, 회생시에는 차동으로 사용된다. 그리고 복권전동기는 분권계자를 제어함에 의해서 역행시 및 회생시의 속도와 토크를 제어할 수 있다.

4 단상교류정류자전동기(single-phase AC commutator motor)

단상교류정류자전동기는 일반적으로 정류가 곤란하고 구조가 복잡하여 역률이 나쁘며, 손실이 크다. 따라서 직류전동기와 같은 자율성이 결핍되지만 정류기가 필요 없고 직접 교류전원에 의해서 가변속도를 얻을 수 있는 장점이 있다. 전기차용에는 보상직권전동기, 보상반발전동기, 직권반발전동기의 3종류가 있다.

상용주파 단상교류 전철화의 진전에 따라 일부에서는 상용주파수의 정류자전동기가 사용되고 있으며, 정류 불량은 피할 수 없으나 소용량으로 사용될 수 있다.

(1) 보상직권정류자전동기(compensating series commutator motor)

보상직권정류자전동기는 구조, 원리는 직류직권전동기와 큰 차이가 없으나, 계자자속 및 전기자 전류가 교번되므로 리액턴스(reactance)의 영향이 크고 변압기 기전력을 생성한다. 보상직권정류자전동기는 다음과 같은 특성이 있다.

① 보상권선에 의한 역률 보상 및 정류 개선

교류정류자전동기에서는 역률을 향상시키기 위해서 주계자를 약화시켜 전기자 권선의 권선수를 많이 취하고 있다. 이 결과 전기자 반작용이 크게 되고, 동시에 전기자 권선 중에 리액턴스에 의한 전압강하가 크게 되며, 역률이 나쁘게 된다. 이 때문에 [그림 4.6]과 같이 고정자에 보상권선을 설치하고 암페어 횟수를 전기자와 동일하게 하고 방향을 반대로 하여 전기자 반작용에 의한 기자력을 중화시키며, 불필요한 계자를 소멸시켜 역률을 보상하고 정류를 개선한다.

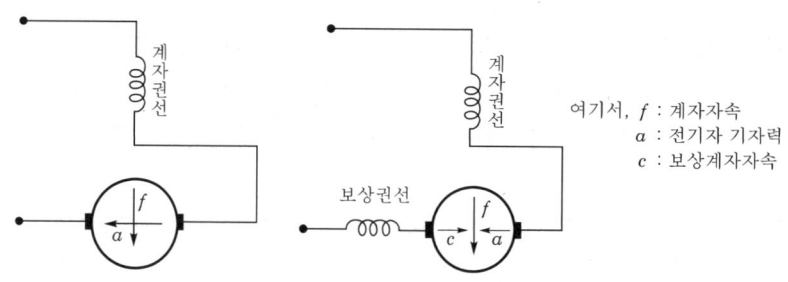

(a) 직권정류자전동기   (b) 보상직권정류자전동기

[그림 4.6 **직권정류자전동기의 회로**]

② 보극에 의한 위상 조정 및 정류 개선

계자자속이 교번되므로 브러시로 단락된 전기자 권선에는 다음 식으로 표현되는 변압기 기전력이 유기된다.

$$E = 4.44fn\phi$$

여기서, E : 변압기 기전력(V)

　　　f : 주파수(Hz)

　　　n : 브러시로 단락되는 권선수

　　　ϕ : 계자자속(Wb)

이 때문에 단락전류가 발생되고 불꽃이 발생하여 정류를 악화시키고 동시에 계자자속이 약화되며 토크가 감소한다.

변압기 기전력(E)은 주파수(f)와 계자자속(ϕ)에 비례하므로 변압기 기전력(E)을 감소시키기 위해서는 주파수(f)에 저주파($16\frac{2}{3}$Hz, 25Hz)가 필요하다. 그리고 계자자속(ϕ)을 줄이기 위해서는 극수를 증가시키고 계자자속을 작게 할 필요가 있다. 그러므로 정류자전동기에서는 보통 14~16극의 것이 많이 사용된다. 한편, 정류작용을 받는 전기자 권선에는 리액턴스 전압과 변압기 기전력이 유기된다.

리액턴스 전압은 전기자 전류, 회전수 및 전기자 권선의 리액턴스의 상승적에 비례하고 전기자 전류와 동상으로 된다. 변압기 기전력은 계자자속(ϕ)과 주파수(f)의 곱에 비례하고, 그 위상은 전기자 전류보다 90° 지상이 된다. 이 2개 전압의 합성이 정류불량을 야기하므로 이것을 동시에 소멸시키기 위해서 보극을 설치하고 여기에 분로저항기를 설치하여 위상을 조정한다.

③ 철심의 완전적층에 의거한 계자자속의 교번에 의한 와전류손 경감
④ 전기자 권선과 정류자 사이에 저항 삽입으로 단락전류 제한
⑤ 자기회로의 자속밀도와 자극면의 작은 공극(틈)
⑥ 브러시 및 브러시와 정류자간의 큰 접촉저항
⑦ 직류직권전동기에 비해서 정격전압이 낮고 전류는 크며 정류자 편간 전압이 낮아서 양호한 정류 특성

보상직권전동기는 전기자 회로와 계자 회로가 직렬로 접속되고 속도는 부하에 의해서 변화하는 직권특성을 가진다. 직류전동기에 비해서 속도변화에 대응하는 토크의 변화가 작아서 고속도에서 견인력이 크다. 그러나 저속도에서는 변압기 기전력을 보상하지 못하고 정류가 악화되고 역률도 낮아진다. 따라서 이 전동기는 고속열차용으로 우수하다.

(2) 반발전동기

반발전동기의 고정자는 유도전동기와 동일한 권선구조이고 전기자는 직류전동기와 동일한 구조로 된다. 이 전동기는 정류자상의 브러시를 단락하여 유도작용에 의해 고정자로부터 전기자에 전력을 인가하고 단락된 브러시를 통하여 부하전류를 흐르도록 한 것이다. 다음의 [그림 4.7]에 반발전동기의 예를 보인다.

반발전동기는 토크를 발생하는 자속의 크기가 부하전류에 비례하고 토크는 전류의 2승에 비례하므로 기동토크가 큰 직권특성을 가진다. 그러나 동기속도를 이탈하면 정류가 악화되므로 전기차용으로는 보상직권전동기보다 열등하다.

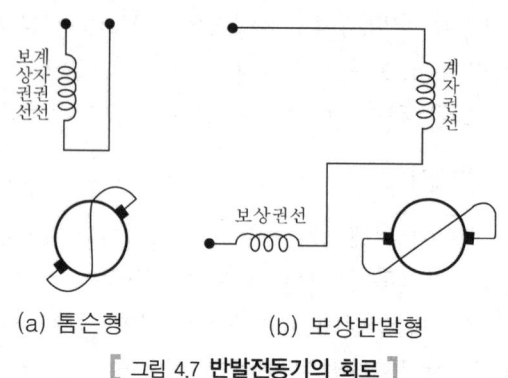

(a) 톰슨형 　　　　(b) 보상반발형

[그림 4.7 **반발전동기의 회로**]

5 유도전동기(induction motor)

유도전동기는 정속도 특성을 가지고 토크는 전류에 거의 비례하지만 기동토크가 작다. 속도제어방식에는 권선형 유도전동기의 전기자 권선의 저항을 변화시키는 저항제어방식, 극수를 변환하는 극수제어방식, 또는 짝수대의 주전동기에 비례하여 종속제어를 수행하는 방식 등이 있다. 이와 같이 속도제어가 곤란하고 복잡하므로 정속도로 장시간 주행하는 경우에 적합하다. 반면, 속도를 동기속도 이상으로 하면 전력회생브레이크로 용이하게 사용할 수 있다.

최근, 전동기 제어기술의 현저한 발달로 가변전압 가변주파수 제어장치(VVVF inverter ; Variable Voltage Variable Frequency inverter)가 실용화되어 유도전동기의 기동토크제어 및 속도제어가 용이하게 되었다. 따라서 최근에는 전기차의 주전동기로 유도전동기를 많이 사용하고 있다.

03 주전동기의 정격과 용량

1 주전동기의 정격

전기차용 주전동기의 정격출력에는 연속정격출력과 1시간정격출력이 있다.

연속정격출력은 주전동기를 실제의 냉각상태로 하고 정격전압, 정격주파수(교류전동기의 경우)로 연속운전시에 각부의 온도상승이 허용치를 초과하지 않고 정류 등이 지장을 받지 않는 전기자의 최대출력이다. 이 경우의 전류치가 연속정격전류, 회전수가 연속정격회전수가 된다.

단시간정격으로는 1시간정격이 사용된다. 1시간정격출력은 연속정격출력의 경우와 동일하게 실제의 냉각상태에서 정격전압, 정격주파수로 1시간 운전시의 온도상승, 정류 등이 허용치를 초과하지 않는 전기자의 최대출력이다. 이 경우의 전류치가 1시간정격전류, 회전수가 1시간정격회전수가 된다. 전동기의 정격은 완전계자에서의 정격으로 규정되어 있으며, 약계자를 사용하는 것은 별도로 약계자 정격으로 지정된다. 연속정격은 1시간정격보다 작으며, 자연통풍형의 주전동기에서는 약 70~80% 정도이다.

최근의 고속회전, 소형경량 전동기에서는 열시정수가 작아서 연속정격과 1시간정격의 차이가 작고 약 85~90% 정도이다. 주전동기의 정격전압은 단자전압을 사용하고 보통 전동기의 영구직렬접속 수량으로 전차선의 표준전압을 나눈 값 또는 전차선 전압강하를 10% 감하여 결정한다.

일반적으로 1,500V 직류전기차의 주전동기는 750V의 전동기 2대를 영구직렬로 접속하여 사용되며, 최근에는 4대 영구직렬접속 또는 단독 1,500V의 주전동기도 사용되고 있다. 교류전기차는 완전병렬로 하는 것이 많다.

2 주전동기의 용량

(1) 주전동기의 용량 결정

주전동기의 용량은 주로 권선의 온도상승 및 정류의 양부를 고려하여 결정된다.

주전동기는 단시간의 과부하가 반복되는 등 사용조건이 가혹하여 절연재료로 양질의 것이 사용되고, 온도상승도 보통 높게 취한다.

주전동기의 용량 선정에 있어서 고려할 필수조건에는 다음과 같은 것이 있다.

① 운전조건
  ㉠ 열차중량과 적재중량
  ㉡ 운전시분
  ㉢ 역간거리
  ㉣ 최고속도
  ㉤ 기동가속도
  ㉥ 감속도
  ㉦ 선로상태
② 차량조건
  ㉠ 구동방식
  ㉡ 기어비
  ㉢ 동륜직경

　　　② 전기브레이크의 유무
　　　⑩ 전차선 전압
　　　⑪ 부수차의 연결비율

　위의 조건을 고려하여 운전선도를 그리게 된다. 그리고 전동기의 온도상승을 개선하여 전력소비량이 적고 경제적으로 신뢰도가 높은 운전이 확보될 수 있도록 용량이 결정된다.

(2) 주전동기의 용량 결정시 전동기 부하
　일반적으로 주전동기의 용량을 결정하는 데 있어서 전동기의 부하를 다음과 같이 구분하여 적용한다.
　　　① 기동시의 부하
　　　② 기동시의 직선가속에 필요한 부하
　　　③ 최대구배에서의 부하
　　　④ 전 구간을 통한 평균부하

　도시철도와 같이 역간거리가 짧고 정차횟수가 많으며 가속도가 비교적 큰 경우에는 위의 ①과 ②, 급구배가 긴 구간에서는 ③, 간선철도에서는 ④를 주로 고려한다.
　일반적으로 주전동기의 열차중량에 대한 톤(ton)당 출력은 노면전차에서는 3.5~5kW 정도, 교외전차에서는 6~12kW 정도이며, 주전동기 1대당의 출력은 노면전차에서 30~50kW 정도, 대형 전기차에서는 80~150kW 정도이다.

3 주전동기의 소요수량

　주전동기의 단위용량과 소요수량의 선정방식에는 대용량을 소수대 설치하는 대용량 집중방식과 소용량을 다수대 설치하는 소용량 분산방식이 있다.

(1) 대용량 집중방식
　① 장점
　　　㉠ 단위출력당 가격이 낮다.
　　　㉡ 전동기 효율이 높다.
　　　㉢ 부수차의 장비가 간단하고 저렴하다.
　　　㉣ 보수가 편리하다.

② 단점
　　　　㉠ 전동기 고장의 경우에 열차운전에 주는 영향이 크다.
　　　　㉡ 전동차의 축중이 크고 선로에 악영향을 끼치며 궤도 강도에 의해 제한을 받는다.
　　　　㉢ 점착력은 동륜에 걸리는 중량에 의거하므로 가속도 및 제동도가 작아지게 된다.

(2) 소용량 분산방식

위의 대용량 집중방식과 반대의 장단점을 가진다.

4 무정류자전동기(thyristor motor)

　직류직권전동기는 전기차용 주전동기로 우수한 특성을 가지고 있어 종래 널리 사용되어 왔으나 정류자가 설계 및 보수상의 최대난점으로 되고 출력증가를 위한 회전의 고속화도 정류자 주변 속도때문에 기계적, 전기적인 제약을 받는다. 이 때문에 정류자가 없는 전동기가 개발되었는데, 이것이 무정류자전동기이다.
　무정류자전동기에는 직류방식, 교류방식 등 다수 종류가 있으며, [그림 4.8]에 무정류자전동기의 원리를 보인다.

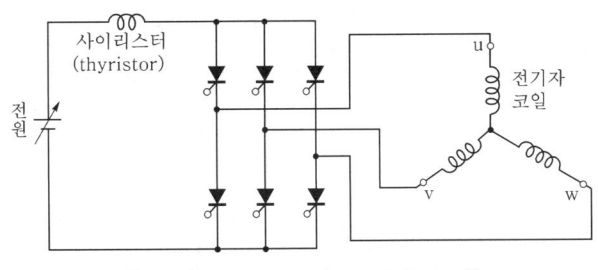

[그림 4.8 **무정류자전동기의 원리도**]

　[그림 4.8]의 무정류자전동기는 3조의 전기자 코일을 구비하고 직류전원에 의해서 구동되는 방식이다. 전기자 코일은 슬립링(slip ring)을 개재하여 단자가 설치되어 있고, 이 각각의 단자를 무접점스위치로 사이리스터(thyristor)와 접속한다. 그리고 전기자 코일의 유기전압 즉 전기자의 회전위치에 대해 개폐(on & off)를 수행하여 정류자와 동일한 작용을 하는 것이다. 이 경우의 전동기는 교류동기전동기와 거의 동일한 작용을 하게 된다.

CHAPTER

05

전기차의 속도제어

전기차의 속도제어

01 속도제어의 원리

1 직류전동기

(1) 직류기의 여자방식

직류기의 여자방식에는 [그림 5.1]과 같은 종류가 있다. 일반적으로 직류전동기로 기동토크가 크고 전압급변시의 과도특성이 양호한 직권식 전동기를 장년에 걸쳐서 사용해왔다.

일부 철도에서는 비교적 비용이 저렴하고 전력회생이 가능한 계자초퍼제어방식이 일정시기에 널리 사용되었다. 이 경우 전동기는 복권식으로 된다.

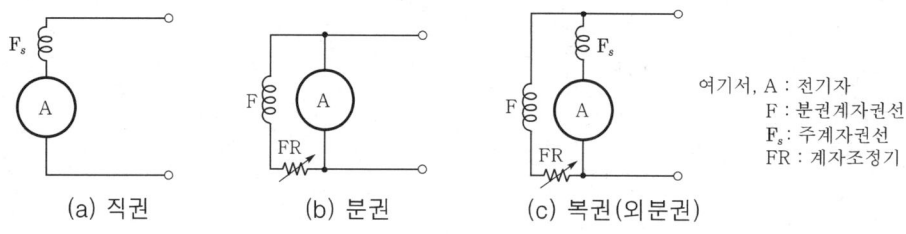

여기서, A : 전기자
F : 분권계자권선
F_s : 주계자권선
FR : 계자조정기

(a) 직권   (b) 분권   (c) 복권(외분권)

[그림 5.1 **직류전동기의 여자방식**]

(2) 직류직권전동기의 특성

직권전동기의 토크는 플레밍(Flemming)의 법칙에 의해 다음과 같이 표현된다.

$$\tau = K_1 \cdot I_a \cdot \phi \quad \text{(5.1)}$$

여기서, τ : 토크(N·m)
K_1 : 정수
I_a : 전기자 전류(A)
ϕ : 1극당 유효자속(Wb)

자속은 계자전류에 의해 발생하므로 식 (5.1)은 다음과 같이 표현된다.

$$\tau = K_2 \cdot I_a \cdot I_f \quad \text{·· (5.2)}$$

여기서, I_f : 계자전류

K_2 : 정수

직권전동기는 $I_a = I_f$ 이므로 식 (5.2)는 다음과 같이 된다.

$$\tau = K_2 \cdot I_a{}^2$$

따라서 기동시에 일정 가속력으로 가속하기 위해서는 전류를 일정하게 유지하면 된다. 또한 전동기의 단자전압을 V(V)로 두면 다음과 같다.

$$V = E_c + I_a \cdot R \quad \text{··· (5.3)}$$

여기서, E_c : 역기전력

R : 권선의 저항

이것을 변형하면 다음과 같다.

$$I_a = (V - E_c)/R$$

역기전력은 다음과 같으며, 속도에 비례하여 증가한다.

$$E_c = K_1 \cdot n \cdot \phi \quad \text{··· (5.4)}$$

여기서, n : 회전수(rpm)

여기서 속도가 증가하여도 전류를 일정하게 유지하기 위해서는 단자전압을 속도의 증가에 대응하여 상승시키면 되는 것을 알 수 있다.

즉, 일정 가속력으로 가속하기 위해서는 단자전압을 속도의 증가에 대응하여 상승시키면 된다. 이를 수행하기 위해 저항제어, 직병렬제어, 전기자초퍼제어가 개발되었다.

(3) 맥류전동기

교류전기차에서 주전동기를 흐르는 전류는 맥류가 된다. 직류전동기에 맥류가 흐르면 다음과 같은 영향이 있다.

① 자기회로(철심)에 와전류가 발생하여 발열한다.

② 변압기 기전력이 발생하여 정류를 악화시킨다.

③ 전기자 토크가 맥동한다.

④ 도체 내의 와전류에 의한 동손이 증가하고 효율이 감소한다.

그러므로 주회로에 평활리액터를 삽입하는 등의 대책이 실시된다. 맥류율은 일반철도는 20~30%, 고속철도는 50%가 한도이다.

2 유도전동기

교류전동기를 사용하면 전동기가 소형경량이 되고 많은 장점이 있다. 그러나 광역의 속도영역에서 사용하는 차량용 주전동기에서는 주파수제어가 불가결하며, 종래의 교류전동기에서는 이것이 불가능하여 직류기를 사용하여 수행해 왔다.

최근에 대용량 반도체기술 및 마이크로프로세서(micro-processor)에 의한 제어기술의 진전에 따라 가변속 구동의 교류전동기가 종래 직류기의 분야를 대체하여 사용되게 되었다.

철도차량의 분야에서도 이러한 변화가 진전되고 있다. 즉, 교류전동기를 가변전압 가변주파수(VVVF ; Variable Voltage Variable Frequency) 제어하는 것이 가능하게 되었다.

차량용의 교류구동시스템으로 인버터는 전압형과 전류형, 전동기는 유도기와 동기기의 선택이 있다. 일반적으로 주회로의 단순성 면에서 전압형 인버터를 사용하고, 보수용이성 면에서 농형 유도전동기를 사용하고 있다.

농형 유도전동기는 고정자에 회전자계를 발생시키는 권선이 있고 회전자는 도체봉을 엔드링(end ring)으로 단락시킨 구조로 되어 있다. 이 때문에 고정자측에 전기적인 접촉은 없다.

회전자계는 3상교류에 의해서 발생 가능하다. ([그림 5.2] 참조)

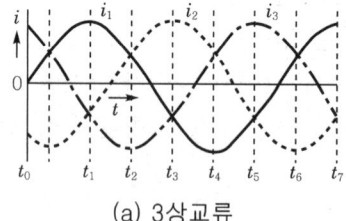

(a) 3상교류

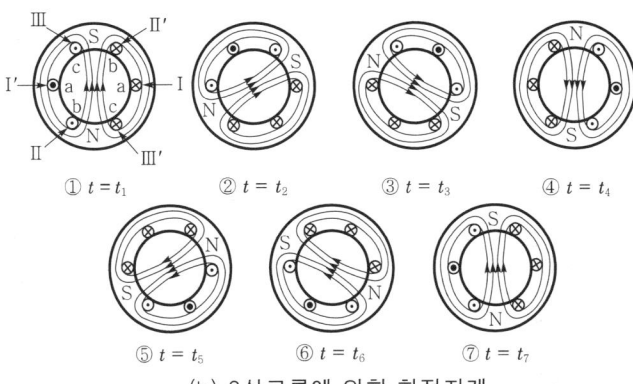

① $t = t_1$ ② $t = t_2$ ③ $t = t_3$ ④ $t = t_4$

⑤ $t = t_5$ ⑥ $t = t_6$ ⑦ $t = t_7$

(b) 3상교류에 의한 회전자계

[그림 5.2 **3상교류에 의한 회전자계의 발생**]

[그림 5.2]에서 전동기는 2극으로 3상교류의 주파수와 회전자계의 회전수는 일치한다. 실제로 전기차용의 전동기는 4극으로 회전자계의 회전수는 3상교류의 주파수의 반으로 된다. 또한 [그림 5.2]에서 3상교류의 주파수가 변하면 계자의 회전속도가 변하는 것을 알 수 있다.

유도기는 회전자계의 주파수와 회전자의 회전속도 사이에 약간의 차이(슬립 : slip)가 있으며 이에 의해 회전자와 자계에는 상대적인 운동이 발생한다. 이 결과, 회전자 도체에 유기전압이 발생하고 도체와 엔드링으로 구성되는 회로에 전류가 흐른다. 이 전류와 자계에 의한 전자력에 의해 도체에는 토크(torque)가 발생한다.

차량용의 유도전동기에서는 보통 슬립이 작은(수%) 영역에서 사용된다. 이 영역에서 토크와 전류는 근사적으로 다음과 같이 표현된다.

$$\tau = K_1 \cdot (V/f)^2 \cdot f_s, \ I = K_2 \cdot (V/f) \cdot f_s$$

여기서, τ : 토크

I : 전류

V : 전압

f : 인버터주파수

f_s : 슬립주파수

K_1, K_2 : 정수

여기서 다음의 관계가 성립한다.

$$f - f_r = f_s$$

여기서, f_r : 회전자의 회전주파수

따라서 회전자의 회전주파수(f_r)는 속도에 비례하여 변화한다. 그러므로 유도전동기에서 전압과 주파수를 변화시켜 전압 및 토크의 제어가 가능하다.

02 속도제어방식

1 제어방식의 분류

전기차의 속도제어방식은 매우 다양하며, 가선전압과 주전동기의 종류에 따라 분류하면 [표 5.1]과 같다.

표 5.1 제어방식의 분류

구 분	직류전기차	교류전기차
직류전동기	저항제어 직병렬제어 약계자제어 전기자초퍼제어 계자초퍼제어 계자첨가여자제어	탭제어 다이오드정류기+저항제어 사이리스터제어
교류전동기	인버터제어	사이리스터위상제어+인버터제어 PWM컨버터제어+인버터제어

2 직류전기차의 속도제어

(1) 저항제어

주전동기와 직렬로 저항을 접속하고 이 저항치를 속도의 상승과 동시에 감소시켜 주전동기에 가해지는 전압을 상승시켜가는 방식이다.

(2) 직병렬제어

짝수대의 주전동기를 가지는 경우, 이것을 직렬 및 병렬로 접속하여 주전동기의 단자전압을 변화시키는 제어방식이다. 저항제어와 병용하면 저항손실이 경감된다.

대표적인 예로 8대(전동차 2량분)의 주전동기를 기동하는 경우에는 전동기를 전부 직렬로 하고 일정속도에 도달한 때에 4S2P로 접속을 변경하는 방식이 있다. ([그림 5.3] 참조)

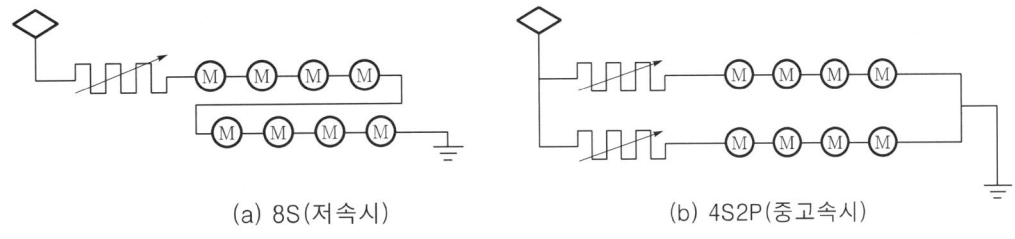

(a) 8S(저속시)   (b) 4S2P(중고속시)

[그림 5.3 직병렬제어 접속의 대표적 예]

(3) 약계자제어

주전동기의 계자자속을 약화시켜 큰 토크를 얻는 방식이다. 전동기에서 계자자속을 약화시키면 역기전력이 작게 된다. 그러면 식 (5.3)에 의해서 전압이 변하므로 전기자 전류를 증가시킬 수 있다.

이 증가비율이 계자의 감소비율보다 크게 되면 식 (5.2)에서 토크가 증가한다. 이것이 약계자제어이다. 이 제어방식의 선행조건은 계자자속을 약화시키는 경우에 역기전력의 감소가 커야 한다. 식 (5.4)에서 이것은 n이 큰 경우 즉, 고속영역임을 알 수 있다.

일반적으로 이 방식은 저항제어 또는 직병렬제어가 종료된 때의 속도에서 사용한다. 이 방식에서는 계자회로에 병렬로 저항을 접속하고 이 저항치를 변화시켜 계자회로에 흐르는 전류를 변화시킨다. 그리고 정류상의 문제에서 약화한계가 결정된다.

(4) 전기자초퍼(chopper)제어

전기자의 전압제어를 저항제어와 같이 손실이 없도록 수행하는 방식이다. 이 방식은 대용량 사이리스터의 개발에 의하여 1970년대에 실용화되었다.

① **동작원리(역행)**

[그림 5.4]에서 초퍼장치 C_h를 개로하면 부하전압 $E_L = E$로 되고 전원으로부터 공급되는 전류 I_0는 회로의 시정수에 따라서 증가한다.

일정시점에서 C_h를 개로하면 I_0는 영(0)이 되고 전동기 전류는 다이오드 D를 통하여 환류한다. 이 전류는 그때의 회로시정수에 따라 감소하여 간다. 여기서 다시 C_h를 폐로하면 전류는 다시 증가한다.

전원측, 부하측의 전압, 전류의 평균치를 각각 I_{0M}, E_M, I_M으로 두면 다음과 같이 되고 T_{on}, T_{off}를 변화시켜서 부하전압을 연속적으로 변화시킬 수 있다.

$$E \cdot I_{0M} = E_M \cdot I_M \quad \cdots\cdots\cdots\cdots\cdots\cdots\cdots\cdots\cdots\cdots\cdots\cdots\cdots\cdots\cdots (5.5)$$

$$I_{0M} = \frac{E_M}{E} \cdot I_M = \frac{T_{on}}{T_{on} + T_{off}} \cdot I_M$$

$$E_M = \frac{T_{on}}{T_{on} + T_{off}} \cdot E$$

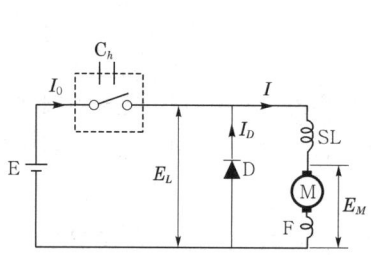

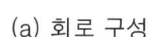

여기서, C_h : 초퍼장치(chopper)
　　　 E : 전원
　　　 SL : 평활리액터(reactor)
　　　 D : 플라이휠 다이오드(flywheel diode)

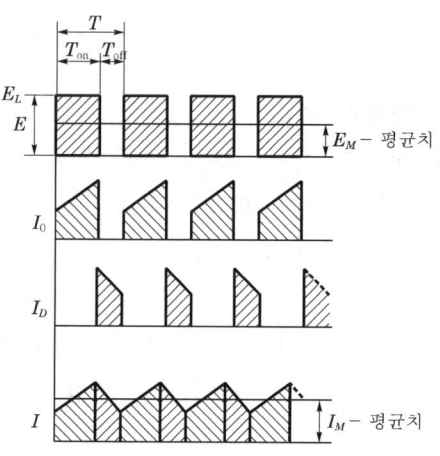

(a) 회로 구성　　　　　　　　　(b) 전압, 전류 파형

[그림 5.4 **초퍼제어의 동작원리**]

초퍼장치의 주체인 반도체스위치로는 사이리스터를 사용한다. 사이리스터는 일단 도통하면 자체로서는 이것을 차단하는 것이 불가능하므로 보조회로에 의해서 도통중의 사이리스터에 역전류를 흘러서 소호한다. 이 보조회로가 전류회로이다. 그러나 자체소호형의 GTO사이리스터를 사용하면 전류회로는 필요 없게 된다.

초퍼제어방식에서는 T_{on}/T 의 변화방향에 따라서 다음의 3가지 방식이 있으며, 전기철도에서는 고조파전류에 의한 신호용 궤도회로의 오동작 방지면에서 (a)방식이 일반적으로 사용되고 있다.

(a)방식 : T 일정, T_{on} 가변(일정주파수 가변 on시간제어)
(b)방식 : T 가변, T_{on} 일정(가변주파수 일정 on시간제어)
(c)방식 : T 가변, T_{on} 가변(가변주파수 가변 on시간제어)

② 동작원리(회생브레이크)

초퍼에 의해 단락된 자려발전기로 전력회생을 수행한다. ([그림 5.5 참조)

초퍼 C_h가 on되면 전동기의 전류는 실선과 같이 리액터 LS를 통하여 흐르고, 전류파형도에서 A ⇨ B와 같이 증가한다. 다음으로 초퍼 C_h를 off하면 전류가

점선과 같이 다이오드 D를 통하여 전차선에 흐르고 전류는 B ⇨ C로 감소한다. 이 다이오드의 동작을 반복하면 전동기 전류의 평균치는 일정하게 유지되고 전차선에는 전류파형도에서 흑색의 부분이 회생된다. 그리고 속도가 감소하면 역기전력도 감소하므로 초퍼의 on시간이 길게 되고 회생되는 전류의 평균치 I_S도 감소한다.

초퍼의 on상태에서 팬터그래프점의 전압은 주전동기의 단자전압에 리액터의 양단에 발생하는 전압을 가한 것이 된다. 즉, 이때는 승압초퍼로 동작한다. 이에 의해 팬터그래프점 전압을 가선전압보다 높게 하는 것이 가능하고, 전류를 전기차에서 가선으로 반환하는 것이 가능하다.

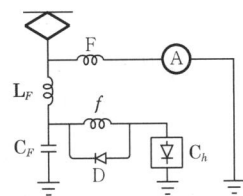

[그림 5.5 **회생브레이크의 동작원리(전기자초퍼)**]

전동기의 평균전류를 I_M으로 두면 I_S는 다음과 같이 된다.

$$I_S = \{ T_{\text{off}}/(T_{\text{on}} + T_{\text{off}}) \} \cdot I_M \quad \text{..} \quad (5.6)$$

전동기의 단자전압 E_M은 전차선 전압을 E로 두면 다음과 같이 된다.

$$E_M = \{ T_{\text{off}}/(T_{\text{on}} + T_{\text{off}}) \} \cdot E \quad \text{..} \quad (5.7)$$

따라서 전동기의 유기전압이 가선전압보다 낮은 영역에서만 회생이 가능한 것으로 정지직전까지 브레이크가 유효하다.

반면, 고속영역에서 전동기의 유기전압이 가선전압보다 높게 되면 제어불능이 되므로 자속 즉, 전류를 급속하게 줄여야 한다. 이 경우는 회생브레이크만으로는 필요한 브레이크력을 공급할 수 없다.

(5) 계자초퍼제어

직류전동기의 계자로 전기자에 직렬인 직권계자와 분권계자를 설치하고 분권계자를 초퍼로 제어하는 방식이다.

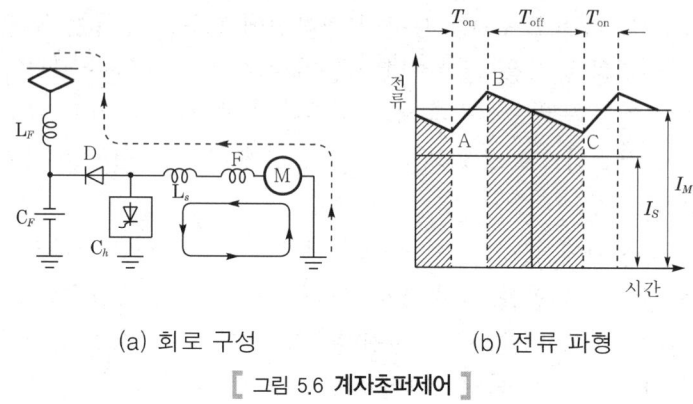

| (a) 회로 구성 | (b) 전류 파형 |

[그림 5.6 **계자초퍼제어**]

[그림 5.6]에서 분권계자를 강화하면 전기자 전류가 정극성에서 부극성으로 전환되고 가선에 전류가 흐르도록 되어 있다. 이 방식은 종래의 저항제어에 소용량의 계자제어장 치를 추가하면 되는 것으로 전류 용량과 필터가 작게 되어 경제적이므로 전기자초퍼와 비교하여 경제성이 좋고 경량화가 가능하다. 역행, 회생의 절환이 불필요하고 계자제어 범위가 넓으며 연속적이므로 제어성이 양호한 회생속도영역에 널리 사용되고 있다.

그러나 분권계자의 강계자율에 한도가 있으므로 저속도영역에서는 발생전압을 가선전 압까지 상승시키는 것이 불가능하게 되어 회생불능으로 된다. 또한 저항제어차의 약계 자단만을 초퍼화한 것이므로 역행시의 저항손실은 그대로이다.

(6) 계자첨가여자제어

직권전동기의 계자권선에 별도의 전원으로부터 전류를 공급하여 계자제어를 수행하는 방식이다. 직권식의 장점을 살리면서 저렴한 비용으로 회생브레이크를 사용할 수 있도 록 한 방식이다.

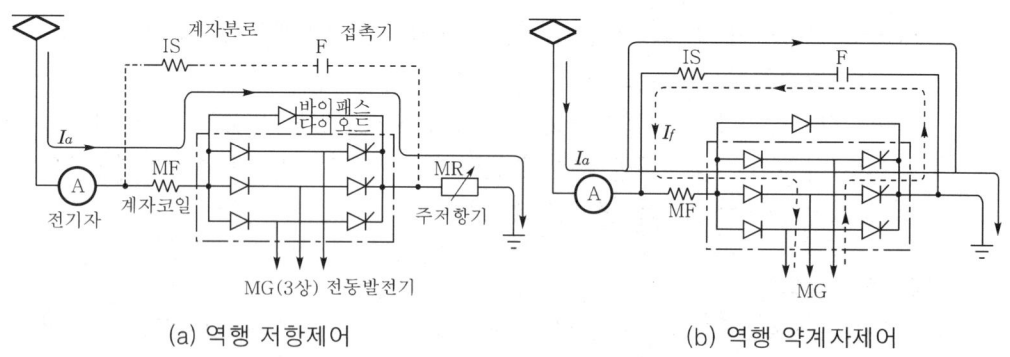

| (a) 역행 저항제어 | (b) 역행 약계자제어 |

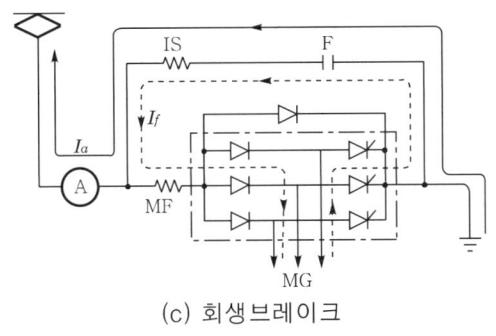

(c) 회생브레이크

[그림 5.7 **계자첨가여자제어**]

① 동작원리(역행)

기동시에는 저항제어를 수행한다. 이 단계에서는 계자분로의 접촉기 F를 개로한다. 그래서 계자전류와 전기자 전류는 동일하게 되고 바이패스다이오드(bypass diode)를 통하여 흐른다.

약계자제어로 들어가면 접촉기 F를 폐로한다. 그러면 이것만으로는 전기자 전류의 상당부분이 계자분로를 흐르고 일시에 최약 계자레벨로 되어 버린다.

이것을 보상하기 위하여 전동발전기의 교류출력을 3상전파정류된 전류를 점선의 경로로 흐르게 한다. 유입된 전류는 접촉기를 투입한 시점에서는 계자를 흐르는 전류가 불연속으로 되지 않는 값으로 된다. 그래서 속도의 상승과 더불어 유입전류를 감소시켜 간다. 이에 의해서 계자전류는 점차 감소하여 계자가 감소되어 간다. 이렇게 해서 최약 계자율에 도달하면 계자율이 일정하게 되도록 제어를 수행한다.

② 동작원리(회생브레이크)

역행 약계자 그대로 첨가여자전류를 강화시키면 주전동기의 유기전압과 가선전압의 차이가 작게 되고 전기자 전류는 감소한다. 더불어 첨가전류를 크게 하면 연이어서 유기전압이 가선전압보다 높게 되고 차량으로부터 가선으로 전류가 흐르는 회생브레이크의 상태로 된다. 이 경우 전기자 전류는 분로측을 역방향으로 흐른다.

(7) 4상한 초퍼제어

직류복권전동기를 사용하고 전기자는 GTO사이리스터를 사용하는 초퍼로 제어되며 분권계자 권선은 계자초퍼로 제어하는 방식이다. ([그림 5.8] 참조)

저속영역에서는 전기자초퍼와 동일하게 회생브레이크가 유효하게 작용하고 고속영역에서는 전기자초퍼의 통류율을 최소치에 근접하여 고정시키고 분권계자를 여자하여 계자전류를 제어하여 회생전류를 얻는 방식이다.

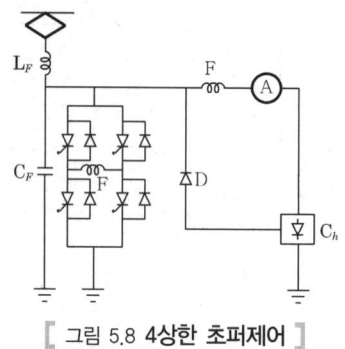

[그림 5.8 **4상한 초퍼제어**]

(8) 인버터제어

인버터로 교류전동기를 제어하는 방식으로 최근의 신형 전기차는 거의 전부가 이 방식으로 되어 있다. 주회로를 [그림 5.9]에 보이며, 차량에 필요한 속도·인장력 특성과 이를 얻기 위하여 전압과 슬립주파수를 변화시키는 상태를 [그림 5.10]에 보인다.

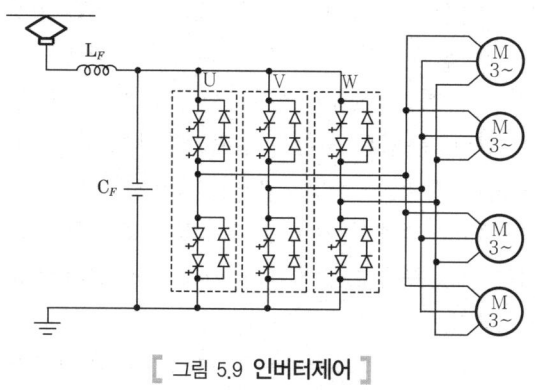

[그림 5.9 **인버터제어**]

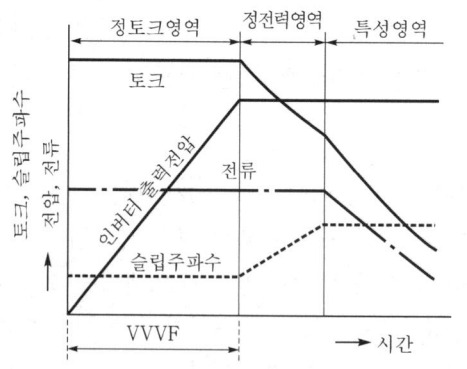

[그림 5.10 **속도·인장력 특성과 전압, 슬립주파수의 변화**]

전압과 주파수를 변화시키기 위하여 인버터의 스위칭방식으로 펄스폭변조(PWM)제어
방식이 사용되는데, 이 제어방식을 [그림 5.11]에 보인다. [그림 5.11]에서 스위칭의 시
점(timing)을 변화시켜 출력전압의 크기 또는 주파수를 연속적으로 변화시킬 수 있다.

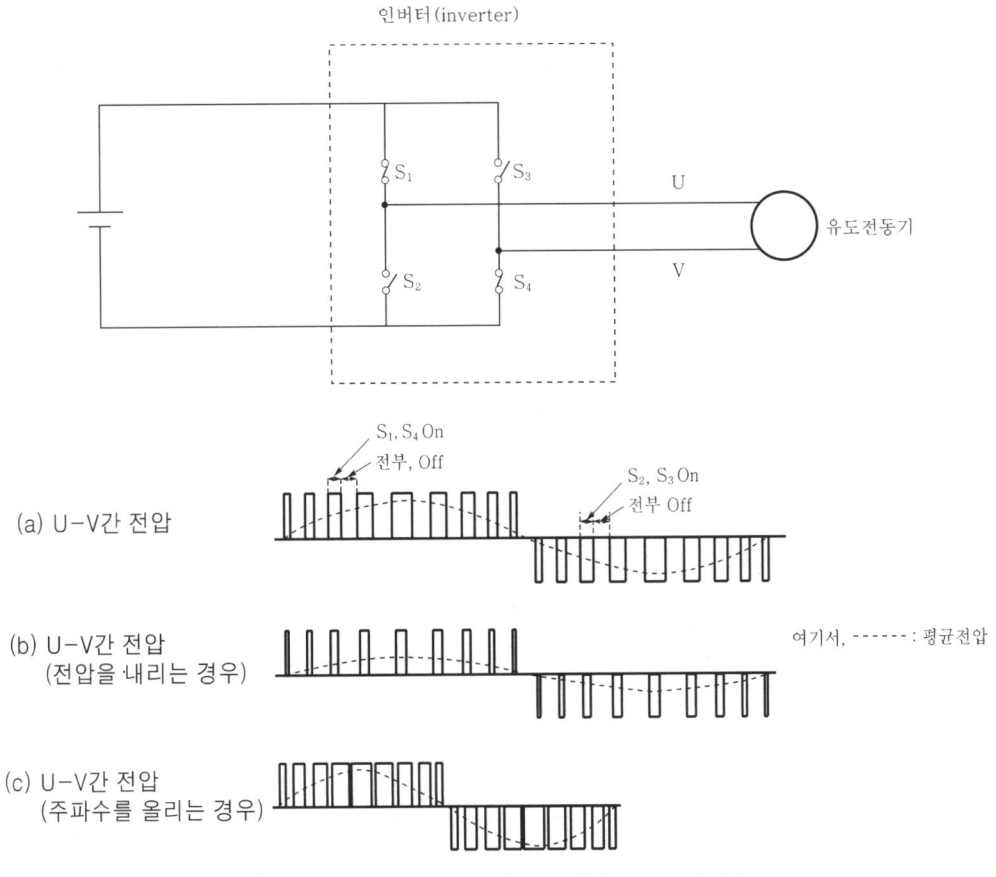

[그림 5.11 **PWM제어에 의한 전압과 주파수의 제어**]

주소자로는 GTO사이리스터가 사용되며, 이 경우에 스위칭주파수의 한도는 500Hz 정
도이다. 전류파형을 정현파에 근접시키기 위해서는 스위칭주파수를 상승시켜야 하며 이
목적으로 IGBT가 사용되는 경우도 있다. 이를 사용하면 스위칭주파수를 (kHz)레벨로
향상시킬 수 있다.

IGBT는 내전압이 낮으므로 직렬접속으로 사용된다. [그림 5.12]에서와 같은 회로구성
이 3레벨 인버터이며, 일반적인 2레벨 인버터와는 다르다.

3레벨의 경우, 출력전압 레벨이 많으므로 이에 의해 전류파형을 보다 정현파에 근접
시킬 수 있는 부수적인 효과도 있다. 그리고 발생소음의 주파수가 높고 가청주파수 영역

을 벗어나는 방향으로 진행되므로 차 내 소음감소의 효과도 있다.

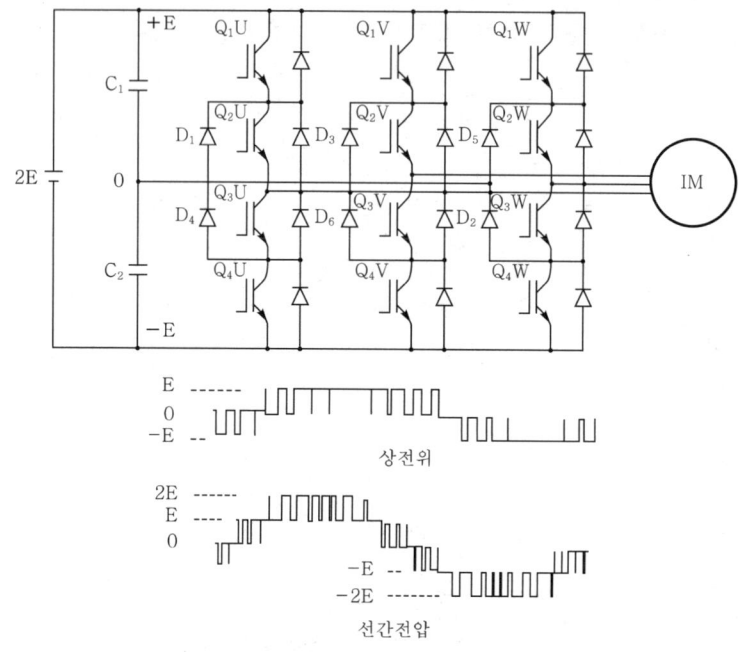

상전위

선간전압

(a) 3레벨 인버터 및 전압파형

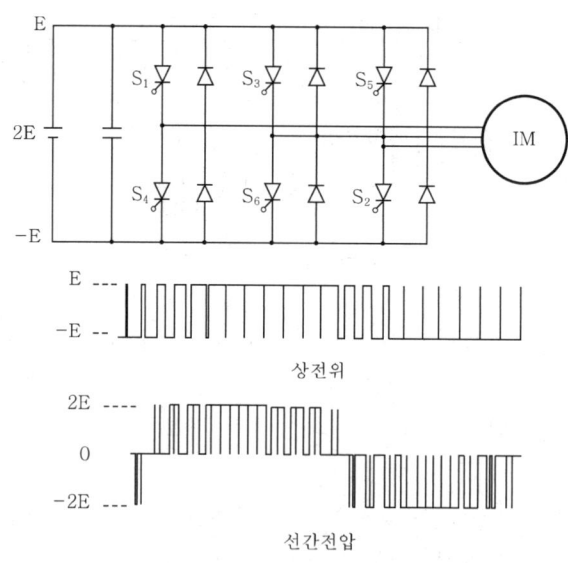

상전위

선간전압

(b) 2레벨 인버터 및 전압파형

[그림 5.12 **3레벨 인버터와 2레벨 인버터**]

③ 교류전기차의 속도제어

(1) 탭제어

주변압기의 권선에 탭을 설치하고 속도에 일치하여 절환시켜 전압을 변화시키는 방식이다. 탭절환기의 출력은 다이오드정류기로 정류되고 전동기에 인가된다.

탭을 주변압기의 1차측에 설치하는 고압탭제어방식과 2차측에 설치하는 저압탭제어방식이 있다. 저압탭제어방식의 예를 [그림 5.13]에 보인다.

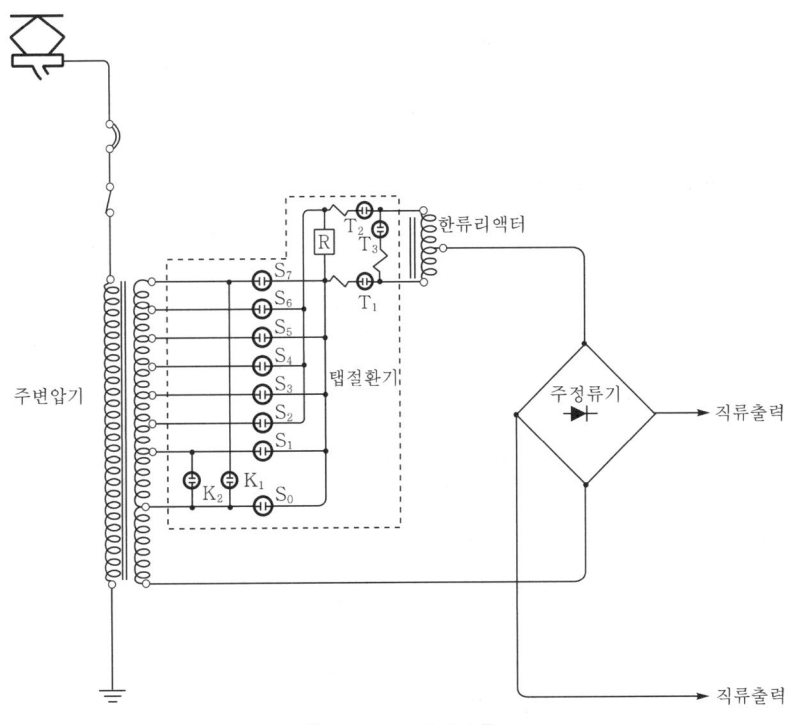

[그림 5.13 **탭제어**]

(2) 사이리스터위상제어(혼합브리지)

이 방식도 직류 주전동기의 제어에 사용되는 방식이다. 속도의 상승에 따라서 사이리스터정류기의 점호각을 변화시켜서 출력전압 즉, 주전동기에 인가되는 전압을 연속적으로 변화시킨다. 브리지(bridge)를 구성하는 암(arm) 중에서 2개의 암에 사이리스터, 2개의 암에 다이오드를 사용한다.

탭제어에 비해 무접점화가 가능한 장점이 있다. 그리고 팬터그래프점에서의 역률은 0.8 정도이다.

91

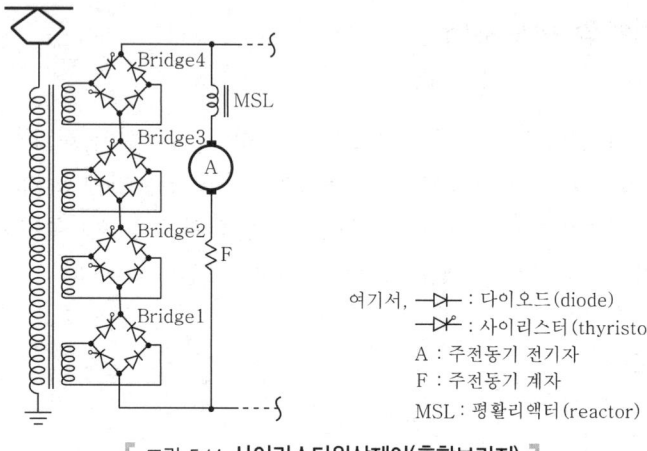

여기서, ─▷─ : 다이오드(diode)
─▷|─ : 사이리스터(thyristor)
A : 주전동기 전기자
F : 주전동기 계자
MSL : 평활리액터(reactor)

[그림 5.14 **사이리스터위상제어(혼합브리지)**]

(3) 사이리스터위상제어(순브리지)

위상제어의 4개 암을 전부 사이리스터로 구성하면 교류회생브레이크가 가능하다.

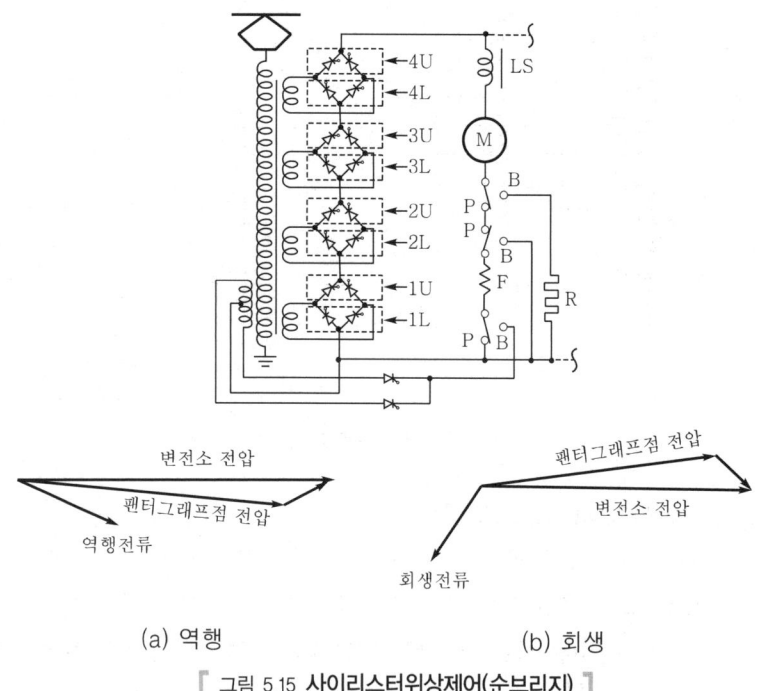

    (a) 역행   (b) 회생

[그림 5.15 **사이리스터위상제어(순브리지)**]

(4) PWM컨버터제어/인버터제어

주전동기로 교류전동기를 사용하는 경우의 대표적인 제어방식이다. 직류전기차의 인버터(inverter)제어방식의 주회로에 주변압기와 가선의 교류를 직류로 변환하는 PWM컨버터(converter)를 추가시킨 구성이다.

PWM컨버터의 동작원리는 인버터의 반대로 된다. 단, 인버터에서는 속도의 변화에 대응하여 주파수가 변하지만 컨버터에서 교류측의 주파수는 50Hz 또는 60Hz로 일정하다. 일반적으로 컨버터와 인버터를 동일상자에 수납하며 이것이 주변환장치이다. 그리고 컨버터는 일반적으로 복수대([그림 5.16]의 예에서는 4대)가 병렬운전된다. 이것은 소자의 전류 용량에 의한 제한 이외에 가선전류의 고조파 감소의 목적도 있다.

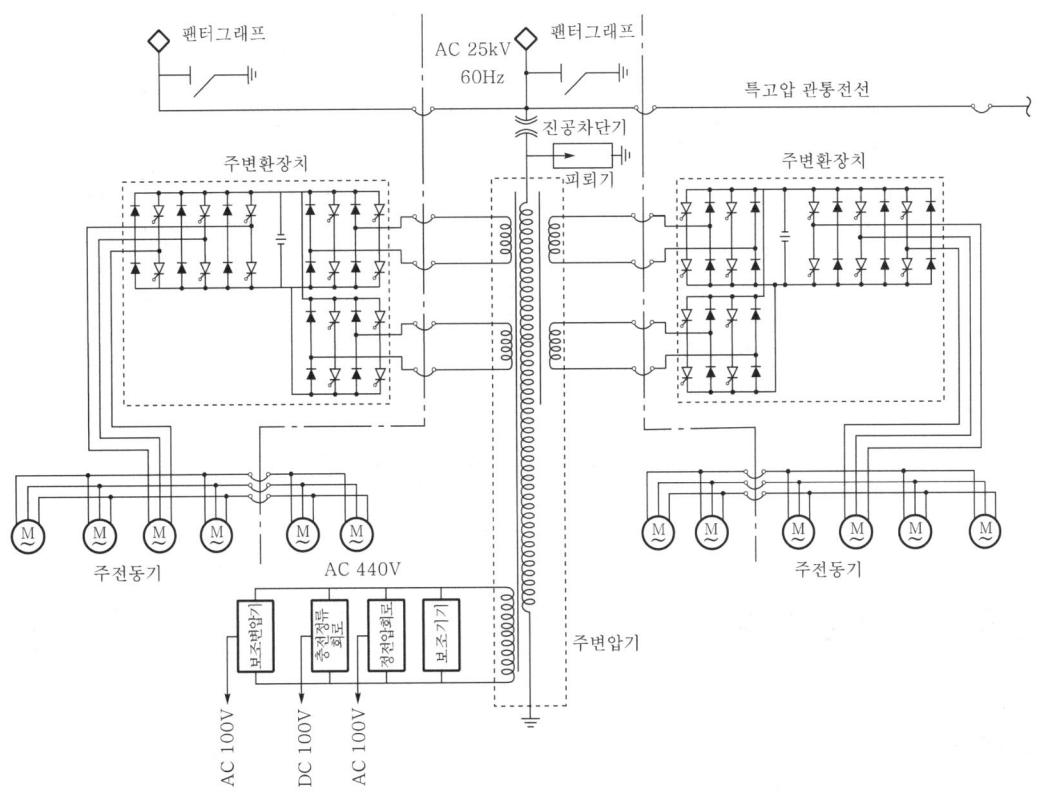

[그림 5.16 PWM컨버터제어/인버터제어]

(5) 사이리스터위상제어/인버터제어

교류전기철도 구간에서 교류전동기의 구동방식으로 비교적 저렴한 비용의 제어방식이다. 가선측의 변환장치로 위상제어를 사용하고 있는 점이 PWM컨버터제어/인버터제어방식과 다르다. 이 경우에 제어정류기는 중간 회로전압을 일정하게 유지하는 제어를 수행한다.

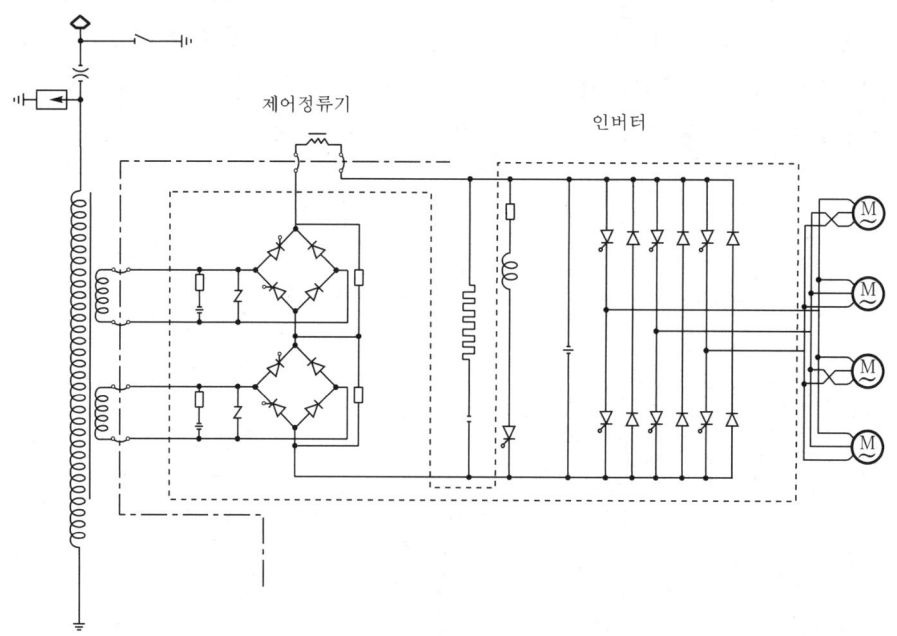

[그림 5.17 **사이리스터위상제어/인버터제어**]

03 전기브레이크

1 개요

전기브레이크는 주전동기를 발전기로 운전하여 회전방향과 역방향의 토크를 얻는 브레이크방식이다. 차량의 운동에너지를 전기에너지로 변환하는 모드(mode)라고 할 수 있다. 전기브레이크는 발생한 전기에너지를 자체에 탑재한 저항기에서 열에너지로 소비하는 발전브레이크와 에너지를 가선을 통해서 반환하는 회생브레이크로 분류된다.

대표적인 전기브레이크의 동작개요는 다음과 같다.

(1) 발전브레이크(직류기)

직류기의 경우 전기자 전류 또는 계자전류의 흐르는 방향을 역행시와 반대로 하면 발생하는 토크를 역방향으로 할 수 있다. 즉, 브레이크력을 얻을 수 있다.

정지브레이크에서는 저항치를 일정하게 하면 속도가 감소하여 역기전력이 작게 되고 브레이크 전류가 감소하여 브레이크력이 작아진다. 그러므로 브레이크력을 일정하게 하기 위해서는 속도의 감소에 따라 부하저항을 단계적으로 단락시켜야 한다.

(2) 회생브레이크

① 직류전동기

일정 직류전원전압을 V, 역기전력을 E, 전기자 회로의 저항을 R_a, 전기자 회로의 전류를 I_a로 두면 다음의 식이 성립한다.

$$V = E + R_a I_a \rightarrow I_a = (V-E)/R_a \quad \cdots\cdots\cdots\cdots\cdots\cdots\cdots\cdots\cdots\cdots\cdots\cdots (5.8)$$

이 식에서 다음의 관계가 성립한다.

$V > E$: I_a는 전원측에서 부하측으로 흘러 전동기 작용(역행)

$V < E$: I_a는 부하측에서 전원측으로 흘러 발전기 작용(회생브레이크)

② 유도전동기

N_0 : 고정자 자계의 회전속도(rpm)

N : 회전자의 회전속도(rpm)

$0 < N < N_0$: 전동기 작용 ⇨ 발생 전자력이 회전방향 ⇨ 역행

$N > N_0$: 발전기 작용 ⇨ 발생 전자력이 반회전방향 ⇨ 전기브레이크

즉, 인버터의 주파수를 회전자의 회전주파수보다 다소 작게 하면 (부극성 슬립) 브레이크력이 얻어진다. 그리고 부극성의 슬립을 일정하게 하면 속도에 관계없이 일정한 브레이크력이 얻어진다.

2 전기브레이크의 특성

전기브레이크는 협의로는 발전브레이크와 전력회생브레이크로 분류되나 광의로는 전자브레이크와 와전류브레이크도 이에 포함된다.

전기브레이크는 주전동기를 열차의 운전에너지에 의해서 발전기로 동작시키고 전기에너지로 변환하는 때의 전기자 역회전력을 차축에 작동시켜서 브레이크 작용을 수행하는 방식이다. 이 경우에 발생되는 전기에너지를 저항기 내부에서 열에너지로 방산하는 방식이 발전브레이크, 이를 전차선에 반환시켜 회생시키는 방식이 전력회생브레이크이다.

전기브레이크의 장단점을 보면 다음과 같다.

(1) 장점

① 광범위의 속도에 대해서 거의 일정한 브레이크력이 얻어진다.

② 제륜자, 차륜타이어의 마모가 작고, 과열에 의한 차륜타이어 이완의 위험이 없다.

③ 제륜자의 마모철분에 의한 차량 상하부 기기의 오손이나 절연열화가 방지된다.

④ 공기브레이크에 비해서 조작이 간단하고 원활한 브레이크력이 얻어진다.

⑤ 발전브레이크를 정지시 및 감속시에 사용하면 공기브레이크에 비해서 동작이 빠르고 공주시간이 짧다.

⑥ 전력회생브레이크를 사용하면 전력이 절감된다.

(2) 단점

① 일반적으로 저속으로 되면 브레이크력이 감소하므로 공기브레이크와 병용할 필요가 있다.

② 주전동기와 발전브레이크용 저항기는 소요 브레이크력에 대해서 대용량이 필요하다.

③ 전기자축이나 기어는 브레이크시의 충격에 견뎌야 하므로 견고하여야 한다.

④ 고속에서 저속까지 전기브레이크를 유효하게 사용하기 위해서 주전동기는 발전브레이크에서는 고압 대전류, 회생브레이크에서는 약계자로 대전류에 견디는 것이어야 한다.

⑤ 제어장치 및 변전소설비가 복잡하다.

⑥ 전력회생브레이크에서는 회생전력이 다른 부하에 의해 소비되지 않으면 기능을 발휘할 수 없다.

⑦ 전기브레이크는 주전동기를 가지는 동력차에서만 브레이크력을 발생하고 부수차에서는 발생할 수 없다.

⑧ 전기회로의 고장 등에 의해서 전 차량의 전기브레이크가 불능으로 될 수 있으므로 공기브레이크에 비해서 신뢰성이 다소 낮다.

전기브레이크는 주로 정차시의 정지브레이크와 구배 하향주행시의 감속브레이크로 사용되며, 정지브레이크에서는 충격이 없도록 일정감속도로 원활하게 브레이크력이 작용하는 특성이 있어야 한다.

감속브레이크에서는 일정속도로 구배를 하향주행하기 위하여 속도가 변하면 여기에 대응해서 브레이크력이 크게 변하는 특성이 있어야 한다. ([그림 5.18] 참조)

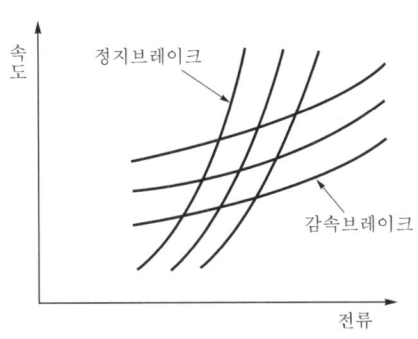

[그림 5.18 **전기브레이크의 특성**]

3 발전브레이크

(1) 발전브레이크의 회로

주행중 전기차의 직류직권 주전동기를 발전기로 구동하는 경우에 잔류자기에 의해서 전압을 발생하지만 브레이크전류는 역행전류와 역방향으로 흐르므로 잔류자기는 소멸되어 발전을 수행하게 된다.

발전브레이크를 수행하기 위해서는 주자계 또는 전기자회로의 접속을 역으로 하여 브레이크전류의 자속을 잔류자기와 동일방향으로 해야 한다.

그리고 2대의 직권전동기를 병렬로 하여 발전기로 구동하는 경우에 직권코일이 있으므로 1대의 유기전압이 높아지고 그 계자자속을 강화하게 되어 전압이 더욱 높게 된다. 이어서 전압이 낮은 다른 1대의 발전기로 횡류가 흘러서 자계를 약화시키고 결국은 계자의 극성이 역으로 되어 단락상태로 된다.

따라서 잔류자기를 소멸시키지 않고 병렬운전시의 부하를 평형시키기 위하여 [그림 5.19]와 같은 계자교환접속과 균압선접속이 수행된다.

[그림 5.19](a)는 계자교환방식으로 각 주계자를 역행시와 반대로 접속하고 상호간에 주계자를 교환하는 병렬회로방식이다. [그림 5.19](b)는 균압선방식으로 어느 1대의 유기전압이 높게 되면 낮은 쪽의 주계자의 전압에 역비례하여 여자전류가 흘러서 양쪽의 유기전압을 항상 균압시키는 방식이다. 이 외에도 [그림 5.19](c)와 같은 저항선방식이 있으며 이 방식에서는 유기전압이 감소하고 제어범위도 감소하므로 일반적으로 사용되지 않고 있다.

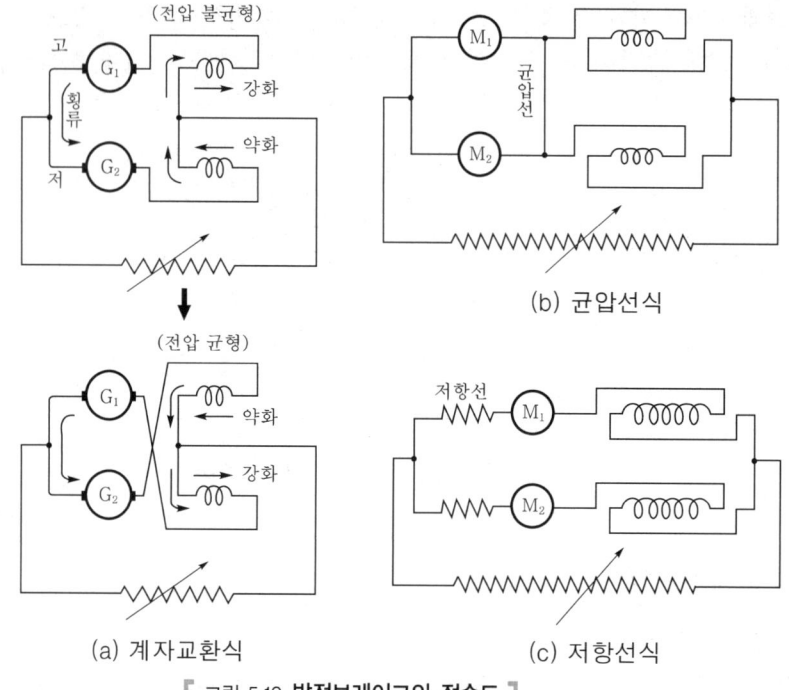

[그림 5.19 **발전브레이크의 접속도**]

(2) 발전브레이크의 특성

발전브레이크는 기동제어와 동일하게 저항을 가감하여 브레이크 전류, 브레이크력 및 속도를 제어한다. 이 경우에 속도와 전류의 관계는 노치곡선과 유사하며 [그림 5.20]과 같은 곡선으로 된다. 이것이 브레이크노치곡선이다.

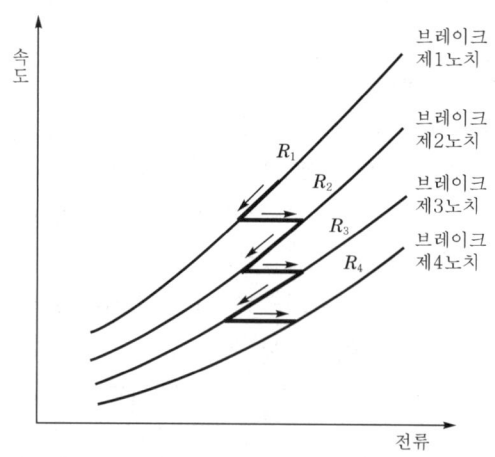

[그림 5.20 **브레이크노치곡선(brake notch curve)**]

발전브레이크에서는 정차시에 감속도를 일정하게 유지하기 위하여 한류계전기를 사용하여 전류를 거의 일정하게 하고 자동적으로 브레이크노치를 전진시켜 감소시키는 방법이 수행된다.

그리고 이 발전브레이크는 속도변화에 대해서는 거의 일정한 브레이크력이 얻어지지만 저속(10km/h 전후)에서는 브레이크력을 상실하므로 일반적으로 공기브레이크 등과 병용된다. 또한, 고속에서는 유기전압이 높고 대전류가 흐르므로 주전동기에 악영향을 미치고 정류불량 또는 전기기기의 절연파괴를 일으킬 우려가 있다. 이 때문에 주전동기 용량을 크게 하고 과전압 및 과전류에 대한 보호장치가 설치된다.

발전브레이크는 전력회생브레이크와 달리 전차선이 정전되어도 브레이크작용을 수행 가능하다. 발전브레이크에서는 일반적으로 자기여자를 사용하므로 브레이크를 초기동작시키는 경우에 브레이크 전류의 입상이 늦고 공주시간이 길다. 그러므로 브레이크 초기작동 전에 전차선이나 계자전원 등을 이용하여 계자를 약하게 여자시키고 브레이크 전류의 입상을 빠르게 하는 방법을 취한다. 이것이 예비여자이다.

발전브레이크는 일반적으로 감속브레이크 및 정지브레이크에 사용되고 일부 감속브레이크에 이용되는 경우도 있다. 일반의 전기차에 주회로 절환기, 저항기, 보호장치 등을 증설 설치하여 간단하게 발전브레이크를 수행할 수가 있다. 최근의 고가속도, 감속도의 전기차에서는 정지브레이크로 발전브레이크를 사용하고 공기브레이크를 병용하고 있다. 그리고 감속용으로 발전브레이크를 사용하는 경우도 있다.

(3) 발전브레이크력

발전브레이크의 회로도를 [그림 5.21]에 보인다. 속도 V(km/h)에서 발전기 1대의 브레이크력은 역행시의 견인력과 동일하며, 다음 식으로 표현된다.

$$E_a = I(r + R_f + R)$$

$$B = 0.367 \times \frac{E_a I}{V} \cdot \mu$$

여기서, E_a : 유기전압(V)

I : 브레이크 전류(A)

r : 내부저항(Ω)

R_f : 전기자・계자의 권선저항(Ω)

R : 브레이크 저항(Ω)

V : 속도(km/h)

μ : 동력전달효율

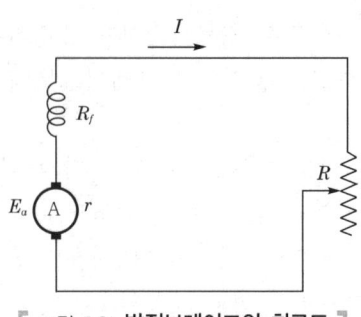

[그림 5.21 **발전브레이크의 회로도**]

유기전압 E_a는 속도 V와 계자자속 ϕ에 비례하므로 브레이크 전류를 일정하게 하고 일정한 브레이크력을 얻기 위해서는 다음 식이 적용된다. 여기서, 저항 R은 속도 V에 비례한다.

$$E_a = KV\phi = I(r + R_f + R) \simeq IR$$

$$R \simeq \frac{KV\phi}{I}$$

저항값 R을 일정하게 하고 전류 I를 변화시키는 경우의 유기전압 E_a를 구하고 여기에 대응하는 회전수를 주전동기 특성곡선으로부터 구하면 저항치 R에 대한 전류·속도 곡선이 얻어진다. 그러므로 저항값 R을 변화시켜 브레이크노치곡선을 구한다. 그리고 브레이크 평균전류로부터 브레이크력이 구해진다.

4 회생브레이크

(1) 회생브레이크의 개요

전력회생브레이크는 전기차의 주전동기를 발전기로 사용하고 발생전력을 전차선에 반환하는 방식이다. 이 방식에서는 유효하게 전력을 절감할 수 있으며, 발전브레이크와 같이 대용량의 저항기가 필요없다.

일정 구배구간을 운전하는 경우의 회생전력량과 소비전력량의 비율이 전력회생률이며, 선로의 상황, 열차중량, 속도 등에 따라서 서로 다르나 일반적으로 약 30% 정도이다.

전력회생브레이크는 종래에는 직류구간에서만 사용되었으나 최근 사이리스터의 개발로 교류구간에도 실용화되고 있다. 일반적으로 전력회생브레이크는 유기전압이 전차선 전압보다 높지 않으면 사용이 불가능하다.

직류전기차에서 주전동기의 유기전압은 거의 속도에 따라서 정해지며 광범위한 속도에 대해서는 회생브레이크가 사용될 수 없고 주로 구배 하향주행시의 감속브레이크로

사용된다. 그리고 교류전기차에서는 변압기의 탭절환, 정류기의 위상제어, 인버터제어 등에 의해서 광범위한 속도에서도 사용될 수 있다.

(2) 직류전력회생브레이크

① 전력회생브레이크의 특성

㉠ 속도변화와 유기전압

전력회생브레이크는 속도가 변화하여도 유기전압은 일정하게 유지할 필요가 있다. 그러므로 계자제어가 이용되는 고속에서는 계자를 약하게 하고 저속에서는 강하게 한다. 계자를 약하게 하면 정류가 악화되고 반대로 강화시켜도 포화특성에 의해서 제한된다. 그리고 강한 회생브레이크가 걸리면 과부하로 되고 전동기 용량에 제약을 받는다. 따라서 전력회생브레이크는 너무 높은 고속이나 너무 낮은 저속영역에서는 사용이 불가능하다. 즉, 속도범위가 좁으므로 주로 감속용으로 사용되고 정지브레이크나 고장시 사용하기 위한 공기브레이크 등과 병용하여 사용된다. 속도범위를 확대하기 위하여 계자제어 이외에 직병렬제어가 사용된다.

이 외에도 고속에서 주회로에 직렬저항을 삽입하고 유기전압을 상승시켜 고속범위를 확대하는 방식을 사용하는 경우도 있다.

㉡ 병렬운전

전력회생브레이크는 회생된 전력을 다른 부하에서 소비하지 않으면 그 기능을 발휘할 수 없고 다른 전원과 병렬운전을 수행하므로 전차선 전압의 변동에 추종하여 안정된 병렬운전이 가능하여야 한다.

즉, 전차선 전압이 강하하여 회생브레이크 전류가 증가하게 되면 그 증가를 억제하고, 역으로 감소하면 그 감소를 억제하여야 한다.

그러므로 직권특성은 부적합하며 분권 또는 차동복권 특성이 필요하다. 일반적으로 복권전동기가 사용되고 직권전동기는 타여자로 사용된다.

② 전력회생브레이크의 회로

전력회생브레이크의 회로는 여자방식에 의하여 ㉠ 전차선 전압으로 직접 여자하는 방식, ㉡ 전동발전기로 여자하는 방식이 있으며, 후자의 방식에는 전동발전기 이외에 주전동기를 여자기로 하는 방식, 축전지를 이용하는 방식 등이 있으며, 모두 계자제어를 수행하는 것이다.

㉠ 전차선 전압에 의한 직접여자방식

• 직권전동기의 경우

직권전동기를 전력회생브레이크에 사용하는 경우에는 분권 특성을 가지도록

[그림 5.22](a)와 같이 계자를 타여자로 하고 직접 전차선으로부터 여자한다. 이 방식은 전차선 전압의 대부분을 직렬저항으로 소비하므로 저항기의 용량이 크게 되고 전력손실이 많아 효율이 낮다.

이 방식에서 전기자 저항회로의 저항 R_1 및 R_2는 부하평형용이다. 이 방식은 발전브레이크로의 절환이 용이하며 회로는 간단하나 전력회생률이 낮고 전기적으로 불안정하다.

• 복권전동기의 경우

복권전동기를 사용하는 방식은 [그림 5.22](b)와 같이 분권계자전류를 억제하여 역행 및 회생시의 속도, 토크, 브레이크력을 제어한다. 즉, 역행시에는 화동복권으로 동작하고, 회생시에는 차동복권발전기로 되며 직권계자를 약화시키고 분권계자를 강화시켜 유기전압을 높여서 전력회생브레이크로 사용한다.

이 방식에서는 특별한 여자장치가 필요 없으며 접속이 간단하고 역행과 회생브레이크시에 주회로를 절환할 필요가 없다. 그러나 회생브레이크 전류가 급감하면 직권계자전류가 급감하고 유기전류가 과대하게 되므로 과전압계전기 등의 보호장치가 설치된다.

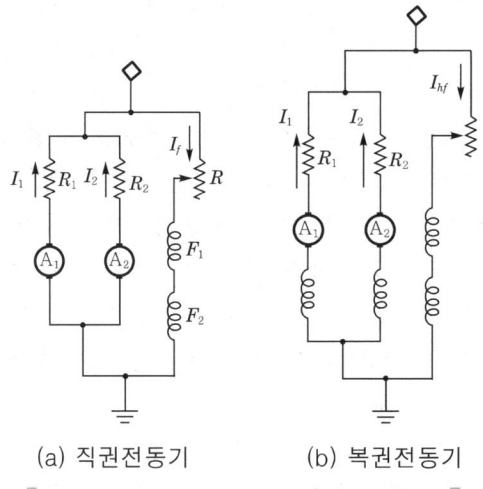

(a) 직권전동기   (b) 복권전동기

[그림 5.22 **전차선 전압에 의한 직접여자방식**]

ⓛ 전동발전기에 의한 여자방식

이 방식에서는 [그림 5.23]과 같이 주전동기의 계자전원으로 전동발전기를 사용한다.

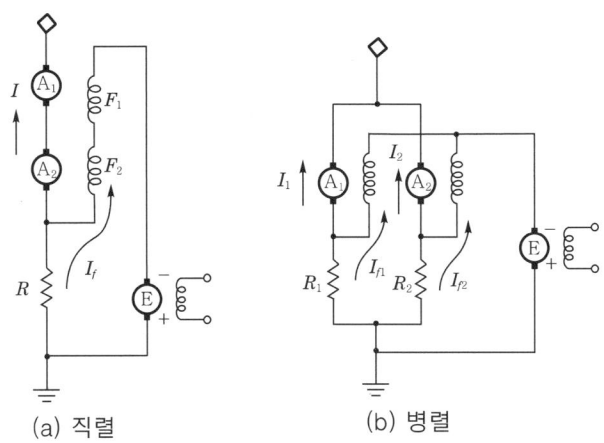

(a) 직렬   (b) 병렬

[그림 5.23 **전동발전기에 의한 여자방식**]

이 방식에서 회생시의 계자전류는 역행시와 동일한 방향으로 여자기회로가
직렬로 접속되어 있다. 주회로저항 R은 회생브레이크시에 병렬운전의 전기
적 안정을 향상시키기 위한 것으로 조합 및 평형저항이라고 불린다. 이 평형
저항에는 회생브레이크 전류 I와 계자전류 I_f의 합성전류가 흐르고 회생브
레이크 전류가 증가하게 되면 평형저항중의 전압강하가 증가하여 계자전류가
감소하여 회생브레이크전류의 증가를 방지한다. 반대로, 감소하게 되면 계자
전류를 증가시켜서 그 감소를 방지하는 동작을 수행한다. 이 방식에서는 여
자기의 계자전류를 가감하여 속도제어를 수행하며 평형저항에 의해서도 속도
제어를 수행할 수 있다.

(3) 직류초퍼 전력회생브레이크

직류초퍼 전력회생브레이크는 주전동기를 타여자발전기로 하고 유기전압을 전차선 전
압보다 높게 하여 전류를 전차선으로 송출하는 방식이다. 직류초퍼 전력회생브레이크는
[그림 5.24](a)와 같이 주전동기는 초퍼장치 C_h에 의해서 단락되는 자여자발전기회로로
구성된다.

직류초퍼 전력회생브레이크의 동작원리는 발전브레이크와 거의 동일하다. 주행중에
초퍼를 동작(on)시키면 주전동기회로는 단락되고 전압전류가 상승한다. 전류가 어느 일
정치에 도달한 때에 초퍼를 차단(off)시키고 회로의 인덕턴스 SL에 축적된 에너지는 다
이오드 D를 통하여 전차선으로 반환되어 전력회생브레이크 동작이 수행된다.

회생전류가 감소하면 다시 초퍼를 동작(on)시키고 유기전압을 상승시켜서 회생브레이
크 동작이 지속된다.

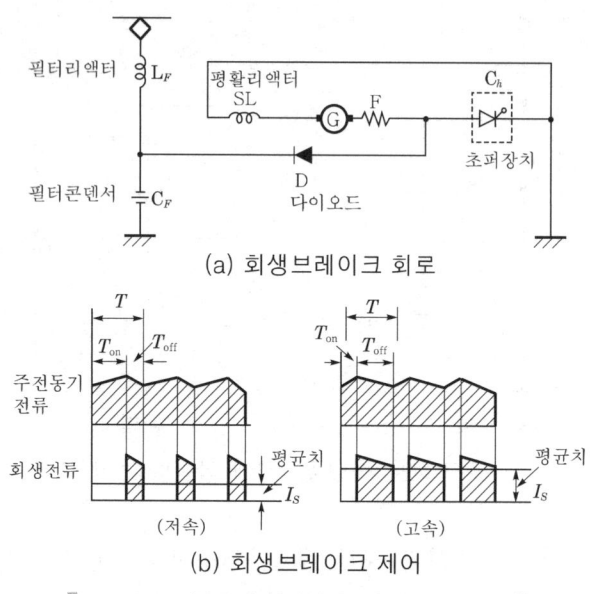

(a) 회생브레이크 회로

(b) 회생브레이크 제어

[그림 5.24 **직류초퍼 전력회생브레이크의 회로도**]

회생브레이크의 제어상태를 [그림 5.24](b)에 보인다. 이 경우에 주전동기의 전류는 거의 변하지 않고 그 평균전류를 I_M으로 두면 회생전류의 평균치 I_S는 다음과 같이 표시된다.

$$I_S = \frac{T_{\text{off}}}{T_{\text{on}} + T_{\text{off}}} \cdot I_M$$

그리고 주전동기의 단자전압 E_M은 초퍼의 단자간 전압이 되므로 전차선 전압을 E로 두면 다음 식으로 된다.

$$E_M = \frac{T_{\text{off}}}{T_{\text{on}} + T_{\text{off}}} \cdot E$$

따라서 주전동기의 유기전압이 가선전압보다도 낮은 영역에서는 회생이 가능하므로 발전브레이크와 동일하게 정지직전까지 브레이크 동작이 유효하다. 그러나 고속영역에서는 초퍼 오프(chopper off)중에 주전동기의 전류가 감소되어야 한다. 즉, 주전동기의 유기전압이 전차선 전압보다 낮아야 한다. 이 때문에 고속에서의 유효영역에 한계가 있고 약계자가 병용하여 수행되며 고속영역에서의 사용영역은 종래의 회생브레이크보다 다소 작게 된다. 직류초퍼 전력회생브레이크는 전력의 회생률이 높고 역행시에 필요한 기기의 사용회로를 절환하는 동작만으로 간단하게 회생브레이크를 수행할 수 있다.

(4) 교류전력회생브레이크(정류기+직류전동기 방식)

① 교류전력회생브레이크의 원리

교류전력회생브레이크는 원리적으로는 직류전력회생브레이크와 동일하며 일반적으로 정류기방식 전기차의 직류 주전동기를 발전기로 사용한다.

역행시에는 사이리스터제어를 수행하고 교류전력회생의 경우에는 전차선 전압이 교류이므로 직류발생전력을 교류전력으로 변환하여 전원측으로 반환한다. 그러므로 일반적으로 직류/교류의 변환을 위하여 정류기를 인버터(inverter)로 운전하는 방식을 취한다. 정류기의 변환회로에는 사이리스터브리지(tyristor bridge)와 전파정류회로가 일반적으로 사용된다.

[그림 5.25]는 사이리스터브리지 회로에 의한 교류전력회생브레이크의 원리를 나타낸 것이다. 실제로는 사이리스터브리지를 다수개 직렬로 접속하고 각 유닛을 순차적으로 제어하는 다중 브리지제어방식이 널리 사용되고 있다.

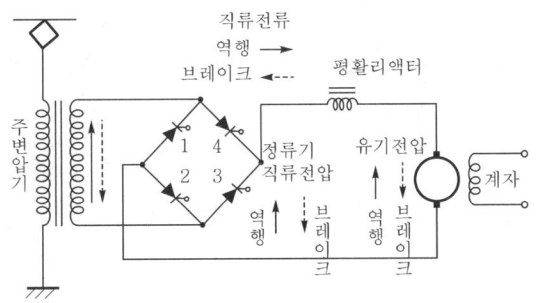

[그림 5.25 **교류전력회생브레이크의 원리도**]

[그림 5.25]의 회로도는 주전동기로 전동발전기를 사용한 타여자방식으로 직류회생의 경우와는 달리 전류방향을 역행시와 동일하게 하고, 정류기에 통류될 수 있도록 하기 위하여 주전동기 유기전압의 방향을 역으로 하여 회생하는 방식이다.

대칭제어방식의 사이리스터브리지는 주변압기 2차권선의 극성에 일치하여 브리지의 대향으로 되는 암(arm)의 사이리스터 1번, 3번과 2번, 4번을 대칭적으로 교번점화하여 직류/교류의 전력변환을 수행하며 주변압기를 개재하여 전차선으로 교류전력을 반환한다.

주변압기 2차권선의 극성이 실선표시의 경우에는 2번, 4번의 사이리스터를 점화하고, 점선표시의 경우에는 2번, 4번의 사이리스터를 소호하며 1번, 3번의 사이리스터를 점화하여 전류방향을 역전시키고 항상 주변압기 2차권선 전압으로 낮추

어 전력을 반환한다. 정류기의 출력전압 Ed_0는 중첩각을 무시하면 제어각 α와 다음의 관계를 가진다.

$$Ed_0 = 0.9E_a \cdot \cos\alpha$$

여기서, E_a : 교류전압 실효치

$\alpha < 90°$의 경우에 Ed_0는 정극성(+)으로 되고, $\alpha > 90°$의 경우에는 부극성(−)으로 된다. 따라서, $\alpha < 90°$의 경우에는 정류기로부터 부극성의 직류전압을 송출하고, $\alpha > 90°$의 경우 즉, 정류기의 출력전압보다 주전동기의 유기전압이 높은 경우에는 회생전류가 흘러 회생브레이크로 작용한다. 이 경우에 교류측에서 본 전압/전류파형을 [그림 5.26]에 보인다.

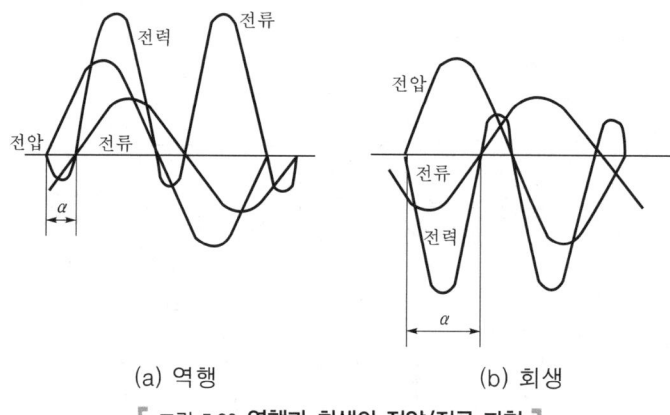

(a) 역행　　　　　　　　(b) 회생

[그림 5.26 **역행과 회생의 전압/전류 파형**]

[그림 5.26](a)에서 보면 역행시에 제어각 α는 0°에 근접하고, (b)의 회생시에 α는 180°에 근접한 상태로 되며 전력은 반전되어 회생상태로 된다. [그림 5.26]에서 정극성(+)의 부분은 전원에서 전력을 공급하고 있는 상태, 부극성(−)의 부분은 전원으로 전력을 반환하고 있는 상태를 표시한다. [그림 5.26](b)에서 전류가 전압과 완전한 역위상으로 되지 않는 것은 사이리스터의 전류(轉流)를 안정되고 확실하게 수행하고 소호를 신속하게 수행하도록 하기 위해서이다.

교류전력회생브레이크에 있어서 견인정수의 범위 내에서는 열차하중, 구배조건이 변화하여도 노치위치에 따라서 감속도는 거의 일정하게 된다.

회생브레이크시의 속도제어방식에는 인버터의 위상제어에 의하여 직류입력전압을 조정하는 방식과 주전동기의 계자를 타여자로 하여 발생전압을 제어하는 방식이 있으며, 일반적으로 양자를 병용한다.

② 대칭제어와 비대칭제어

대칭제어는 직렬브리지에서 맞대응하고 있는 암(arm)을 동시에 점호 즉, 대칭으로 제어하는 방식이다. 이 경우에 전체의 직렬유닛(unit) 중에서 어느 1개를 정류기로 운전하고 다른 것은 인버터로 운전하며 그 합성 출력전압이 임의의 정극성(역행시) 또는 부극성(회생시)의 전압이 되도록 제어된다. 그러므로 전체 직렬유닛 중에서 어느 반수만을 위상제어하여 정극성(+) 또는 부극성(-)의 정전압 영역을 제어할 수 있다. 그래서 결과적으로는 유닛수 즉, 변압기 2차측 분할수가 반으로 분할된 것과 동일하게 된다. 따라서 위상제어장치가 간단하게 되나 분할이 등가적으로 거칠게 되므로 고조파에 의한 유도장해가 문제로 되며 역률도 저하한다. 비대칭제어는 직렬의 각 브리지의 교류단자를 경계로 하여 양측의 사이리스터를 비대칭으로 제어하고 임의의 정극성(+) 또는 부극성(-)의 출력전압을 얻는 것으로 직류의 통로는 구성되지만 불필요한 전압은 송출되지 않도록 되는 방식이다. 따라서 분할수 상당의 제어가 가능하므로 위상제어장치는 복잡하지만 맥류율, 역률 및 고조파면에서 유리하며 지상설비에 미치는 유도장해도 경감된다. 그래서 일반적으로 4~6분할의 다중 브리지비대칭제어방식이 널리 사용되고 있다.

5 와전류브레이크

자계중에서 원판을 회전시키면 원판에 와전류가 생성되고 브레이크가 작동하는 원리를 이용하여 차량의 브레이크력을 얻는 방식이다. 일반 전기차에서는 전기자축이나 차축에 원판을 설치하고 이 양측에 여자코일을 설치하여 자계를 만들고 브레이크력을 얻는 방식이 사용된다.

초고속차량에서는 고속이어서 점착브레이크를 거의 기대할 수 없으므로 차량에 여자코일을 설치하여 차량속도에 의한 이동자계를 만들고 레일에 와전류를 발생시켜 브레이크력을 얻는 방식 즉, 비점착브레이크로 실용화되어 있다.

04 이종 전원구간의 직통운전방식

전압 또는 주파수가 서로 다른 구간을 직통운전하는 경우에 전기차의 주회로 및 보조회로에 접속되는 기기는 적절한 방법에 의해서 전원전압 또는 주파수에 대응하여 접속이 변경되어야 한다.

1 이종 직류전압구간의 직통운전

직류전압이 서로 상이한 구간을 직통운전하는 경우에 다음과 같은 주회로제어방식이 사용된다.

(1) 주전동기를 직렬, 병렬로 접속을 변경하는 방식

고압구간에서는 전동기군을 2개 직렬, 저압구간에서는 2개 병렬로 절환하여 사용하는 방식이다. 양구간의 전압비가 2에 근접한 경우에 적합하다.

(2) 전기차 2량 단위로 직렬, 병렬로 접속을 변경하는 방식

전기차 2량을 1단위로 하고 고압구간에서는 2량의 주회로를 직렬, 저압구간에서는 병렬로 접속을 변경하는 방식이다.

(3) 직렬제어단계만으로 고압구간을 운전하는 방식

직병렬제어의 직렬노치로 고압구간을 운전하고 저압구간에서는 전 노치를 사용하는 방식으로 직통운전을 위하여 주회로의 접속변경은 수행하지 않는다. 고압구간에서는 노치수가 반감되므로 다단식 제어기를 사용하지 않는 경우에는 가속이 원활하게 되지 않는다.

(4) 고압구간의 주회로와 제어방식 그대로 저압구간을 운전하는 방식

특별한 절환이 필요없으며 간단하지만 저압구간에서 속도 및 견인력이 감소된다. 그러므로 이 방식은 전압비가 2보다 작고 저압구간이 짧으며 구배가 없는 운전조건이 좋은 경우에 적합하다.

2 이종 교류전압 · 주파수구간의 직통운전

이 방식은 유럽에서 많이 사용되고 있는 것으로 25kV/50Hz와 15kV/16$\frac{2}{3}$Hz의 양방식의 것이 많다.

정류기방식에서는 변압기의 탭을 전원전압에 대응하여 절환하여 운전한다. 정류자전동기를 사용하는 직접방식에서는 전원전압에 대응하여 변압기의 탭을 절환하고 동시에 주전동기의 보극분로를 주파수에 대응하여 절환시켜 운전을 수행한다.

3 교류 · 직류구간의 직통운전

교류구간에 있어서 정류기방식의 경우는 (주변압기+정류기+직류전동기)의 구성, 직접방식의 경우는 (주변압기+정류자전동기)의 구성에 의해서 각각 운전된다. 직류구간에

서는 이러한 교류전원기기를 배제하고 직류전동기 또는 정류자전동기를 그대로 직류로 구동시켜 운전한다.

최근의 교류전기차(VVVF inverter+유도전동기)는 교류구간에서는 (주변압기+유도전동기)의 구성, 직류구간에서는 (주변압기+DC/AC인버터+유도전동기)의 구성으로 운전한다.

4 이종 교류주파수구간의 직통운전

일반적으로 60Hz 또는 50Hz용의 교류전기차를 상호간에 직통운전하는 경우이다.

단상교류방식 전기철도에서 60Hz용의 교류전기차를 50Hz구간으로 직통운전하는 경우에 가장 큰 영향은 제어용 전원이 불안정하게 되고 기기를 제어하는 기능이 정지될 우려가 있으며 주변압기나 보기용 유도전동기의 출력이 감소하는 것이다. 이 경우 전기차는 주행불능으로 되거나 또는 기기의 온도상승 등으로 출력이 제한되어 주행성능이 대폭으로 감소되며 일정하게 열차를 운전할 수가 없게 된다.

이 교류주파수 상이구간 직통운전의 주요영향은 다음과 같다.

(1) 주변압기

일반적으로 변압기에서는 공급전압이 동일하고 철심의 자기포화가 없으면 여자전류는 주파수에 역비례하고 철손 중에서 와전류는 주파수에 관계가 없으나 히스테리시스(hysterisis)손은 주파수의 0.6승에 역비례한다. 그러므로 60Hz용의 변압기를 50Hz에 사용하면 여자전류는 약 20%, 히스테리시스손은 약 11% 증가하게 된다.

전기차의 주변압기는 설치장소가 협소하고 차량성능면에서 최대한 경량화할 필요가 있기 때문에 철심은 고자성체를 사용하고 비교적 포화점에 근접한 고자속 밀도로 사용한다. 그러므로 일반 변압기에 비해서 주파수 감소에 의한 여자전류의 증가비율이 크고 히스테리시스손의 증가가 현저하게 크다. 이 때문에 60Hz용의 전기차 주변압기를 50Hz에 사용하면 전압변동률과 온도상승이 증가하고 실질적으로 출력이 감소하게 된다.

(2) 유도전동기 사용기기

교류전기차에는 기기냉각장치, 냉난방장치, 공기압축기 등에 유도전동기가 많이 사용되고 있다. 이 유도전동기는 주파수가 감소하면 동기속도는 주파수에 비례하여 감소하므로 주파수가 감소하는 경우에는 각 장치의 출력성능이 감소된다. 그리고 정출력을 필요로 하는 공기압축기용 유도전동기에서는 과부하로 된다. 또한, 주파수 감소에 기인한 히스테리시스손이나 여자전류의 증가는 온도상승의 증가를 야기하고 출력이 감소하게 된다.

(3) 제어전원용 정전압조정장치

교류전기차에서 제어용, 차 내 조명 등의 전원으로 정전압조정장치가 설치된 단상유도전동기로 구동하는 2상교류발전기가 많이 사용된다. 이 장치의 입력주파수가 60Hz에서 50Hz로 감소하면 회전수가 감소되므로 출력전압이 감소하고 전압변동폭이 크게 되어 정전압조정장치의 정전압제어가 불가능하게 된다. 따라서 제어용 보조기기의 동작이 불안정하게 되고 제어기능이 정지될 우려가 있다. 그리고 차 내 조명의 깜박임 등도 발생하게 된다.

(4) 실리콘(silicon)정류기와 필터(filter)

실리콘정류기는 주파수 감소시에 특별히 문제가 없으나 필터는 공진주파수가 변하므로 고조파에 대한 경감효과가 감소하고 통신유도장해가 크게 된다.

(5) 주전동기

정류기의 직류출력전압은 평활리액터 등에 의해서 맥류율을 감소시키고 있으므로 주파수가 감소하면 이 평활효과가 감소하고 맥류율이 증가하므로 주전동기의 온도상승과 정류악화를 초래할 우려가 있다.

(6) 기타

계기용 변압기/변류기(PT/CT), 계전기류 등에서도 손실의 증가, 지시값의 부정확 등이 발생한다.

MEMO

CHAPTER

06

전기차의 설비

06 전기차의 설비

01 집전장치

1 집전장치의 개요

전기차의 외부로부터 전기차 내부로 전력을 인입하는 장치가 집전장치이다.

집전장치에는 노면전차에 사용되는 트롤리폴(trolley pole), 뷰겔(bugel), 도시철도나 지하철도에 사용되는 제3궤조방식의 집전자(collecting shoe), 가공식 팬터그래프(pantagraph) 등이 있으며, 일반적으로 팬터그래프가 널리 사용되고 있다. 집전장치는 전기차의 속도, 집전전류에 대하여 소요전력을 집전가능하고 트롤리선에 대한 추종성이 양호하여야 한다. 그리고 이선 또는 도약현상이 발생하지 않고 상하로 이동하여도 사용범위 내에서는 가능한 한 압상력의 변화가 적어야 한다.

최근에는 경합금이 집전장치의 형틀 구조체(frame)에 사용되고 있으며, 경량화, 소형화의 추세로 가고 있다.

2 팬터그래프(pantagraph)

(1) 팬터그래프의 구조와 작동

팬터그래프는 [그림 6.1]과 같이 가대, 형틀 구조체, 집전판, 상승장치, 완충장치 등으로 구성된다.

가대는 팬터그래프의 기초부분으로 애자에 의해서 차량상부에 지지되어 있다. 형틀 구조체는 내식성 알루미늄, 합금관 등의 경량 금속관 등으로 구성되고 집전판이 상부에 장착되어 트롤리선과 접촉하며 전기도체 역할을 겸한다. 집전판의 중앙부에는 접촉판이 부착되며 트롤리선과 접촉하여 집전작용을 수행한다. 상승장치는 형틀 구조체를 상승시키고 접촉판을 트롤리선에 일정한 압력으로 접촉하도록 압상시킨다.

압상력은 높이에 관계없이 거의 일정하게 유지되어야 한다. 일반적으로 집전주가 2본인 경우 직류용에서는 표준 압상력을 5.5kg, 교류용에서는 표준 압상력을 4.5kg으로 하고 있다.

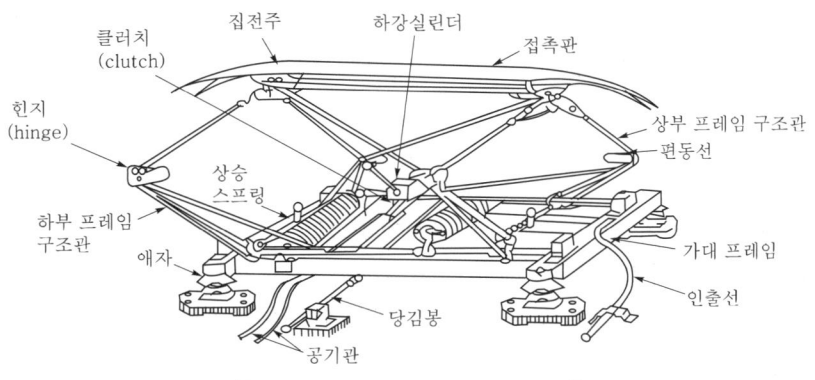

[그림 6.1 **팬터그래프(pantagraph)**]

완충장치는 팬터그래프의 상승 또는 하강시에 충격을 주지 않도록 하는 장치이다. 상승장치는 공기 상승식과 스프링 상승식으로 분류된다.

공기 상승식은 실린더에 압축공기를 공급하면 팬터그래프가 상승하고 실린더 내부의 압축공기를 배기하면 자중으로 하강하는 방식으로 주로 전기기관차에 사용된다. 스프링 상승식은 스프링의 장력만으로 상승하며 주로 전기차에 사용된다.

공기 상승식에서 상승중에 하강실린더에 압축공기를 송입하면 하강하고 고리에 걸려 당겨져서 꺾여져 접힌다. 그리고 상승할 경우에는 상승실린더에 압축공기를 송입하여 고리가 풀리고 스프링의 힘으로 상승한다.

팬터그래프의 상승, 하강의 조작은 전자밸브에 의해서 압축공기를 제어하여 수행되고 각 팬터그래프가 동시에 조작되며 팬터그래프수가 적은 단일 전기차에서는 직접 공기관을 제어한다. 그리고 출고시 등 압축공기가 없는 경우에는 수동펌프로 압축공기를 공급하거나 조작봉으로 고리를 풀어서 팬터그래프를 상승시킨다. 교류전기차에서는 보조 전동공기압축기를 축전지 전원으로 작동시켜 팬터그래프 시동용의 압축공기를 공급한다.

팬터그래프는 트롤리선에의 추종성을 양호하게 하고 이선이나 마모를 적게 하기 위하여 경량으로 하는 것이 좋다. 그리고 팬터그래프의 추종성을 좋게 하기 위하여 집전주의 하부에 작은 스프링장치가 부착되어 있다. 교류용 팬터그래프는 집전전류가 작아서 소형경량이 가능하고 집전주도 1본으로 충분하다.

팬터그래프의 집전용량은 트롤리선의 단면적, 장력, 접촉판 접촉면의 오손상태, 가선구조, 접촉판의 재질, 압상력 등에 의해서 결정되며, 집전용량이 부족한 경우에는 트롤리선이나 집전주의 마모 증가, 과열에 의한 소손, 용단 등을 유발한다. 집전용량은 집전주 1본의 경우에 탄소 접촉판은 300A 정도, 금속 접촉판은 1,000A 정도이며, 집전주 2본인 경우에는 각각 500A 및 1,500A 정도가 된다.

다른 집전장치에 비해서 팬터그래프는 고속운전에 적합하며, 집전용량이 크고 트롤리선으로부터 이선의 위험이 없다.

(2) 접촉판

접촉판은 마모에 강하고 장기간 사용에 견딜 수 있어야 하며, 도전성이 높고 트롤리선과의 접촉저항이 작아야 한다. 접촉판은 두께 5~10mm, 폭 25~30mm 정도의 금속판으로 구성되며, 집전주에 2~3열로 배열되고 일반적으로 그리스 등의 감마제가 도포된다. 접촉판은 재질에 따라 탄소 접촉판과 금속 접촉판으로 대별되며 후자에는 동(銅) 접촉판, 소결합금 접촉판 등이 있다.

탄소 접촉판은 동 접촉판에 비해서 트롤리선의 마모가 적고 내(耐)아크 성능이 우수하며 경량으로 된다. 그러나 접촉판의 마모가 커서 수명이 짧고 트롤리선과의 접촉저항이 크므로 접촉판재의 열전도율이 낮아서 트롤리선의 온도상승을 유발할 우려가 있다. 그래서 최근에는 거의 사용되지 않고 있다.

동 접촉판은 접촉판의 마모가 적고 도전성은 우수하지만 트롤리선의 마모가 크다.

소결합금 접촉판은 금속분말을 소결, 성형, 가공한 것으로 그 종류에는 철을 주성분으로 한 철계, 동을 주성분으로 한 동계 및 인동계 등이 있다. 소결합금 접촉판은 탄소 접촉판에 비해서 트롤리선과의 접촉저항이 적고 수명이 길며, 그리고 동 접촉판에 비해서 트롤리선의 마모가 적다. 그러므로 현재 널리 사용되고 있다.

접촉판의 수명은 많은 요인에 지배되어 일률적이지 않지만 일반적으로 트롤리선에 비해서 재질이 단단하고 접촉저항이 작은 것이 수명이 길다.

3 뷰겔(bugel)

뷰겔은 [그림 6.2]와 같이 활(弓)형태의 집전장치로 형틀 구조체는 경량강관으로 제작된다. 상부에 접촉판이 장착되고, 하부에는 스프링장치가 설치된다.

접촉판으로는 알루미늄 합금이 많이 사용되고 일부 탄소 접촉판도 사용되고 있다. 스프링장치는 접촉판을 일정압력으로 트롤리선에 접촉시키고 그 압력은 각도가 변화하여도 일정하도록 제작된다. 압력은 일반적으로 5~7kg 정도가 많다.

뷰겔은 트롤리폴에 비해서 집전용량이 크고 트롤리선으로부터 이선의 위험이 없다. 그리고 종점에서 회차시 형틀 구조체가 자동적으로 경사를 변화시켜 역전이 가능하므로 트롤리폴(trolley pole)과 같이 수동으로 경사를 변경시킬 필요가 없다. 그러나 트롤리폴보다 고가이다.

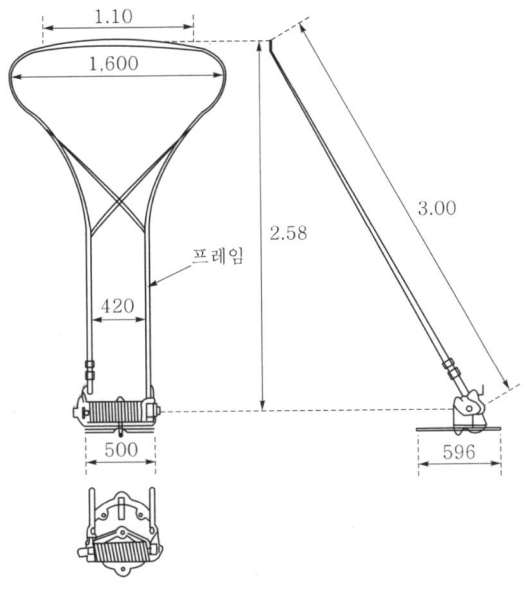

[그림 6.2 **뷰겔(bugel)**]

４ 트롤리폴(trolley pole)

폴(pole)의 선단에 황동제의 회전휠(wheel) 또는 금속, 탄소 등의 접촉판을 설치하고 트롤리선과 접촉하여 집전하는 방식이다. 볼은 하부의 스프링장치에 의해서 압상되며 트롤리선과의 접촉압력은 10kg 전후이다.

트롤리폴은 트롤리선으로부터 이선되기 쉬우며 접촉이 불완전하여 아크를 생성하기 쉽다. 이 때문에 집전자 및 트롤리선의 전기적 마모가 크며, 재질의 손상열화를 발생하기 쉽고, 수명이 짧다. 이 트롤리폴은 가공복선식에서 유리하다.

５ 집전자(collecting shoe)

제3궤조방식의 집전장치로 그 종류에는 상면 접촉식, 하면 접촉식, 측면 접촉식이 있다. 집전자는 스프링의 힘으로 제3궤조와 접촉하며, 접촉압력은 10~20kg 정도이다.

집전용량은 속도 50km/h에서 2,000A 정도이며, 집전자의 접촉판은 주철 또는 주강으로 제작되고 대차의 양측에 절연물을 개재하여 장착된다.

02 직류전기차의 주회로

1 주회로의 구성

전기차에서 동륜을 구동하기 위한 회로가 주회로이다. 직류전기차의 주회로 구성 예를 [그림 6.3]에 보인다.

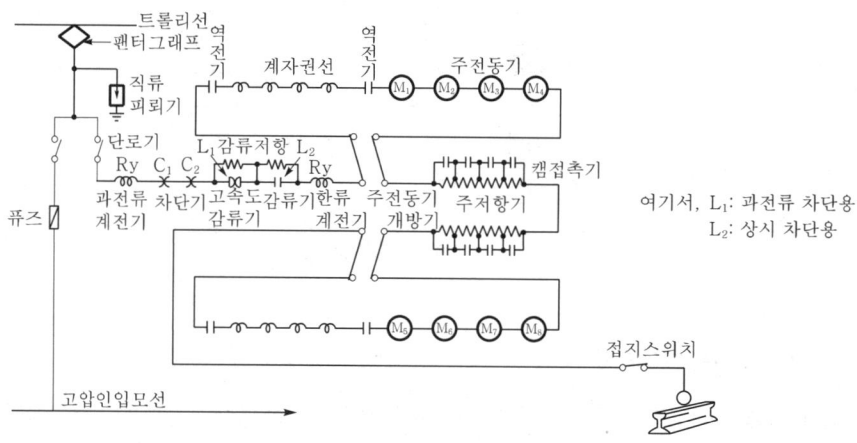

[그림 6.3 **직류전기차의 주회로 예**]

최근에는 2량의 전기차를 영구연결하고 1대의 제어장치로 제어하는 유닛(unit)단위로 전기차가 편성된다. [그림 6.3]은 1유닛 즉, 전기차 2량분의 주전동기 8대에 대해서 1대의 제어장치로 역행 및 발전브레이크제어를 수행하는 방식이다.

주회로의 구성이나 기기의 배치순서는 차종형식에 따라서 서로 다르며, 전기기관차의 경우도 기본적인 구성은 전기차의 경우와 유사하다. 전기차의 고압인입모선회로는 점퍼(jumper)연결기를 개재하여 각 차량에 인입된다. 그리고 이 회로는 트롤리선의 섹션(section) 통과시에 전압의 급변이나 팬터그래프의 트롤리선으로부터의 이선 등에 기인하는 회전기의 정류악화를 방지하고 부수차 등 전원이 없는 차량의 고압보조기기에 전력을 공급한다.

그러나 유닛식에서는 2량의 전기차가 영구 연결되고 주전동기 회로전류가 크므로 어느 유닛의 팬터그래프 고장시에는 해당 팬터그래프를 강하시켜 단로기를 개방하고 주전동기 회로에 전류가 공급되지 않도록 한다.

2 차단기와 퓨즈(fuse)

(1) 차단기

주회로의 단락, 과부하 등에 기인한 주회로 기기의 소손이나 주전동기의 플래시오버(flash-over)를 방지하기 위하여 전기차에는 차단기, 주퓨즈 등의 과전류보호장치가 설치된다.

전기차용 차단기로는 자기소호형의 기중차단기가 사용되며, 이에는 고속도차단기와 단위스위치가 있다. 단위스위치를 차단기로 사용하는 경우에 단로기라고 한다. 일반적으로 차단기는 고압용으로는 2대 직렬, 저압용은 1대를 사용한다.

[그림 6.3]에서 상시차단은 주간제어기를 개로위치로 하여 먼저 감류기 L_2가 개방되고 이에 의해서 대부분의 전류가 차단되며 병렬로 삽입되어 있는 한류저항으로 전류를 분류시키고 다음으로 C_1, C_2의 2대의 직렬차단기에 의해서 주회로를 차단한다.

과전류차단에는 과전류계전기 Ry가 동작하는 경우와 고속도감류기 L_1자체의 과전류 검출에 의해서 동작하는 경우의 2종류의 방식이 있다. 어느 방식이든 모두 L_1이 개로되고 병렬감류저항에 의해서 전류를 억제 감소시키며 이어서 차단기 C_1, C_2에 의해서 안전하고 확실하게 주회로를 차단한다.

이와 같이 주회로 차단시에 감류저항을 삽입하고 전류를 감소시켜서 주회로를 차단하는 방식이 감류차단이다. 감류차단에 의해서 주회로 차단시의 충격완화와 계자코일 등에 의한 인덕턴스(inductance)에 기인하여 발생하는 서지(surge)전압을 억제한다. 고속도감류기는 차단기로서 고속차단기를 사용하며 대출력 전기차에서는 고속도차단기를 감류기 이외에 상용전류의 차단에도 사용하고 있다.

(2) 퓨즈(fuse)

퓨즈는 과전류 보호목적으로 사용되는 자동차단장치로 전기차의 주전동기 회로용 주퓨즈, 모선회로용 모선퓨즈가 있다. 퓨즈에는 소호코일과 아크슈트(arc chute)가 구비되며, 퓨즈는 차단동작후에 교체가 필요하다.

3 주저항기

주저항기는 속도제어에 사용되며 격자형의 주철제 또는 인발 강판제의 저항이 사용된다. 최근에는 소형경량의 리본(ribon)형이 사용되고 있다. 주저항기의 냉각방식에는 강제통풍식과 자연통풍식이 있다.

최근에는 주저항기를 소형 경량화하고 발전브레이크에 대응하여 대용량의 것이 필요하게 되었다. 그래서 주저항기의 중량을 경감하고 내구성을 증대시키기 위해 강제통풍

식을 사용하고 재질로는 특수 주철강을 사용하고 있다. ([그림 6.4] 참조)

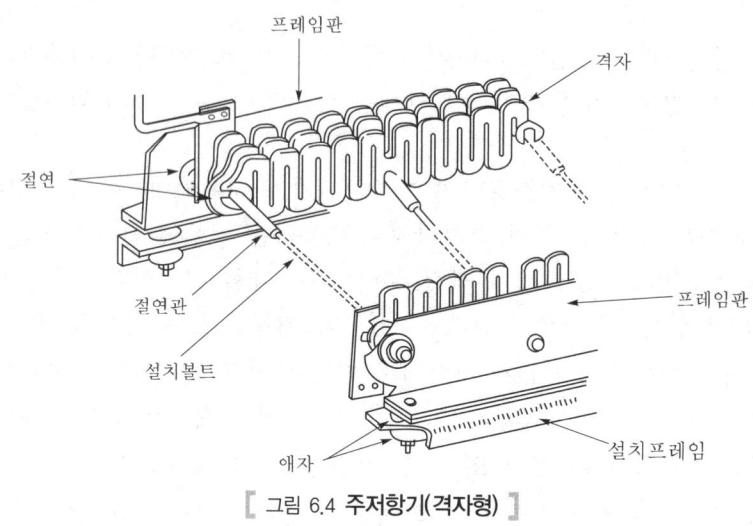

프레임판
격자
절연
절연관
설치볼트
애자
프레임판
설치프레임

[그림 6.4 **주저항기(격자형)**]

4 접촉기

주전동기의 속도 등의 제어를 수행하는 경우에 주전동기, 주저항기, 주전동기 계자코일 등의 회로절환을 수행하기 위하여 접촉기가 사용된다.

접촉기는 정격전류차단을 상시 빈번하게 수행하므로 고압, 대용량으로 강력한 소호코일이나 아크슈트(arc chute)가 구비된다.

접촉기의 종류에는 조작기구에 따라서 단위스위치(unit switch)식과 캠(cam)축접촉기식이 있으며, 전자는 주로 전기기관차, 후자는 전기차에 사용된다.

(1) 단위스위치(unit switch)

단위스위치에는 전자(電磁)식과 전자공기식이 있으며, 자체내부에서 접촉부 개폐능력을 가지므로 차단기(단류기)로 사용되고 주회로 절환에도 사용된다.

[그림 6.5]에서는 전자공기식 단위스위치의 예를 보이며, 주접촉자, 아크소호부, 전자밸브, 실린더 등으로 구성되어 있다.

전자밸브의 여자에 의해 실린더 내부에 압축공기를 송입하면 피스톤이 상승하여 주접촉자를 폐로하고 여자가 소멸되면 실린더 내부의 공기는 배기되며 피스톤이 강력한 스프링에 의해 밀려서 하강하여 주접촉자를 개방한다. 이때에 발생하는 아크는 소호장치에서 전자적으로 소호되며 주회로 전류가 차단된다.

120

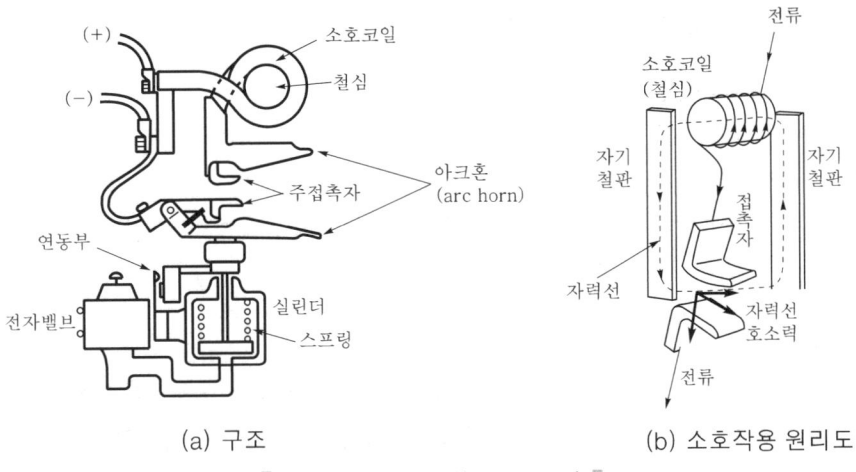

(a) 구조   (b) 소호작용 원리도

[그림 6.5 **단위스위치(unit switch)**]

(2) 캠(cam)축접촉기

편심 돌기부를 설치한 캠축의 회전에 의해서 접촉부를 개폐하는 접촉기이다. 캠축접촉기는 캠축의 구동방식에 따라 전자구동 캠축식, 전자공기 캠축식, 전동 캠축식 등이 있다. 캠축접촉기는 자체 개폐능력이 없고 접촉압력이 작으므로 전류 용량이 작고 개폐도 완만하여 차단용량이 작다. 그래서 차단기로는 거의 사용하지 않고 있다. 그러나 단위스위치식에 비해서 다음과 같은 장점이 있다.

① 캠의 순서가 일정하여 동작순서가 일정하다.
② 구조가 간단하고, 소형경량이다.
③ 고장이 적고, 보수점검이 용이하다.
④ 자동제어면에서 보면 보조접점의 수가 적어서 제어회로가 간단하다.

5 역전기

전기차의 진행방향을 변경시키기 위하여 주전동기의 전기자 또는 계자권선의 접속을 변환하는 장치이다. 일반적으로 계자권선의 전압강하가 작으므로 계자절환을 사용하고 있다. 역전기에는 일반적으로 원통형의 접촉기가 사용되고, 전자조작식과 전자공기조작식이 있으며 캠축식은 거의 사용되지 않는다. 역전기는 주전동기 회로를 개방하고 절환을 수행한다.

6 주전동기 개방기와 단로기

(1) 주전동기 개방기

주전동기의 고장시에 해당 전동기를 개방하여 다른 건전한 주전동기만으로 운전을 계속하기 위해서 사용되는 개폐기이다. 그 종류에는 도(刀)형 개폐기 및 원통형 개폐기가 있다. 이 개폐기에 의해서 고장 주전동기가 속하는 영구직결의 주전동기군은 동시에 개방된다.

(2) 단로기

고장이나 보수점검 등을 위하여 주회로, 고압보조회로 등을 집전장치로부터 개방시키는 개폐기이다. 그 종류에는 주전동기회로용, 모선회로용, 고압보조회로용 등이 있다.

7 보호계전기

(1) 과전류계전기

주회로에 과전류가 흐르는 경우에 이것을 감지하여 차단기를 동작시키는 계전기이다. 과부하계전기라고도 불린다.

과전류계전기는 [그림 6.6]과 같이 주회로에 직렬로 접속된 동작코일, 접촉자, 연동접점 및 복귀코일(reset coil) 등으로 구성된다.

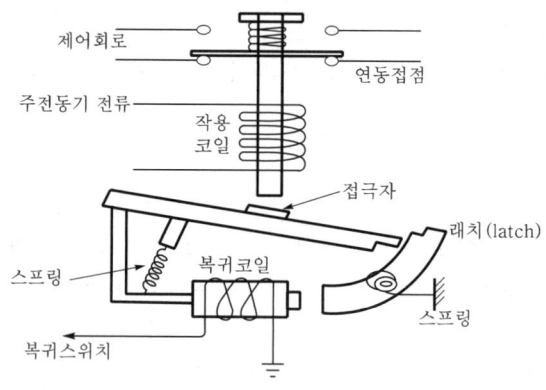

[그림 6.6 **과전류계전기**]

동작코일에 과전류가 흐르면 접촉자를 흡인하여 연동접점을 동작시킨다. 연동접점에 의해서 차단기 등의 유지코일, 여자코일을 무여자로 하여 주회로를 차단한다. 과전류계전기 동작 후에 복귀시키기 위해서는 주간제어기를 개로위치에 복귀시킨 후, 복귀스위

치(reset switch)를 누르고 복귀코일(reset coil)을 여자하여 접촉자, 연동접점을 복귀시킨다. [그림 6.6]에서 복귀코일을 여자하지 않으면 래치(latch)가 걸리고 접촉자는 복귀할 수 없다.

(2) 한류계전기

주전동기 전류치를 상시 일정범위로 유지하면서 자동적으로 노치전진을 수행하고 기동, 가속제어를 수행하기 위하여 사용되는 계전기이다.

한류계전기의 주코일에는 주전동기 전류가 흐르고 주간제어기의 조작위치에 대응하여 주코일 전류가 일정치(한류치)까지 감소하면 주전동기 절환접촉기, 주저항 가감접촉기 등을 동작시켜 자동적으로 다음의 노치로 진전하고 이것을 반복하여 자동가속제어를 수행한다. 한류계전기는 [그림 6.7]과 같이 주코일과 접점만을 가지는 방식과 동작을 확실하게 하기 위하여 인상코일을 설치하여 주코일의 동작을 보조하는 방식이 있다. 그리고 이 외에 유지코일, 노치전진코일 방식도 있다.

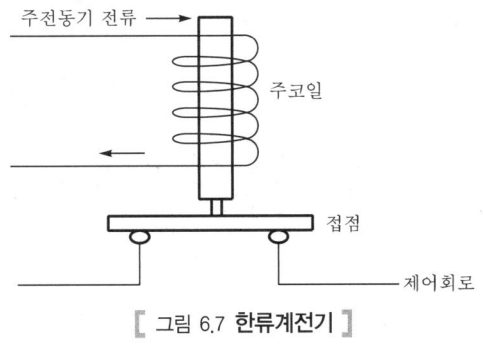

[그림 6.7 **한류계전기**]

8 점퍼연결기

각 차량간의 고압회로 및 저압회로의 인입선을 연결하는 장치로 차체에 설치된 소켓(socket)에 플러그(plug)를 삽입하여 연결한다. 고압회로용은 모선회로를 구성하는 것으로 보통 단심이며, 저압회로용은 제어회로, 조명회로, 문개폐회로 등을 연결하는 것으로 전기차의 고성능화에 따라 심선수가 증가하고 있고, 최근에는 12~15심의 연결기를 2본 사용하는 예가 많다.

03 교직류전기차의 주회로

1 주회로의 구성

교직류전기차의 주회로 구성 예를 [그림 6.8]에 보인다. PWM 컨버터/인버터 방식의
주회로 직류 중간회로에 고속도차단기, LC필터 등이 추가되어 있다. 교직절환기에서 회
로를 절환하며 교류, 직류 어느 급전구간에서도 운행이 가능한 교직류 전기차이다.

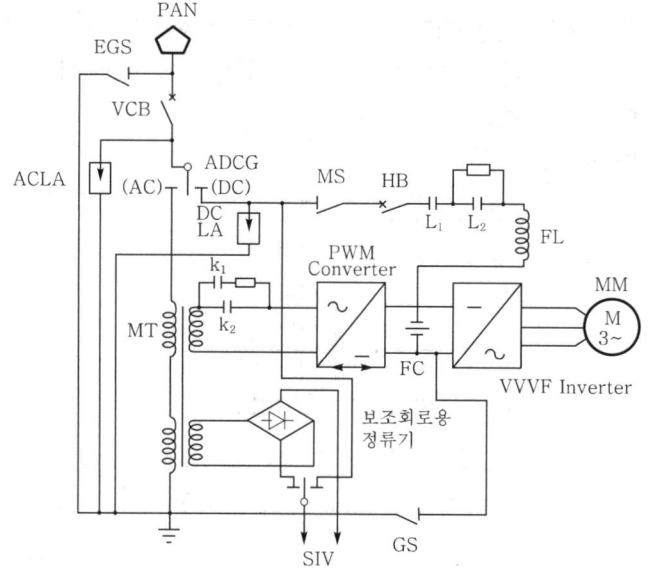

여기서, PAN : 팬터그래프, EGS : 보호접지스위치, ACLA : 교류피뢰기
VCB : 진공차단기, ADCG : 교직절환기, MT : 주변압기
GS : 접지스위치, MS : 주단로기, HB : 고속도차단기

[그림 6.8 **교직류전기차의 주회로도**]

2 교직절환회로

교류구간과 직류구간의 연계지점에는 전차선로상에 교직구분용 섹션이 설치된다. 교
직류전기차에서는 이 교직구분용 섹션의 직전에서 교직절환스위치를 절환하며 먼저 공
기차단기가 개방되고 다음으로 교직절환기, 교직전환기가 일정방향으로 전환되어 회로
의 절환이 완료된다.

섹션 통과후에 정상전압이 인가되면 교류 또는 직류의 전압감지기로 감지하고 공기차
단기가 투입된다. 전기차의 경우에는 진입시 전체 차량의 차단기가 일시에 개방되어 교
직절환을 수행하며 섹션 통과후에 선두차부터 순차적으로 공기차단기가 투입된다.

(1) 교직절환기

교직절환기는 차량상부에 설치된 단로기에 의해서 주회로의 절환을 수행하는 절환장
치로 교류극과 직류극을 가진다. 이 장치는 압축공기에 의해서 조작되고 교직절환스위
치를 교류위치로 하면 단로기 조작제어용의 전자밸브가 여자되고 압축공기가 조작실린
더에 송입되어 단로기 블레이드(blade)는 교류측으로 전환된다.

(2) 교직전환기

교직전환기는 캠축접촉식의 전환기이며, 주회로와 제어회로의 절환을 수행한다. 구조
는 역전기와 유사하다.

③ 교직모진(冒進)보호회로

교직절환 조작의 오류에 의한 모진사고에 대해서 다음과 같은 보호장치가 설치된다.

(1) 교류회로 상태로 직류구간에 모진한 경우

주변압기 1차측에 직류가 흐르고 주퓨즈가 용단한다.

(2) 직류회로 상태로 교류구간에 모진한 경우

직류피뢰기가 방전하고 접지측의 변류기를 개재하여 접속된 모진보호계전기를 동작시
켜 공기차단기를 개방한다.

04 교류전기차의 주회로

① 주회로의 구성

정류기방식 전기차의 주회로 구성 예를 [그림 6.9]에 보인다. 이 주회로는 교직류전기
차와 동일하고 직류전기차의 주회로에 변압기, 정류기 등의 전원회로가 부가되어 있다.
교류전기차는 속도제어로 탭제어, 위상제어 등을 사용하므로 주저항기가 없다. 주전동
기는 일반적으로 영구 병렬접속하여 재점착 성능을 높인다. 그리고 통신유도장해를 방

지하기 위하여 필터 또는 평활리액터를 구비하여 고조파에 의한 유도장해나 주전동기의
정류악화를 방지한다.

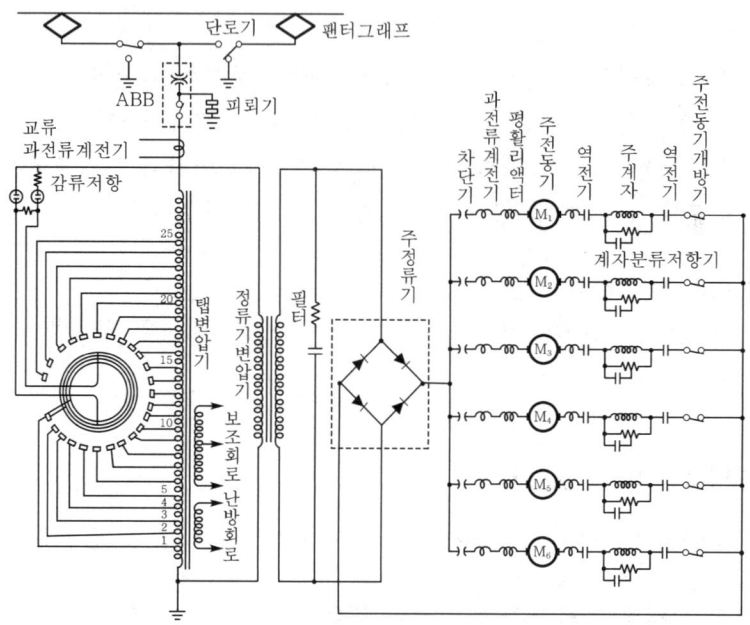

[그림 6.9 **정류기방식 교류전기기관차의 주회로도(고압탭절환식)**]

　　[그림 6.10]은 사이리스터방식에 의한 교류전력회생브레이크식 교류전기차의 주회로
예이다. 이 회로에서는 주변압기의 2차측을 4분할하여 사이리스터브리지(thyristor
bridge)가 4개 직렬접속되어 있다.

　　[그림 6.10]의 방식은 역행시에는 전환기 P를 투입하고 B를 개방하며, 주전동기를
직권전동기로 사용하고 전압제어나 계자제어를 수행하는 것은 다른 전기차와 본질적으
로 같다. 회생브레이크시에는 반대로 전환기 P를 개방하고 B를 투입하며, 주전동기는
계자사이리스터장치를 사용하여 타여자발전기로 동작하고 전압제어와 계자제어가 병용
하여 수행된다. 고속영역에서는 전압을 최대로 유지하여 계자제어를 수행하며, 중저속
영역에서는 계자전류를 최대한 일정치로 유지하여 전압제어를 수행한다. 최근 가장 많
이 사용되고 있는 PWM컨버터/인버터 및 유도전동기방식 교류전기차의 주회로를 다음
[그림 6.11]에 보인다.

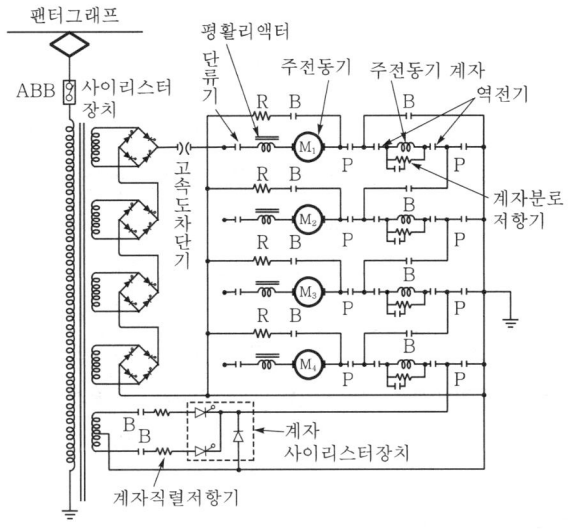

[그림 6.10 **교류전력회생브레이크식 교류전기차의 주회로도(사이리스터방식)**]

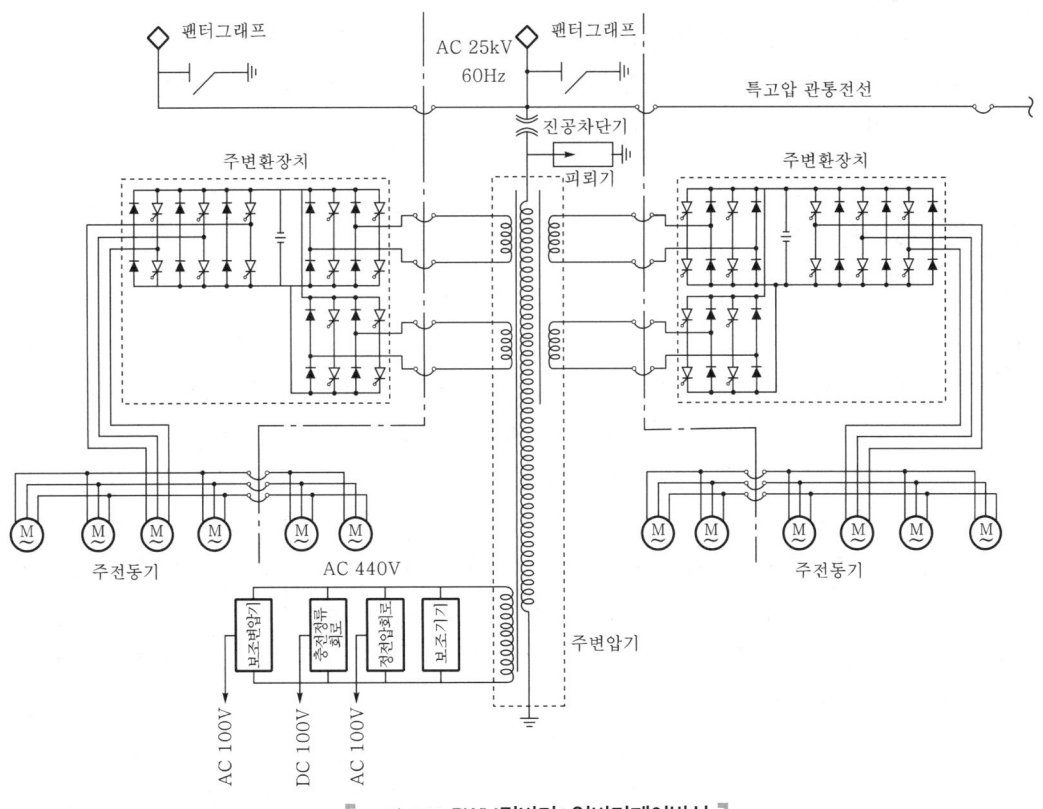

[그림 6.11 **PWM컨버터+인버터제어방식**]

2 차단기

(1) 주퓨즈(fuse)

주퓨즈는 일반적으로 팬터그래프와 주변압기 1차권선의 중간에 공기차단기와 직렬로 설치된다. 교류전기차가 교직접속지점에서 착오로 직류구간에 모진(冒進)한 경우 또는 교직류전기차가 교직구분용 섹션에서 교직절환기를 교류위치인 채로 직류구간에 모진한 경우에는 용단되어 주변압기와 팬터그래프 회로를 개방하여 사고확대를 방지하고 주변압기를 보호한다.

주퓨즈의 용량은 직류구간에 모진한 경우의 돌입전류에서는 용단되고 교류구간 운전중에는 대전류가 흘러도 공기차단기가 개로하기 이전에는 용단되지 않는 전류 용량이어야 하며, 일반적으로 정격전류 200A 정도로 취하고 있다.

(2) 주차단기(ABB 또는 VCB)

교류, 교직류전기차가 교류구간 운전중에 지락사고 등의 과전류를 차단하는 것으로 과전류계전기와 연동되어 동작한다.

강력한 소호력을 이용하여 대전류 차단을 수행하며 상시전류의 개폐에도 사용된다. 교직류전기차의 경우에 주회로의 개폐를 수행하는 단로부, 전류차단을 수행하는 차단부 및 이것을 조작하는 조작부 전체가 차량의 상부에 설치된다.

3 주변압기

전기차의 주변압기는 매우 격심한 진동을 받으므로 이에 충분한 내진성을 가져야 하며, 협소한 장소에 대용량의 것을 설치하게 되므로 철심의 크기 및 중량을 작게 해야 한다. 특히, 전기차에서는 일반적으로 객실 상면하부에 현수하여 설치하므로 높이 및 폭을 최대한 작게 해야 하며, 발화 및 폭발에 대해서도 충분히 안정되어야 한다.

그리고 속도제어때문에 일반용에 비해서 많은 탭이 설치되어 있고 전압변동률이 일반적으로 크다. 전압변동률이 크면 공전발생시 재점착 특성이 악화되고 무부하전압이 높아진다. 그러나 속도견인력곡선의 입상이 급격하게 되어 노치수가 적게 되고 단락전류가 작다. 그러므로 전압변동률은 일반적으로 15~20% 정도로 하고 있다.

주변압기의 형식에는 유입식과 건식이 있으며, 일반적으로 유입식이 많아 사용되고 있다. 그리고 철심구조에는 외철형과 내철형이 있으며, 외철형이 기계적 강도가 크고 탭의 인출이 용이하다. [그림 6.9]는 단권변압기(탭변압기)를 사용하여 고압탭절환을 수행하는 방식이다. 여기서는 변압기탭에서 적합한 전압이 인출되어 정류기용 변압기의 1차권선에 인가된다. 고압탭절환장치는 일반적으로 변압기 내부에 조합되어 설치된다. 이 방식은 다수의 탭을 용이하게 인출할 수 있으며, 단권변압기의 권선이 항상 직렬로 인입되고 변압기 전체의 임피던스(impedance)가 커서 전압변동률이 크다.

저압탭절환식의 주변압기는 [그림 6.11]과 같이 2차권선에 탭이 설치되며 탭수가 적고 전압변동률이 작다.

4 탭절환기

교류전기차의 속도제어를 수행하기 위하여 주변압기의 탭을 절환하는 방식이 사용되고 있으며, 일반적으로 주변압기 1차측에서 절환하는 고압탭절환기 또는 2차측의 저압탭절환기가 사용된다.

(1) 고압탭절환기

[그림 6.9]에서와 같이 주변압기 1차코일에 설치된 탭을 브러시(brush)가 습동하여 탭절환을 수행하는 방식이다. 탭 사이의 전이는 2개의 탭을 단락시켜 수행하며 이때의 단락전류를 제한하기 위하여 한류저항 또는 리액터가 설치되어 있다.

[그림 6.12]는 4개의 절환개폐기 T_1, T_2, T_3, T_4를 개폐하여 전이를 수행하는 순서를 보이고 있다. 이 방식에서 브러시는 전동기에 의해서 상하로 구동되며 1탭에 0.5초 정도의 동작시간이 소요되며 탭수가 많으면 절환시간이 길어진다.

이외에도 롤러(roller)가 회전하여 탭절환을 수행하는 방식, 탭 사이에 한류리액터를 설치하고 탭 사이의 중간전압을 인출하는 노치수를 증가시킨 방식이 있으며, 그 동작원리는 별 차이가 없다. 고압탭절환기에는 유입식과 건식이 있고, 일반적으로 주변압기에 조합 설치되며 세그먼트(segment), 브러시 등의 본체와 조작기구, 개폐기, 한류저항 등으로 구성된다.

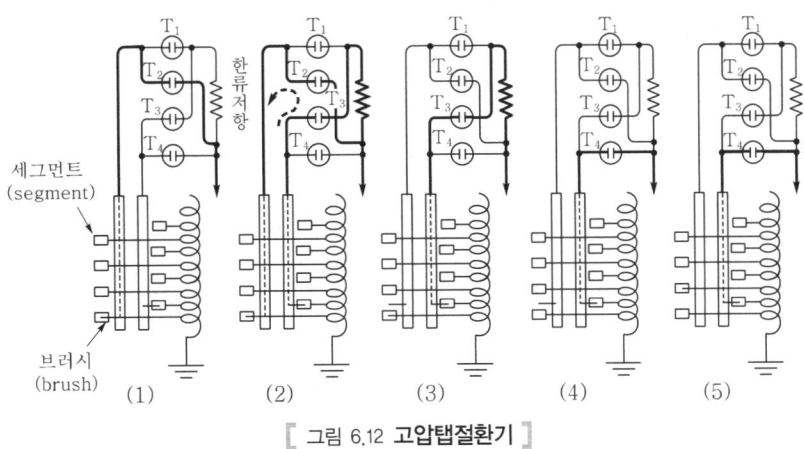

[그림 6.12 **고압탭절환기**]

129

고압탭절환기는 다수의 탭을 쉽게 인출하여 노치(notch)수를 증가시킬 수 있으나 장치가 대형으로 되고 절연 등의 구조상 복잡하게 된다.

(2) 저압탭절환기

저압탭절환기는 주변압기의 2차권선수가 적으므로 대용량의 것은 탭을 수 개 군으로 분할하고 이것을 조합하여 다수의 노치를 인출하는 방식이 많이 사용되고 있다. [그림 6.13]은 통전용 선택개폐기 S와 전류차단용 전류개폐기 T를 사용하여 탭절환을 수행하며, 극성전환개폐기 K_1 및 K_2에 의해서 전압의 합 및 차를 인출하고 이것을 조합하여 노치수를 늘린 방식이다.

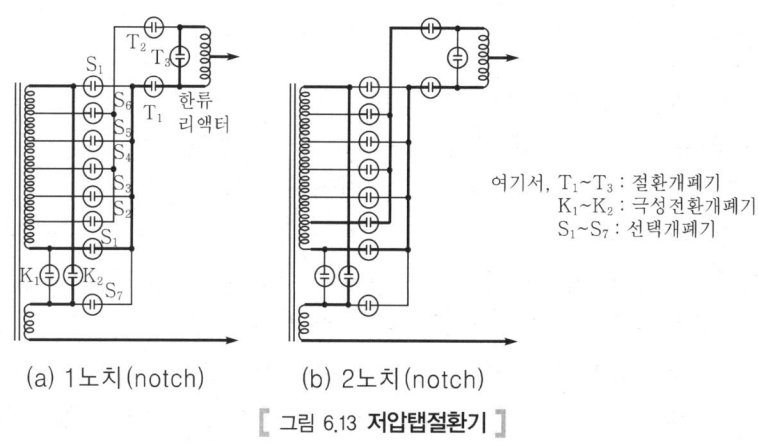

여기서, $T_1 \sim T_3$: 절환개폐기
$K_1 \sim K_2$: 극성전환개폐기
$S_1 \sim S_7$: 선택개폐기

(a) 1노치(notch)   (b) 2노치(notch)

[그림 6.13 **저압탭절환기**]

한류리액터는 탭절환시의 단락전류를 제한하고 양 탭간의 중간전압을 인출하여 노치수를 증가시키도록 설치된다. 저압탭절환기는 고압탭절환기에 비해서 절연은 용이하지만 탭수가 적고 노치수를 증가시키기 위하여 특별한 장치가 필요하다. 그리고 대전류를 빈번하게 개폐하므로 절환기의 전류용량이나 차단용량이 커야 하며 보수가 복잡하다. 이 장치는 종래 소출력에만 사용되어 왔으나 자기증폭기를 사용한 무아크절환방식이 실용화되어 대출력에도 사용되고 있다.

5 정류기

정류기형 전기차에 사용되는 정류기는 매우 격심한 진동을 받으며 설치방법, 크기, 중량 등이 제한되고 일반적으로 차량의 상면하부에 설치된다. 정류기의 형식으로는 반도체의 실리콘정류기나 사이리스터정류기가 많이 사용되고 있다.

정류회로는 2상반파정류회로와 단상브리지정류회로가 사용된다. 전자는 정류기 2대 이상이 필요하고 역내전압이 높아야 하며, 후자는 정류기 4대 이상이 필요하고 역내전압이 전자의 1/2이면 되고 주변압기 용량이 작아도 된다.

일반적으로 실리콘정류기식이나 사이리스터식에서는 단상브리지회로가 많이 사용된다.

(1) 실리콘정류기(silicon rectifier)

실리콘정류기는 과부하 내량이 비교적 작고 역내전압이 낮으나 다음과 같은 특성이 있어 전기차용으로 적합하다.

① 정지기이므로 소음이 없다.
② 구조가 간단하고 소형경량이며, 외형치수도 적합하게 변경할 수 있다.
③ 온도허용범위가 넓고, 온도제어가 간단하다.
④ 효율이 높고, 보수점검 및 취급이 용이하다.

정류소자 1개의 역내전압이 낮고 전류 용량이 작으므로 직렬, 병렬로 다수를 조합하여 사용하고 보호장치로 이상전압흡수장치, 과열방지용의 온도계전기, 열화소자검출장치 등이 설치된다. 열화소자검출장치에는 [그림 6.14]와 같이 저항기와 네온램프(neon lamp)를 조합한 방식이 있다.

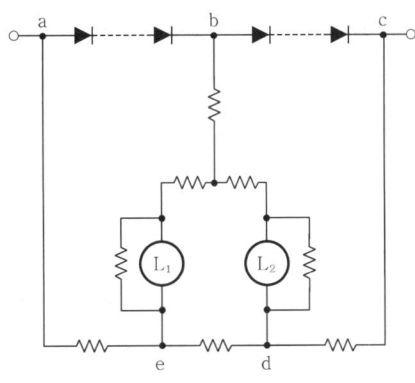

[그림 6.14 **열화소자검출장치**]

열화소자검출장치에서 정상시에 a-b, b-c 간의 전압은 동등하며 네온램프 L_1 및 L_2에는 각각 b-e, b-d 간의 전압이 가해진다. a-b 간의 소자가 열화하면 b점의 전위는 a점측으로 이행하고 b-d 간의 전압이 증대하여 네온램프 L_2가 점등한다.

131

(2) 사이리스터(thyristor)정류기

최근에는 연속적인 전압제어가 가능한 정류소자(사이리스터 : thyristor)가 개발되어 교류전기차에 사용되고 있다. 사이리스터방식은 실리콘정류기방식에 비해서 다음과 같은 장점이 있다.

① 탭절환기, 자기증폭기 등을 사용하지 않으므로 매우 원활한 전압제어가 가능하다.

② 탭절환기가 필요없고 회로가 무접점화되어 보수취급이 용이하다.

③ 회생브레이크가 가능하다.

사이리스터를 사용하는 회로 구성에는 여러 방식이 있으며, 전기차에서는 [그림 6.15]와 같은 전(全)사이리스터브리지회로, 혼합브리지회로, 역병렬브리지회로가 일반적으로 사용되고 있다.

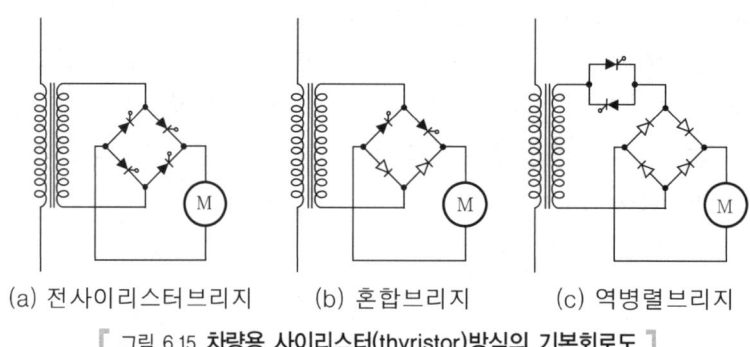

   (a) 전사이리스터브리지   (b) 혼합브리지   (c) 역병렬브리지

[그림 6.15 **차량용 사이리스터(thyristor)방식의 기본회로도**]

6 평활회로

평활리액터는 정류기형 전기차의 주전동기와 직렬로 접속되고 맥류를 평활화하는 기능을 가지고 있다. 맥류의 평활화는 주전동기에는 좋으나 주변압기 1차측에 고조파 성분을 발생하고 전차선으로부터 통신선에 대해 잡음장해를 발생시키게 된다. 그러므로 맥류를 완전히 평활화하지 않고 주전동기에 가해지는 맥류율을 50% 정도 이하로 하도록 평활리액터를 설치한다. 필터는 콘덴서와 저항기를 직렬로 접속하여 주변압기의 2차측에 병렬로 삽입한다. 그러면 주변압기 2차측에 흐르는 고조파에 대해서 저임피던스 회로로 되고 고조파의 영향을 감소시켜 통신선의 유도장해를 경감한다.

7 교류전기차 회로의 특성

교류전기차에서는 변압기를 사용하여 전압변환을 자유롭게 수행할 수 있으며, 다음과 같은 특성을 가진다.

① 전차선 전압에 제약을 받지 않고 임의의 교류전압이 얻어지므로 주전동기나 보조회전기 전압을 비교적 자유롭게 선정할 수 있다. 그리고 구조가 간단하여 견고한 유도전동기를 보조기기의 동력으로 이용하는 것이 용이하다.

② 고압의 가압부분은 차량실의 상부 또는 주변압기 등의 일부분에 한정되고 조작상의 위험이 작다.

③ 사고전류의 선택차**단**이 용이하고, 보호설비가 간단하다.

④ 집전전류가 적으므로 팬터그래프가 소형경량화되고, 집전주도 1개만으로 충분하며, 추종성이 양호하여 고속운전에 적합하다.

 **05** 전기차의 보조기기

1 전기차 보조기기의 개요

전기차에는 동륜을 구동하기 위하여 주회로 이외에 보조적 역할을 하는 전동발전기, 전동공기압축기, 전동송풍기 등의 보조회전기(보기)를 구비한다.

직류전기차에서는 전차선 전압(1,500V)을 그대로 보조회전기의 전원으로 사용하며, 교직류전기차에서는 직류구간은 전차선 전압, 교류구간에서는 정류기 출력의 맥류전압 (1,640V)을 전원으로 사용한다.

교류전기차에서는 주변압기에 의해 임의전압의 교류전원을 얻을 수 있으므로 이러한 보조회전기가 소용량인 경우에는 단상유도전동기를 사용하고 대용량인 경우에는 상변환장치를 사용한 3상유도전동기를 많이 사용한다. 제어회로기기, 보조회로기기 등은 구조, 절연, 취급조작, 비용 및 위험방지의 면에서 저압을 사용한다. 그러므로 저압전원용으로 일반적으로 전동발전기가 널리 사용되며 제어회로 등의 주요전원은 부동충전의 축전지로 공급된다.

2 전동발전기

(1) 개요

전동발전기는 직류, 교류 및 복류발전기의 3종류의 방식이 있으며, 종래는 직류 100V 의 것이 많았다. 최근에는 형광등에 의한 차량조명이 보급되어 교류발전기를 사용하여 조명전원을 공급하고 이외의 제어회로 등 직류회로에는 정류기를 사용하여 공급하는 방식이 널리 사용되고 있다.

전동발전기는 제어회로 등의 전원에 사용되므로 출력전압, 주파수의 변동이 작아야 하며, 다음과 같은 특성이 필요하다.

① 전차선 전압이 변동하여도 전동기의 회전수가 일정하게 유지되어야 한다.

② 발전기 부하가 변동하여도 전압, 주파수가 일정하게 유지되어야 한다.

그러므로 직류전동기의 구조면에서 전차선 전압(주정류기 출력전압)의 변동에 대해서 속도변동률이 작은 복권 또는 분권식으로 사용하고 자기회로도 가능한 한 불포화로 하여 전차선 전압의 상승에 따라 계자자속을 증가시키고 속도변동을 작게 한다. 그리고 맥류전동기에서는 자기프레임을 성층하여 전차선 전압변동에 대한 자속의 추종성이 우수하도록 하고 있다. 발전기도 평탄한 복권특성을 가진 복권식이 일반적으로 사용되고 자기회로는 충분히 포화되어 부하변동에 대해서 전압변동률을 작게 한다.

최근에는 자기증폭기와 변류기를 사용하여 전압주파수를 일정하게 유지하는 자동조정 장치가 많이 사용되고 있다. 이하, 전동발전기 방식에 대해서 서술한다.

(2) 여자기식 전동발전기

[그림 6.16]과 같이 속도변화에 대해 예민하게 발전전압이 변동하는 발전기를 전동기의 여자기(E)로 하고 이것을 전동기축에 직결하며 이에 의해서 전동기 계자를 제어하고 전차선 전압과 부하의 변화에 대해서 정전압을 얻도록 하는 방식이다.

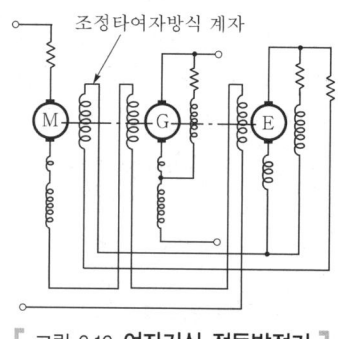

조정타여자방식 계자

[그림 6.16 **여자기식 전동발전기**]

(3) 비직선성 저항체식 전동발전기

[그림 6.17]과 같이 전동기의 분권계자 회로에 밸브저항(resistor valve) 등의 비직선성의 전압전류 특성을 가지는 저항체를 접속하고 전압변동에 대한 속도변화를 보상하는 방식이다.

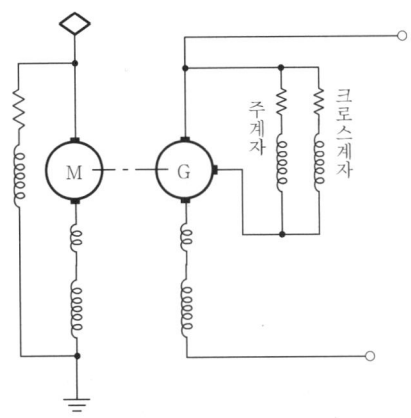

[그림 6.17 **비직선성(non-linear) 저항체식 전동발전기**]

밸브저항(resistor valve)은 [그림 6.18]과 같이 전압이 작게 변화하여도 전류는 크게 변화하므로 전차선 전압이 조금 강하하여도 분권계자 전류는 크게 감소하며 전동기의 회전수는 거의 변화하지 않는다.

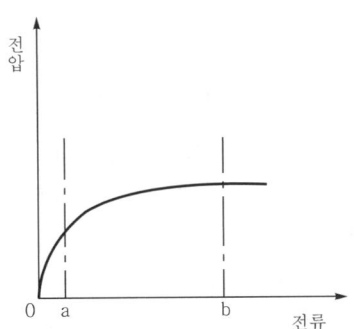

[그림 6.18 **밸브저항(resistor valve)의 전압전류 특성**]

부하의 변동에 대해서는 전동기의 차동계자코일에 의해 조정하고 정전압을 얻도록 되어 있다.

(4) 전동교류발전기

[그림 6.19]는 2상3선식 60Hz, 100V의 전동교류발전기의 예이다. 제어회로와 축전지에는 정류기에 의해 직류로 변환시켜 공급되며 전동기는 직류 1,500V 정류기 출력의 맥류로 구동된다.

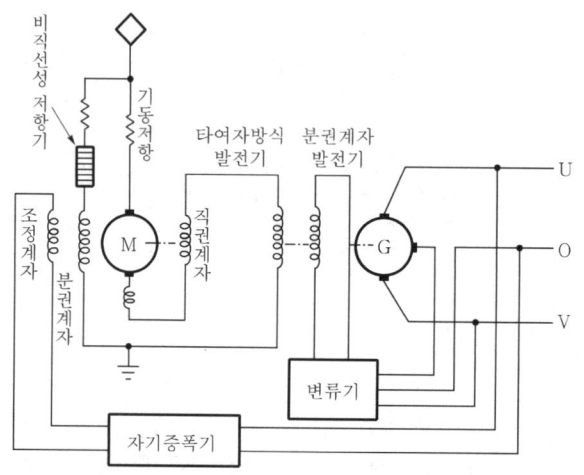

[그림 6.19 **자동조정장치부 교류전동발전기**]

주파수와 발전전압은 전차선 전압이나 부하의 변동에 대해서 항상 일정하게 되도록 자동적으로 제어된다. 전차선 전압의 변동에 대해서는 전동기 분권계자코일의 밸브저항의 특성으로 전동기의 회전수를 일정하게 유지한다. 그리고 부하의 변동에 대해서는 자기증폭기와 변류기의 특성을 이용하여 주파수와 발전전압을 일정하게 유지하며 그 원리는 다음과 같다.

전동기의 계자코일에 대해서 조정계자코일은 화동으로 작동하고 자기증폭기를 개재하여 발전기 출력으로 전류가 공급된다. 이 자기증폭기는 U상의 주파수가 60Hz보다 증가하면 출력전류가 증가하고, 반대의 경우에는 출력전류가 감소하는 특성을 가지고 있다. 따라서 주파수의 상승에 대해서는 조정계자를 강하게 여자하고 전동기의 회전수 상승(주파수 상승)을 억제한다.

그리고 발전기의 분권계자코일은 변류기를 개재하여 전동기 출력으로부터 전류가 공급된다. 이 변류기는 O상의 전류 증가, 감소에 대응하여 그 출력전류가 증감하는 특성을 가지고 있다. 따라서 발전기 출력전류가 증가하면 부하전류에 의한 전압강하를 보상하도록 발전기 분권계자를 강하게 여자하여 발전전압을 상승시킨다. 이와 같이 하여 주파수와 발전전압이 일정하게 되도록 자동적으로 제어한다.

3 단상3상변환기

[그림 6.20]은 단상3상의 상변환기로 아르노컨버터(converter)방식으로 불린다. 일반적으로 교류전기기관차에서는 주변압기 3차권선으로부터 단상전압을 취하며 3상전압으로 변환한다.

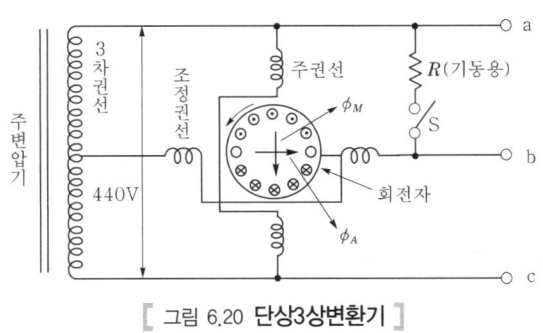

[그림 6.20 **단상3상변환기**]

이 변환기의 구조는 유도전동기와 동일한 것으로 고정자에는 단상전원에 접속된 주권선과 변압기 3차권선의 중성점에 접속한 조정권선이 있다. 회전자가 회전하면 조정권선에는 단상전원과 거의 90° 위상이 다른 전압을 발생하고 a, b, c 단자에 3상전압을 얻는다. 구조가 간단한 유도전동기를 사용할 수 있으므로 널리 사용되고 있다.

4 전동공기압축기

브레이크장치, 제어장치, 문개폐장치, 집전장치 등의 조작에 사용하는 압축공기는 전동기와 공기압축기를 조합한 전동공기압축기로 만들어진다.

직류전기차에서는 일반적으로 직류직권전동기가 사용되고 전차선 전압으로 구동되는 방식이 많다. 압축기는 주로 피스톤식이 사용되고, 송출압력은 $8kg/cm^2$ 전후이며, 회전수도 종래에는 200rpm 정도가 많았으나 최근에는 800~1,000rpm 정도가 사용되고 있다. 전동기의 출력은 단속부하로 30분 정격에서 6kW 정도가 많으며, 압축기를 집중시켜 15kW 정도를 사용하는 방식도 있다. 교류전기차에서는 3상유도전동기를 많이 사용한다.

전동기와 압축기의 연결방식에는 벨트식, 감속기어식, 직결식 등이 있다. 압축기의 회로는 공기조의 압력을 일정범위로 유지하기 위하여 압력의 대소에 대응하여 자동적으로 개폐되는 스위치(조압기)에 의해 제어된다.

5 전동송풍기

주전동기, 주저항기 등을 강제통풍시켜 냉각하는 장치로 각 기기에 송풍기를 설치하는 분산식과 1~2개의 송풍기를 사용하는 집중식이 있다. 종래, 집중식은 전기기관차에 주로 사용되었다. 직류전기차에서는 직류직권전동기를 직접 전차선 전압으로 구동하는 방식을 취하고 있으며, 교류전기차는 3상유도전동기가 많이 사용되고 있다. 최근의 직류전기차에서는 저항기군의 중간에 전동송풍기를 설치하고 이 전동기를 교류저압으로 구동하는 방식도 있다.

06 속도 및 공전감지장치

1 속도계

속도계에는 기계식과 전기식이 있으며, 전자는 기어장치를 이용하며 기구가 복잡하고 고장도 많아 최근에는 거의 전기식이 사용되고 있다. 전기식은 [그림 6.21]과 같이 차축에 교류발전기를 설치하고 차륜회전기에 비례하는 교류전압을 발생하며 정류기로 정류하여 계기에 지시하는 것이다. 차륜 타이어 마모에 의한 오차는 보상기로 보정한다.

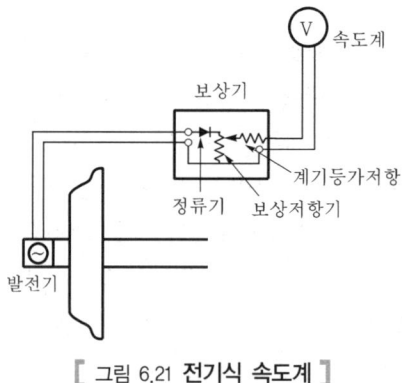

[그림 6.21 **전기식 속도계**]

2 공전감지장치

공전감지장치는 일반적으로 전기기관차에 설치된다. [그림 6.22](a)는 영구직렬 접속의 주전동기 M_1, M_2의 사이에 계전기와 저항을 접속한 방식으로 공전을 일으키지 않을

때는 양 주전동기의 단자전압은 동일하며 휘트스톤브리지(Wheatstone bridge)가 평형회로로 되어 계전기는 동작하지 않는다. 공전이 발생하면 평형이 파괴되고 계전기가 여자되므로 여기에 연동되어 경보버저(buzzer)가 울려서 운전사에게 통보하고 모래살포 전자밸브를 동작시켜 모래를 뿌리고 공전을 방지한다.

주전동기 M_1, M_2가 동시에 공전을 야기하면 동작하지 않는다. 이 방식은 최근 사용되지 않고 있다.

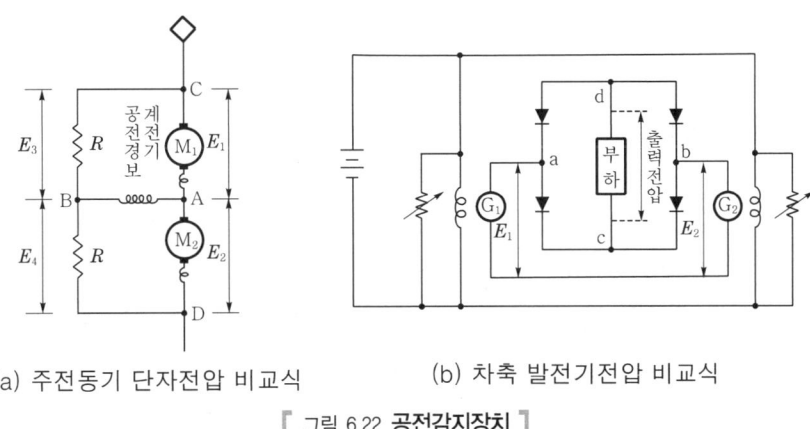

(a) 주전동기 단자전압 비교식   (b) 차축 발전기전압 비교식

[그림 6.22 **공전감지장치**]

[그림 6.22](b)는 각 동륜축에 직류발전기를 설치하고 속도에 비례하는 직류전압을 발생하며 전압비교회로에 의해 발생전압을 비교하여 공전을 감지하는 방식이다. 즉, 공전을 발생한 동축은 발전기의 회전수가 증가하므로 다른 것에 비해서 발생전압이 높게 되고 전압비교회로의 평형이 파괴되어 그 출력측에는 속도차에 비례하는 직류출력전압이 발생한다. 어느 일정속도 이상이 되면 공전경보계전기가 여자되어 경보를 발보한다. 이 방식은 최근의 직류, 교류 기관차에 널리 사용되고 있다.

07 비상정지장치

운전사가 실신하여 지정된 일정한 자세 또는 동작을 상실하면 운전사에게 경보를 발한 후에 자동적으로 브레이크가 걸리도록 하는 장치이다.

지정된 자세에는 발누름스위치를 계속 누르는 것, 주간제어기 핸들을 계속 누르는 것, 누름버튼을 계속 누르는 것 등이 있다. 지정된 동작에는 일정시간 또는 일정거리

내에 발누름스위치를 누르는 것, 노치를 취급하는 것, 브레이크를 사용하는 것 등이 있다.

일반적으로 사용되고 있는 것은 60초 시간 내에 주간제어기, 브레이크밸브, 모래살포 스위치, 기적복귀스위치의 어느 것도 취급하지 않는 경우에는 경보를 발보하고 5초 이내에 이들 중 어느 것을 동작시키지 않으면 자동적으로 비상브레이크(EB ; Emergency Brake)가 동작하도록 되어 있다.

 ## 08 문개폐장치

1 문개폐장치의 개요

승무원이 1개소의 승무원 스위치를 조작함에 의해서 전자밸브회로의 전류를 억제하여 편성 전 차량의 측 미닫이문을 일제히 개폐하는 장치이다.

문개폐장치는 문개폐기기, 승무원 스위치, 운전사 표시등, 차축 표시등, 공기관 등으로 구성되고 문개폐기기의 동작에 의해서 지레를 개재하여 문을 개폐한다. 문개폐장치는 승객의 승강시에는 문개폐력이 경감되고 승객의 승하차를 신속하게 수행하여 정차시분을 단축시키고 문개방시에 위험이 없도록 한다. 그리고 제어회로와 문개폐를 연동시켜 완전히 죄지 않으면 기동하지 않도록 하고 운전사 표시등이나 차축 표시등에 의해 운전사나 승무원에게 확인시켜 안전도를 향상시키고 있다.

2 문개폐장치의 동작원리

문개폐장치는 공기압력 실린더를 이용한 차동식과 단동식 및 감속기어부 전동기를 사용하는 전동식이 있으며, 일반적으로는 차동식이 많이 사용되고 있다. [그림 6.23]은 차동식의 예이다. 이 방식에서는 대소 2개의 공기압력 실린더의 압력차에 의해서 문의 개폐를 수행하므로 대실린더에는 공기조로부터 전자밸브를 개재하여 급기관에 의해서 급기되며 소실린더는 직접 공기조에 연결되어 있다.

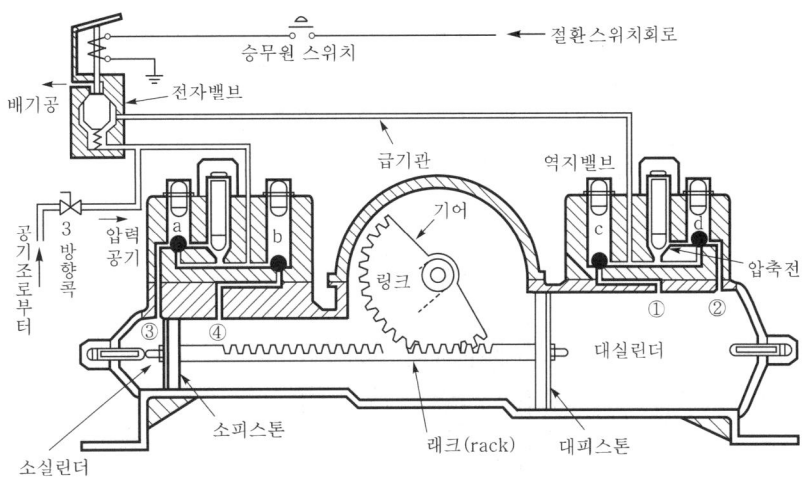

[그림 6.23 **문개폐장치의 동작 설명도(문닫힘 위치)**]

(1) 문을 여는 경우

[그림 6.23]의 문개폐 위치로부터 차장 스위치를 개로위치로 하면 전자밸브가 여자되고 급기관은 배기공에 접속되므로 대실린더의 공기는 ①, ②의 구멍으로 배기된다. 그리고 피스톤은 소실린더 압력으로 이동되며 래크(rack), 기어, 링크(link)를 개재하여 문이 열린다. 대피스톤이 ①의 구멍을 초과하면 배기는 ②의 구멍만으로 수행되고 문의 열림속도는 완화된다.

(2) 문을 닫는 경우

전자밸브가 소자(消磁)되고 급기관은 공기조에 접속되며 압력공기는 ②의 구멍에 의해 대실린더로 송출된다. 그리고 대실린더 압력차에 의해서 피스톤은 소실린더측으로 이동한다.

이 경우, 소실린더 내의 공기는 피스톤으로 압축되고 ③, ④로부터 급기관을 경유하여 대실린더로 공급된다. ④의 구멍을 초과하면 소실린더 배기는 ③의 구멍만으로 수행되고 문개폐 직전의 완충작용을 수행한다.

3 문개폐스위치

문개폐스위치는 각 문개폐장치에 설치되고 문의 개폐와 연동되어 제어회로 전원을 제어하고, 운전사 표시등 회로와 차측 표시등 회로를 절환한다. 일단 문이 열렸을 때에는 제어회로 전원을 단절하고 운전사 표시등을 소등하며 차측 표시등(문의 측면에 설치된 적색램프)을 점등시킨다.

완전히 닫히면 차측 표시등은 소등되고 운전사 표시등을 점등하여 운전사에게 통보하고 제어회로에 전원을 연결한다. 승무원 스위치는 승무원실에 좌우 1개씩 설치되며 개폐조작에 의해서 문개폐장치의 전자밸브에 전류를 보내거나 차단하여 문의 개폐를 수행하는 스위치이다. ([그림 6.24] 참조)

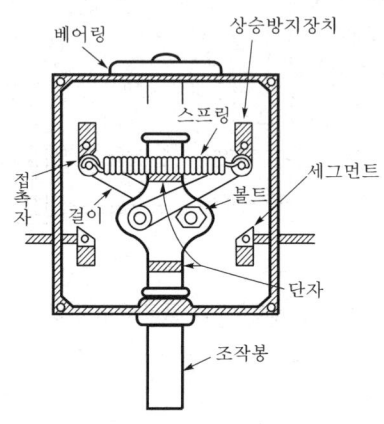

[그림 6.24 **승무원 스위치(문닫힘 위치)**]

09 공기조화장치

1 환기장치

환기장치에는 자연환기식, 강제환기식, 내부교반식, 공기조화장치 등이 있다.

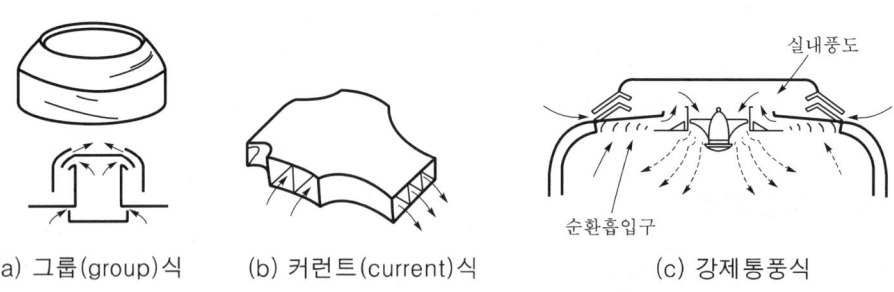

(a) 그룹(group)식　　(b) 커런트(current)식　　　(c) 강제통풍식

[그림 6.25 **통풍장치**]

자연환기방식은 차 내의 압력차를 이용하여 환기를 수행하는 방식으로 [그림 6.25] (a), (b)와 같이 그룹(group)식, 커런트(current)식 등의 흡출방식과 풀맨(pull man)식

등의 압입방식이 있다. 그리고 강제환기방식은 [그림 6.25](c)와 같이 순환공기와 더불어 신선한 공기를 강제로 환기시키는 방식이다. 이 방식은 일반적으로 지하철 등에 사용되고 있다. 내부교반방식은 천장에 선풍기를 설치하여 차 내의 공기를 교반시키는 방식이다.

2 냉방장치

최근 객실에 냉방장치가 많이 설치되어 있으며, 객실 천장에 설치되는 유닛방식이 사용되고 침대차 등에서는 집중식도 사용되고 있다. [그림 6.26]은 유닛방식 냉방장치의 구성을 보인다. 이 방식에서 냉매는 압축기 ⇨ 응축기 ⇨ 냉각기의 경로로 순환한다. 냉각기에서 냉각된 공기는 송풍기로 실내에 송입되며 냉각작용을 하지 않고 실내 공기의 순환만 시키는 것도 가능하다.

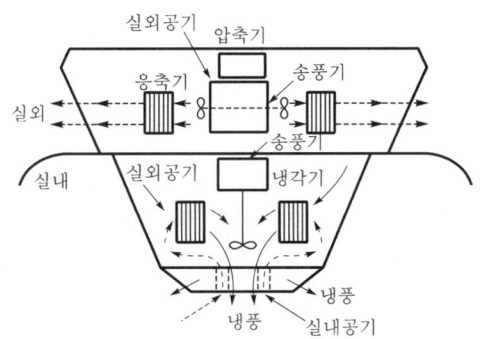

[그림 6.26 **유닛래크(unit rack)의 구성**]

3 전기난방장치

(1) 전기차의 전기난방장치

전기차의 객실, 승무원실 등의 난방은 일반적으로 전기난방장치를 사용하고 있다. 전기난방장치는 일종의 전열기로 보통 실내의 측벽중앙에 설치하여 대류형의 발열방식을 이용하고 있다. 객실 난방은 일반적으로 1차량에 1~2회로를 설치하고 1회로당 8~15대 정도의 전기난방기를 직렬로 접속하며 전차선 전압인 직류 1,500V(교직류전기차에서는 정류기 출력전압)로 가열한다. 전기난방기 1대의 용량은 약 450~750W 정도, 전압은 약 100~70V 정도이며, 전력소비량이 크다.

(2) 열차의 전기난방장치

일반적으로 교류전철화구간에서는 주변압기의 4차권선(난방권선)에서 단상교류 1,500V 를 인출하여 각 객차로 인입하고 객차의 상하부에 설치한 변압기에 의해서 200V로 강압 하여 전기난방을 수행한다. 직류구간, 교류구간을 직통운전하는 객차에서는 직류구간에 서는 직류 ⇨ 교류 변환장치로 전동발전기를 사용하여 단상교류전원을 얻어 전기난방을 수행한다.

10 조명장치

1 조명장치의 개요

전기차에는 객실등, 승무원실등, 전조등, 표시등, 예비등 등이 설치되고, 전원으로는 일반적으로 전동발전기 출력의 직류 및 교류를 사용한다. 직류조명회로는 전조등, 표시 등, 승무원실 예비등, 객실 예비등 등 보안상 중요한 조명등이 접속된다. 이 직류조명회 로는 상시에는 직류발전기 100V를 전원으로 하고 있으며 전차선의 정전 등에 의해 전동 발전기 전원이 공급중지된 경우에는 축전지에 의해서 점등된다. 이러한 조명등은 일반 적으로 내진형 백열전구를 사용한다. 객실등, 승무원실등, 행선지등 등은 전동교류발전 기 전원의 교류 100V를 이용하고 형광등을 사용한다.

2 전조등과 표시등

전조등은 회전포물면의 반사경을 초점으로 하고 광원으로는 필라멘트를 집중시킨 전 구(약 100~500W)를 설치하여 평행광선으로 전기차 전면의 원방지점을 조사(照射)한다. 이 전조등은 차량 선단의 전방의 상부 또는 중앙부에 설치된다. 표시등은 적색렌즈에 의 해서 적색으로 점등되고 차체의 상부 또는 하부의 좌우에 설치되며 주로 열차의 후부 표 시등(미등)으로 사용된다.

MEMO

CHAPTER

07

전기차의 운전

CHAPTER 07 전기차의 운전

01 속도의 개요

1 운전속도

운전속도는 해당속도에서 1시간 동안 주행하는 거리이며, 단위는 km/h이다. 일반적으로 전기차의 운전속도에는 평균속도, 표정속도, 최고속도의 3종류가 사용된다.

(1) 평균속도

일정 운전구간의 거리를 도중의 정차시간을 제외한 순주행시간으로 나눈 속도이다.

$$평균속도 = \frac{운전거리}{순주행시간}$$

(2) 표정속도

일정 운전구간의 거리를 도중의 정차시간을 포함한 전체 운전시간으로 나눈 속도이다.

$$표정속도 = \frac{운전거리}{순주행시간 + 정차시간}$$

일반적으로 열차운행도표(열차다이어그램)에는 순주행시간과 정차시간을 포함한 운전시간으로 표시된다. 이 운전속도는 열차운행도표로부터 산정된 속도라는 의미로 표정속도라고 하며 평균속도보다 낮다.

(3) 최고속도

전기차가 선로의 상태 또는 차량의 성능에 따라 운전할 수 있는 속도의 최대치이다. 그리고 이 최고속도로 단순히 운전중인 열차속도의 순시 최고치를 지칭하는 경우도 있다. 최고속도는 철도의 종류, 선로의 상태, 전기차의 성능 등에 따라 서로 다르며, 선로등급, 곡선반경 및 하구배의 대소 등에 의하여 일반적인 최고속도를 지정하고 있다.

그리고 특수열차 및 선로구간에 대해서는 각각 선로의 상태, 열차의 종류, 차량의 성

능에 일치하여 일반적인 최고속도보다 높은 특정 최고속도를 지정하고 있다. 곡선이나 하구배에서는 최고속도가 제한된다.

② 가속도와 감속도

전기차의 운전속도가 증가하는 경우에 그 증가비율이 가속도이며, 단위로는 km/h/s 또는 km/s^2가 사용된다. 반대로, 전기차의 속도가 감소하는 경우에 그 감소비율이 감속도이며, 가속도와 동일한 단위가 사용된다.

브레이크를 걸어서 감속시키는 경우의 감속도를 특별히 제동도라고 한다. 가속도와 제동도를 크게 하여 타행거리를 길게 하면 운전시간이 단축되고 전력소비량이 감소하는 효과가 있으나 승객이나 차량에 충격을 주게 된다. 그리고 가속도가 과대하면 차륜에 공전이 발생되고 주전동기의 부하전류가 과대하게 되어 정류불량에 의한 플래시오버(flash-over)를 야기한다. 또한 변전소의 부하변동이 크게 되어 경우에 따라서는 급전불능을 야기할 우려가 있다. 제동도가 과대하면 차륜이 활주하여 브레이크 효과가 감소되고 차륜답면에 답면이 국부적으로 평탄하게 손상되는 현상인 플랫(flat)을 발생시킨다. 이와 같이 가속도와 제동도의 대소는 열차의 운전시간을 포함하여 승객이나 차량, 변전소 등에 주는 영향이 크다. 그리고 이 가속도와 제동도는 차륜과 레일간의 점착계수와 동륜상의 중량에 의해 좌우된다. 그러므로 개별 수송조건에 대응하여 적합한 값이 선정된다.

[표 7.1]에 가속도와 제동도의 개략치를 보인다.

표 7.1 **가속도와 제동도의 개략치**

전기차의 종류		가속도(km/h/s)	제동도(km/h/s)
전기기관차	여 객	1.0~1.5	0.7~1.5
	화 물	0.5~0.8	0.5~1.0
노면전차		2.0~3.0	2.2~3.0
시내 고속전기차		2.4~3.3	3.0~4.5
교외철도의 고속전기차		1.5~4.0	2.5~4.0
간선철도의 고속전기차		1.5~2.5	2.5~4.0

최근의 전기차는 고성능 면에서 가속도 및 제동도로 매우 큰 값을 취하고 있다.

02 열차저항

1 열차저항의 종류

열차가 주행중 또는 출발하는 경우에 이에 대항하여 열차의 진행을 방해하는 힘이 열차저항이다. 열차저항의 크기는 차량의 종류와 구조, 열차속도, 선로상태, 기후 등의 각종 조건에 따라 변화한다. 각 열차저항의 정의는 다음과 같다.

(1) 출발저항

정지중의 열차가 출발하는 때에 발생하는 저항이다.

(2) 주행저항

열차가 평탄한 직선로상을 운전하는 때에 발생하는 저항이며, 열차가 타행으로 주행하는 때의 주행저항을 특별히 타행저항이라고 한다.

(3) 구배저항

열차가 구배를 상향주행시에 중력에 의해서 발생하는 저항이다.

(4) 곡선저항

열차가 곡선로를 통과하는 때에 차륜과 레일과의 사이에 마찰에 의해서 발생하는 저항이다.

(5) 가속도저항

열차가 주행 가속하는 때에 발생하는 저항이며, 열차를 가속하는 데에 필요한 견인력에 상당하는 저항이 된다.

열차의 운전중에는 이러한 제반저항의 일부 또는 전부가 작용하므로 동력차의 견인력은 이러한 저항과 조합되면서 진행한다. 가속도저항은 속도를 높이는 경우에 열차의 관성에 의해서 발생하는 힘을 일종의 저항으로 본 것이다. 그러므로 일반적으로 가속도저항은 견인력에 포함시키고 별도 가속도저항으로 계상하지 않는 경우가 많다.

2 출발저항

장시간 정지상태에 있는 열차는 차축과 베어링의 사이, 전기자축과 베어링의 사이 및

대소의 기어에 급유된 기름이 온도의 감소와 동시에 유막이 파괴되어 금속면이 직접 접촉하게 된다. 이러한 상태에서 열차가 기동하는 때에는 마찰저항이 크게 된다.

그러나 일단 열차가 출발하고 축회전에 따라 연이어서 접촉면에 유막을 생성하고 금속마찰은 액체마찰로 변하므로 마찰저항은 급격하게 감소한다. ([그림 7.1] 참조) 이 경우 축수의 온도상승이 유막의 형성을 조성하게 된다.

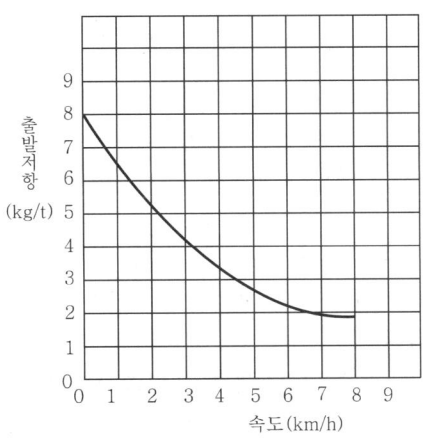

[그림 7.1 **출발저항**]

보통의 열차운전 즉, 여객열차의 경우에는 정차시간이 1분 전후이므로 유막의 파괴나 온도의 감소를 야기하지 않고 열차가 기동하게 된다.

출발저항은 정차시간, 기온 등에 의해서 서로 다르며, 다음의 계산식이 사용된다.

$$R_S = r_S W \qquad\qquad (7.1)$$

여기서, R_S : 전출발저항(kg)

r_S : 출발저항(kg/t)

W : 열차중량(t)

일반적인 전기철도에서 출발저항은 속도 0km/h의 값을 취하고 속도의 상승과 동시에 직선적으로 감소하며 속도 3km/h에서 주행저항으로 이행된다.

출발시 속도 0km/h에서 출발저항의 일반적인 값으로 [표 7.2]의 값을 취하고 있다.

표 7.2 발차시의 출발저항

열차의 종류	베어링 종류	출발저항(kg/t)
여객열차	평베어링	8
	산륜베어링	3
화물열차	–	10
전동열차	평베어링	8
	산륜베어링	3

3 주행저항

(1) 주행저항의 원인

주행저항은 열차가 평탄한 직선로를 주행하는 경우에 그 진행방향과 반대방향으로 작용하는 저항력이다. 이 주행저항의 원인에는 다음과 같은 것이 있다.

① 차축과 베어링의 마찰저항

이 저항은 베어링에 가해지는 압력에 비례하고 베어링과 차축의 접촉면적에 역비례한다. 그러므로 경량의 차량에서는 매우 작게 된다.

② 차륜과 레일 사이의 구름마찰저항

차륜이 선로상을 회전하는 때에 레일의 휨이나 요철에 기인하는 저항이며, 차륜의 답면, 플랜지와 레일 사이의 마찰저항이 있으므로 거의 속도와 중량에 비례한다.

③ 차량의 동요에 의한 마찰저항

차량의 진행중에 상하, 좌우, 전후로의 동요에 의해서 발생하는 각종 마찰부분의 저항이다.

④ 공기저항

주행중의 열차에 작용하는 공기에 의한 저항으로 다음과 같은 것이 있다.

㉠ 열차와 공기의 마찰저항이 있으며, 거의 속도에 비례한다.

㉡ 열차 전면에서 공기의 압축, 열차의 후면에서의 흡기, 차량의 연결부에서 공기의 와류 등에 의해서 발생하는 저항이 있으며, 거의 속도의 제곱에 비례한다.

(2) 주행저항의 실험식

주행저항의 원인은 복잡하며 수리적으로 구하기가 곤란하므로 일반적으로 실험결과에서 실험식을 구하여 계산한다. 주행저항의 일반적인 실험식은 다음과 같다.

$$R_r = A + BV + CV^2 \text{(kg)} \quad \cdots\cdots\cdots\cdots\cdots\cdots\cdots\cdots\cdots\cdots\cdots\cdots\cdots\cdots\cdots\cdots\cdots \text{(7.2)}$$

여기서, A : 속도에 관계없는 항의 정수

B : 속도에 비례하는 항의 정수

C : 속도의 2승에 비례하는 항의 정수(차량 형태에 의한 정수)

V : 속도(km/h)

위의 주행저항 식에서 정수 A에 관계되는 것에는 차축과 베어링의 마찰저항이 있고, B에 관계되는 것에는 차륜과 레일의 구름마찰저항, 차량의 동요에 의한 마찰저항 및 차륜과 공기의 마찰저항이 있으며, C에 관계되는 것에는 열차 전면의 풍압 및 후면의 흡기에 의한 공기저항이 있다.

위의 식 (7.2)를 차량의 단면적 S를 고려하여 차량 중량 1ton당으로 변환하면 다음과 같이 된다.

$$R_r = a + bV + \frac{c}{W}SV^2 \text{(kg/t)} \cdots\cdots (7.3)$$

여기서, a, b : 정수

c : 차량 형태에 의한 정수

V : 속도(km/h)

W : 열차 중량(ton)

S : 차량 단면적(m^2)

이 식에서 $(a+bV)$는 마찰저항을 표시하고, $\left(\dfrac{c}{W}SV^2\right)$은 공기저항을 나타낸다.

주행저항을 감소시키기 위해서는 다음 사항이 고려되어야 한다.

① 차량의 중량을 가볍게 한다.

② 베어링의 마찰저항을 작게 한다.

③ 차량이나 선로를 동요가 없게 한다.

④ 고속열차에서는 전면부를 유선형으로 하거나 이음매에 와류를 적게 하여 공기저항을 작게 한다.

실제적인 주행저항의 계산식에는 실험에 의하여 다수의 식이 발표되어 있으며, 일반적으로 많이 사용되고 있는 식을 다음에 제시한다.

① 전기기관차

$$\text{역행} : R_r = 1.72 + 0.0084V + \frac{0.0369}{W} \cdot V^2 \cdots\cdots (7.4)$$

타행 : $R_r = 2.37 + 0.0073\,V + \dfrac{0.0369}{W} \cdot V^2$ ·· (7.5)

② 전기차

산륜베어링 : $R_r = 1.32 + 0.0164\,V + \dfrac{\{0.0280 + 0.0078\,(n-1)\}\,V^2}{W}$ ····· (7.6)

평베어링 : $R_r = 2.35 + 0.00623\,V + \dfrac{\{0.0343 + 0.0161\,(n-1)\}\,V^2}{W}$ ······· (7.7)

③ 고속전기차

$$R_r = 1.60 + 0.0350\,V + \dfrac{(0.0197 + 0.00241n)\,V^2}{W}$$ ································· (7.8)

여기서, R_r : 주행저항(kg/t)

V : 속도(km/h)

W : 차량 중량(ton)

n : 편성량수

열차가 터널로 진입하는 경우에 터널 내의 공기를 교란시키고 압축, 진공작용 및 열차와 공기의 마찰저항 증가 등에 의해서 일반공간 주행시보다 저항이 증가한다. 이것이 터널저항이며 일종의 공기저항 즉, 주행저항이 된다. 일반적으로 터널저항으로 다음 값을 사용하고 있다.

단선터널 : $R_t = 2\text{kg/t}$ ·· (7.9)

복선터널 : $R_t = 1\text{kg/t}$ ·· (7.10)

열차의 주행저항을 구하기 위해서 다음의 방법이 사용된다.

① 서로 다른 속도에서 주전동기의 입력을 측정하고 주전동기 특성곡선에서 그 속도에 대응하는 견인력을 구하며 이것을 역행시의 주행저항으로 취하는 방법

② 열차를 타행시켜 감속력에서 열차저항을 계산하고 이것을 타행시의 주행저항으로 취하는 방법

①의 방법은 열차가 평탄한 직선궤도상을 역행하는 경우에 전력을 측정하여 견인력을 구하는 방법이며, ②의 방법은 열차를 일정속도에서 타행시키고 속도의 감소비율을 구하며 다음 식에 의해서 계산한다. 이 계산결과는 타행중의 주전동기의 기계적 손실을 포

함하므로 역행시의 주행저항을 구하는 경우에는 이 기계적 손실을 제외시켜야 한다.

$$R_{ro} = 28.35 \times (1+x) \cdot D \quad \cdots\cdots\cdots\cdots\cdots\cdots\cdots\cdots\cdots\cdots\cdots\cdots (7.11)$$

여기서, R_{ro} : 타행중의 주행저항(kg/t)

x : 회전부분의 관성계수

D : 평균 감속도(km/h/s)

4 구배저항

다음의 [그림 7.2]와 같이 열차가 구배구간을 운전하는 경우에 중력의 작용에 의해서 선로구배의 하향방향으로 향하여 자중의 분력이 발생된다. 그러므로 구배구간을 상향주행하는 경우에는 주행저항 이외에 여분의 견인력이 필요하며 이것이 구배저항이다.

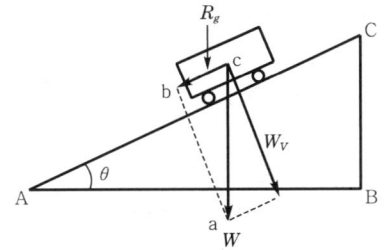

[그림 7.2 **구배와 저항**]

구배저항은 [그림 7.3]과 같이 열차중량과 구배의 경사에 정비례하여 증감한다. 구배는 일반적으로 1,000분율로 표시된다. 즉, 1,000분의 25 또는 25‰(per-mil)로 표시된다.

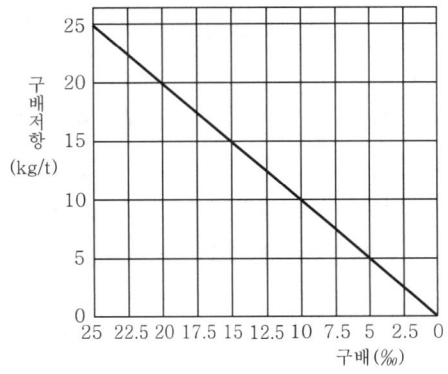

[그림 7.3 **구배저항**]

지금, n(‰)의 구배를 중량 W의 열차가 운전되는 경우에 [그림 7.2]에서 BC/AB = bc/ac이므로 구배의 경사각 θ가 작으면 BC/AB ≒ bc/ac가 되고 구배저항은 다음 식과 같이 된다.

$$\frac{n}{1,000} = \frac{BC}{AB} \simeq \frac{bc}{ac} = \frac{R_g}{1,000\,W}$$

$$R_g = n \cdot W \quad\text{.. (7.12)}$$

여기서, R_g : 구배저항(kg)

n : 구배(‰)

W : 열차 중량(ton)

상향구배는 열차에 대하여 저항으로 되지만, 하향구배는 가속력으로 되므로 상향구배는 정극성(+), 하향구배는 부극성(−)의 부호를 사용한다.

일반적으로 열차중량 1ton당의 구배저항을 다음 식과 같이 표시한다.

$$R_g = \pm n(\text{kg/t}) \quad\text{.. (7.13)}$$

구배저항이 열차운전에 주는 영향은 구배구간의 길이와 열차장의 대비에 따라서 서로 다르다. 즉, 급구배라도 열차장에 비례하여 짧으면 영향이 작으며 길면 큰 영향을 미친다. 그러므로 운전조건을 결정하는 데에 각종 구배가 이용된다.

5 곡선저항

열차가 곡선구간을 주행하는 경우 다음의 원인에 의해서 각종 마찰저항이 발생된다.
　① 차량회전의 중심보다 전방은 열차의 진행과 동시에 곡선의 내측, 후방은 외측으로 미끄러지므로 레일과 차륜답면의 사이에 마찰저항이 발생된다.
　② 곡선의 내측차륜과 외측차륜은 회전수가 동일하지만 주행길이가 서로 다르고 차륜이 레일의 상부를 미끄러지므로 미끄럼 마찰저항이 발생된다.
　③ 원심력의 작용에 의해서 외측레일과 차륜 플랜지 사이에 마찰저항이 발생된다.
이와 같이 곡선구간에서 발생되는 저항이 곡선저항이며, 곡선반경이 작을수록 그리고 차량의 고정축 길이가 길수록 크게 된다. ([그림 7.4] 참조)

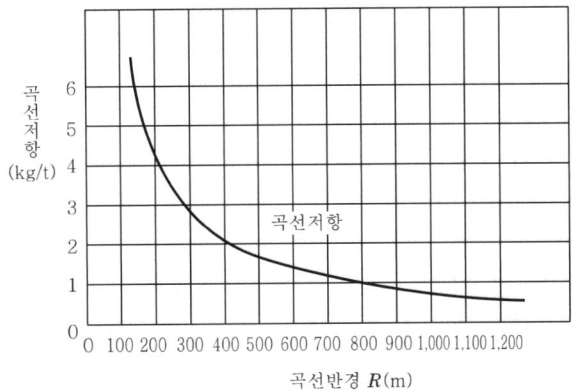

[그림 7.4 **곡선저항**]

곡선저항은 각종 조건에 의해서 결정되므로 계산식도 다수가 제시되어 있다. 곡선저항의 간단한 실험식으로는 다음의 식이 있다.

$$R_c = \frac{K}{r} \, (\text{kg/t}) \quad \cdots\cdots\cdots\cdots\cdots\cdots\cdots\cdots\cdots\cdots\cdots\cdots\cdots\cdots\cdots\cdots\cdots\cdots\cdots (7.14)$$

여기서, R_c : 곡선저항(kg/t)

r : 곡선반경(m)

K : 계수

일반적으로는 위의 식에서 K값을 800으로 취하여 $R_c = \dfrac{800}{r}$ 이 된다.

곡선을 각도로 표시하는 경우에는 궤도 중심선상의 두 지점간의 현의 길이 20m에 대응하는 원심각 θ로 표시된다. 즉, $\theta = 1°$의 경우에 $r = 1,146$m로 된다.

그리고 $\theta° = 1,146/r$, $R_c = K \cdot \theta°$로 하면 이 경우의 곡선저항은 다음 식으로 표시된다.

$$R_c = K \cdot \frac{1,146}{r} \, (\text{kg/t}) \quad \cdots\cdots\cdots\cdots\cdots\cdots\cdots\cdots\cdots\cdots\cdots\cdots\cdots\cdots\cdots\cdots (7.15)$$

여기서, K : 계수(0.25~0.75 정도)

6 가속도저항

열차를 가속시키는 경우에 발생하는 저항이다. 정지상태에 있는 열차를 기동하여 가속도를 주고 더욱 높은 속도에 도달하기 위해서는 주행저항에 상당한 힘 이외에 가속도를 주기 위한 여분의 견인력이 필요하게 된다. 이 여분의 견인력이 가속력이며 일종의 저항으로 간주하여 가속도저항이라고 한다.

가속도저항의 계산식은 다음과 같다.

질량 m의 물체가 a의 가속도로 직진 이동하는 경우에 필요한 힘 f는 역학적으로 다음 식으로 표시된다.

$$f = ma \cdot \frac{w}{g} \cdot a$$

동일한 방식으로 중량 W(ton)의 열차를 가속도 A(km/h/s)로 직선 가속시키는 경우에 필요한 힘 F_a(kg)는 다음과 같다.

$$F_a = \frac{1,000\,W}{9.8} \times \frac{1,000}{3,600} \cdot A = 28.35\,WA\,(\mathrm{kg}) \quad\cdots\cdots\cdots (7.16)$$

열차의 중량 1(ton)당 가속에 필요한 힘 f_a는 다음 식과 같다.

$$f_a = \frac{F_a}{W} = 28.35\,A\,(\mathrm{kg/t}) \quad\cdots\cdots\cdots\cdots\cdots\cdots\cdots (7.17)$$

그러나 열차를 가속시키는 경우에는 직선가속도 이외에 회전부분에 대한 회전가속도를 가하여야 한다. 그러므로 직선가속력 이외에 회전가속력이 필요하고 이 2개 힘의 합성분은 다음 식으로 표시된다.

$$f_a = 28.35(1+x)A\,(\mathrm{kg/t}) \quad\cdots\cdots\cdots\cdots\cdots\cdots (7.18)$$

위의 식에서 x는 회전부분의 관성계수이며 회전가속력과 직선가속력의 비율이 된다. 이 관성계수의 개략치를 [표 7.3]에 보인다.

┃ 표 7.3 회전부분의 관성계수 ┃

종 류	관성계수
전기기관차	0.15
전동차	0.10
부수차	0.05
객화차	0.05

위의 [표 7.3]의 값을 적용하여 가속도저항을 계산하면 다음과 같다.

전동차 : $f_a \simeq 31A$ (kg/t) ··· (7.19)

부수차 : $f_a \simeq 30A$ (kg/t) ··· (7.20)

전기기관차 : $f_a \simeq 33A$ (kg/t) ····································· (7.21)

그리고 전동차의 중량 W(ton), 주행저항 R(kg)의 경우에 견인력 F(kg)가 작용한다고 하면 가속도 A는 다음 식으로 표시된다.

$$A = \frac{F - R}{31\,W} \text{(km/h/s)} \cdots\cdots\cdots\cdots\cdots\cdots\cdots\cdots\cdots\cdots\cdots\cdots (7.22)$$

 **견인력**

1 견인력의 개요

(1) 견인력의 종류

전기차, 전기기관차의 견인력(인장력)은 차량 주전동기의 전기자에 발생되는 토크가 동륜에 전달되어 동륜답면 또는 연결기에 작용하는 힘이다.

이 견인력에는 다음과 같은 종류가 있다.

① 지시견인력(주전동기 견인력)

전기자에 발생한 토크가 동륜에 전달되기까지 기어, 베어링 등의 동력전달장치에서 손실이 없는 것으로 가정한 경우에 동륜에 작용하는 견인력이다.

② 동륜주견인력

주전동기의 토크가 동력전달장치를 경유하여 동륜주에 작용하는 견인력이며, 지시견인력에서 동력전달장치의 손실을 제외한 것이다.

③ 인장봉견인력

전기차의 연결기에 작용하는 견인력이며, 동륜주견인력에서 전기차나 전기기관차 자체의 열차저항을 제외한 견인력이다. 유효하게 작용하는 견인력으로 유효견인력이라고도 한다.

④ 정격견인력

주전동기의 정격전압, 정격전류에서의 지시견인력이다.

이 견인력은 정격에 따라 다음의 2종류가 있다.

㉠ 1시간정격견인력 : 1시간정격전류에 대한 견인력

㉡ 연속정격견인력 : 연속정격전류에 대한 견인력

실제의 운전에서 열차는 항상 정격부하전류로 운전되지 않으며 일반적으로 발차시에는 1시간정격전류의 120% 정도, 중간의 구배에서 기동시에는 160% 정도로 운전되는 경우도 있으며 장시간 역행의 경우는 연속정격으로 된다. 그러므로 일반적으로 1시간정격견인력보다 연속정격견인력의 경우가 적다.

(2) 유효작용 견인력

열차운전에 유효하게 작용하는 견인력에는 다음의 종류가 있다.

① 특성견인력

주전동기의 운전특성에 의해서 제한되는 견인력이며, 주전동기의 특성, 기어 및 공급전압에 의해서 결정된다.

② 기동견인력

열차의 기동시에 주전동기의 기동평균전류에 의해서 제한되는 견인력이다.

③ 점착견인력

동륜답면과 레일 사이의 마찰력(점착력)에 의해서 제한되는 견인력으로 동륜이 공전을 시작하기 직전의 최대견인력이다.

[그림 7.5]에 이 3종류 견인력의 관계를 보인다.

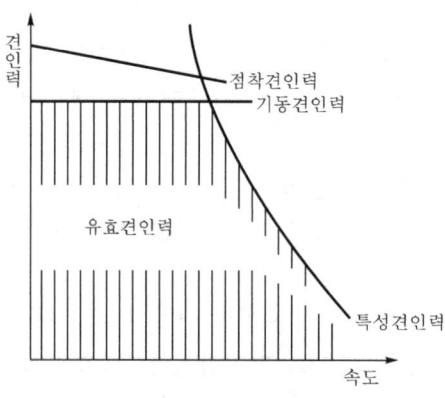

[그림 7.5 **유효견인력**]

공전을 일으키지 않기 위해서는 특성견인력과 기동견인력은 항상 점착견인력 이하로 되어야 한다. 유효견인력은 [그림 7.5]의 세로선 표시부분이 된다. 즉, 기동견인력으로 기동한 후 속도가 상승되면 최종노치에 도달되고 이후 특성견인력으로 이행하며 속도의 상승에 따라서 견인력은 작아진다. 따라서 열차의 견인에 유효하게 작용하는 유효작용 견인력은 이 3종류 중에서 최소의 것이 된다.

❷ 견인중량과 가속력

전기차에서 발생되는 인장봉견인력이 열차저항보다 크면 열차가 가속되고, 양자가 동일하면 가속 또는 감속이 되지 않는다. 이와 같이 견인력과 열차저항이 조합되어 가속도 또는 감속도를 발생하지 않는 상태의 속도가 균형속도이다.

> 인장봉견인력＝동륜주견인력－전기차의 열차저항
> ＝견인차량의 전열차저항

그러므로 평탄한 직선구간에서 견인중량 W 는 다음 식으로 구한다.

$$F''' = F'' - R_{er} W_e = R_{er} W$$
$$\therefore \; W = \frac{F'''}{R_r} = \frac{F'' - R_{er} W_e}{R_r} \quad\text{..} \quad (7.23)$$

여기서, F''' : 인장봉견인력(kg)
F'' : 동륜주견인력(kg)
R_{er} : 기전차의 주행저항(kg/t)
W_e : 전기차의 중량(t)
R_r : 견인차량의 주행저항(kg/t)
W : 견인중량(t)

구배나 곡선에서는 전기차 자체의 구배저항, 곡선저항에 의해서 인장봉견인력은 감소하고 견인차량의 열차저항이 증가한다.

전기차와 견인차량의 구배저항을 각각 R_{eg}, R_g(kg/t)라고 하면 견인중량은 다음 식으로 표시된다.

$$F''' = F'' - (R_{er} + R_{eg}) W_e = (R_r + R_g) W$$
$$\therefore \; W = \frac{F'''}{R_r + R_g} = \frac{F'' - (R_{er} + R_{eg}) W_e}{R_r + R_g} \quad\text{................................} \quad (7.24)$$

161

견인차량수를 많게 하기 위해서는 전기차의 중량을 작게 해야 하며, 반대로 점착견인력을 크게 하기 위해서는 전기차의 중량을 크게 하여야 한다. 따라서 결과적으로 견인차량의 중량을 최대한 가볍게 하여 구배저항, 주행저항 등을 작게 할 필요가 있다.

그리고 인장봉견인력에서 열차저항을 제외한 나머지 견인력이 열차 전체를 가속시키는 힘이 되므로 열차의 총 중량 1ton당의 가속력은 다음 식으로 된다.

$$가속력 = \frac{인장봉견인력 - 열차저항}{열차\ 총\ 중량}$$

평탄선 및 구배구간에서의 가속력은 각각 다음과 같이 된다.

$$평탄선 : f_a = \frac{F'' - R_{er}W_e - R_r W}{W_e + W} \ (kg/t) \cdots\cdots (7.25)$$

$$구배 : f_a = \frac{F'' - (R_{er} \pm R_{eg})W_e - (R_r \pm R_g)W}{W_e + W} \ (kg/t) \cdots\cdots (7.26)$$

각 속도별로 전기차가 운전되는 구간에서 견인이 가능한 차량 중량의 한도가 견인정수이며, 일반적으로 차량 중량 10ton을 1량으로 환산한 환산량수로 표시된다.

견인정수에 필수적으로 고려되어야 하는 조건에는 다음과 같은 것이 있다.
① 기관차의 동륜주견인력
② 기관차 주행저항
③ 견인차량의 주행저항
④ 선로의 구배저항
⑤ 반경이 작은 곡선이 있는 경우의 곡선저항(반경이 큰 경우에는 다른 저항에 비해서 작으므로 무시하여도 실용상 지장이 없다.)
⑥ 속도별 가속력
⑦ 연결기의 강도
⑧ 승강장 길이 및 선로 유효장
⑨ 브레이크 효과
⑩ 강설 등의 지역적 조건

3 기어비와 동력전달효율

일반적으로 전기차에서 주전동기의 토크를 동륜에 전달하는 방법으로 기어장치가 사용되고 있다. 이 기어장치에서 대기어의 치수와 소기어의 치수비가 기어비이며, 보통 소기어의 치수를 1로 취하는 경우의 대기어 치수로 표시된다.

$$기어비 = \frac{대기어의\ 치수}{소기어의\ 치수}$$

전기차의 견인력은 기어비에 비례하고 동륜직경에 반비례한다. 또한 속도는 기어비에 반비례한다. 그러므로 화물용 전기차에서는 속도는 낮지만 큰 견인력을 낼 수 있도록 기어비를 크게 하고 동륜직경은 작게 한다. 반대로, 여객용은 고속운전이 가능하도록 기어비를 작게 하고 동륜직경을 크게 취한다. 이와 같이 기어비는 전기차의 경제적 운전을 고려하고 열차속도, 견인력, 주전동기의 정격회전수에 기초하여 결정된다. 차량 종류별 기어비의 개략치를 보면 여객용 전기기관차는 2.5~3.5, 화물용 전기기관차는 4.0~5.0 정도이다. 최근의 고성능 전기차에서는 대차장하방식에 고속회전, 소형 주전동기가 사용되고 있어 기어비도 3.5~6.0 정도로 크게 취해지고 있다.

동력전달효율은 주전동기 출력에서 기어나 축수 등의 동력전달손실을 제한 것을 주전동기 출력으로 나눈 비율을 백분율로 표시한 것으로 기어효율이라고도 부른다.

$$동력전달효율 = \frac{주전동기\ 출력 - 동력전달손실}{주전동기\ 출력}$$

동력전달손실은 기어 및 차축의 보수, 사용상태나 급유상태에 의해서 크게 다르며, 전기기관차의 정격전류 부근에서 대체로 3% 정도이다.

4 점착계수와 점착견인력

동륜에 견인력이 작용하면 동륜답면과 레일 사이에 마찰력이 발생된다. ([그림 7.6] 참조)

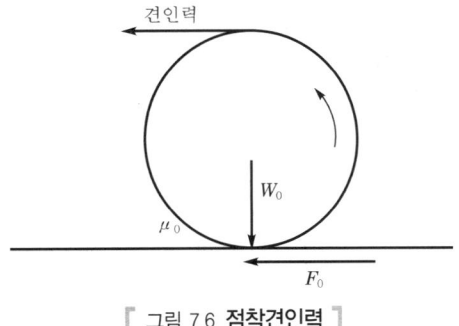

[그림 7.6 **점착견인력**]

이것이 점착력이며, 동륜상 중량을 점착중량이라고 하고, 동륜답면과 레일의 정지마찰계수가 점착계수이다.

동륜이 공전을 시작하기 직전의 마찰력이 점착견인력이며, 점착중량과 점착계수에 의해서 제한되고 다음의 관계가 있다.

$$F_0 = 1,000 \mu_0 W_0 \quad\text{...}\quad (7.27)$$

여기서, F_0 : 점착견인력(kg)
μ_0 : 점착계수
W_0 : 점착중량(ton)

점착계수는 레일의 상태에 따라서 크게 변하며, 이론적으로는 속도와 관계가 없으나 실제 주행중에는 차륜의 동요나 온도변화에 기인하여 속도에 따라서도 변화한다.

다음의 [표 7.4]에 레일의 상태와 점착계수를 보인다.

표 7.4 레일의 상태와 점착계수

레일 상태	점착계수	
	보통상태	살사(모래살포)상태
건조하고 청정한 경우	0.25~0.30	0.35~0.40
습윤한 경우	0.18~0.20	0.22~0.25
기름띠가 있는 경우	0.10	0.15
눈이 있는 경우	0.10	0.15

일반적으로 사용되고 있는 점착계수의 계산식을 다음에 보인다. 실제로는 점착계수를 실정에 맞추어 조정하여 취하고 있다.

① 직류기관차/교직류기관차

$$\mu_0 = 0.265 \times \frac{1 + 0.403 V}{1 + 0.522 V} \quad\text{...}\quad (7.28)$$

② 교류기관차

$$\mu_0 = 0.326 \times \frac{1 + 0.279 V}{1 + 0.367 V} \quad\text{...}\quad (7.29)$$

③ 전기차

$$\mu_0 = 0.245 \times \frac{1 + 0.05\,V}{1 + 0.1\,V} \quad\text{.. (7.30)}$$

여기서, V : 운전속도(km/h)

가속력과 점착견인력의 관계에서 최대가속도를 구하면 다음과 같다(전기차의 경우).

① 가속력 : $F_a = 31A\,W$

② 점착견인력

$$F_0 = 1{,}000\mu_0\,W_0$$

$$31A_{\max}\,W = 1{,}000\mu_0\,W_0$$

$$A_{\max} = \frac{1{,}000\mu_0\,W_0}{31\,W} \quad\text{.. (7.31)}$$

여기서, $A_{\max}$: 최대가속도(km/h/s)

W : 전동차 중량(ton)

W_0 : 동륜 전체에 걸리는 전점착중량(ton)

공전을 방지하고 점착견인력을 크게 하기 위해서는 다음과 같은 방법이 있다.

① 레일면과 차륜답면을 청정하게 하고 모래를 살포하는 등의 방법에 의해서 점착계수를 크게 한다.

② 축중을 크게 취하고 필요시에는 사하중을 적재한다.

③ 축중의 불균형을 작게 한다. 축중의 불균형이 크거나 작은 것은 공전을 야기할 우려가 있으므로 축중보상을 시행하여 불균형을 작게 한다.

④ 노치단계를 적게 한다. 노치단계가 크면 견인력의 변동이 크고 공전을 야기하기 쉽다.

⑤ 재점착성을 양호하게 하고 공전을 야기하여도 즉시 재점착하도록 한다.

⑥ 2개 이상의 동륜을 연결봉 또는 기어로 연결한다.

5 축중보상방식

전기기관차가 객차나 하차를 견인하여 기동하는 경우 또는 운전중에 선로상태에 변화가 있는 경우에는 각 동축의 축중은 균일하게 분포되지 않고 각 축의 위치에 의해서 불균형하게 된다.

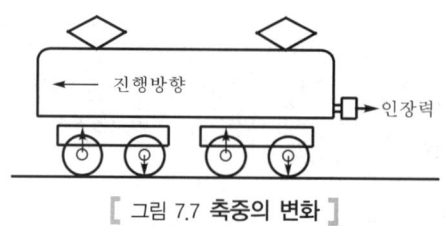

[그림 7.7 **축중의 변화**]

[그림 7.7]에서 전기기관차는 견인하중에 의해서 후방으로 인장력을 받으며 동력전달장치나 견인력전달장치 등에 의하여 구동되는 선대차의 제1동륜과 후대차의 제3동륜은 부상상태로 되고 축중이 가볍게 된다. 이 경우 주전동기의 토크는 일정하므로 축중이 가벼운 동륜은 공전할 우려가 있다. 이러한 축중의 불균형에 대해서 주전동기의 토크 또는 축중을 가감하여 공전을 방지하는 방법이 축중보상법이다. 최근의 고성능 전기기관차에는 고점착력을 얻기 위하여 이 축중보상법이 전적으로 사용되고 있다.

축중보상법에는 전기적 보상법과 기계적 보상법이 있다. 전기적 보상법은 주전동기의 토크를 축중에 대응하여 전기적으로 조정하고 축중과 토크의 비를 일정하게 유지하도록 하는 방식이다. 이 방식에서는 약계자를 이용하여 주전동기의 전기자 전류를 일정하게 하고 축중이 가벼운 주전동기의 계자만을 약화시켜 그 토크를 감소시키는 방법을 취한다.

기계적 보상법에는 차체에 공기실린더를 설치하고 축중이 가볍게 된 대차 프레임을 하방으로 밀어 붙이는 방식이 있다. 그리고 2개 이상의 동륜을 연결봉 또는 기어에 의해서 연결하는 방식이 있으며 1대차의 축중보상을 수행한 것과 같은 동일한 결과를 얻을 수 있다.

6 견인력의 산정

(1) 토크에서 견인력을 구하는 계산

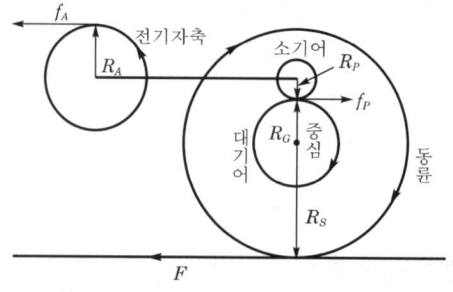

[그림 7.8 **주전동기의 토크와 견인력**]

주전동기의 토크 T는 [그림 7.8]과 같이 전기자 주변에 발생하는 힘 f_A와 전기자의 반경 R_A와의 상승적 $f_A R_A$로 표시된다. 이 토크가 소기어, 대기어에 의해 확대되고 토크 T'로 되어 차륜에 전달된다.

$$T = f_A R_A = f_P R_P$$
$$T'' = f_P R_G = F R_S$$

위의 식에서 주전동기 1대의 견인력은 다음 식에 의해 구해진다.

$$F = \frac{T}{R_S} \cdot \frac{R_G}{R_P} \text{(kg)}$$

여기에 기어비 $\gamma = R_G / R_P$ 및 동륜직경 $D = 2R_S$를 대입하면 전기차 견인력은 다음 식으로 된다.

$$F' = T\gamma \cdot \frac{2}{D} \cdot N \text{(kg)} \quad \cdots\cdots\cdots\cdots\cdots\cdots\cdots\cdots \quad (7.32)$$

> 여기서, T : 주전동기 토크(kg·m)
> γ : 기어비
> D : 동륜직경(m)
> N : 주전동기의 수량

F'는 동력전달효율을 무시한 지시견인력이며, F'에 동력전달효율을 곱하여 동륜주견인력 F''가 구해진다.

$$F'' = T\gamma\mu \cdot \frac{2}{D} \cdot N \text{(kg)} \quad \cdots\cdots\cdots\cdots\cdots\cdots\cdots\cdots \quad (7.33)$$

F''로부터 전동차, 전기기관차 자체의 저항(R_m)을 제하면 인장봉견인력 F'''가 구해진다.

$$F''' = F'' - R_m \text{(kg)}$$

(2) 속도와 입력에서 견인력을 구하는 계산

주전동기 단자전압을 E_t(V), 전류를 I(A)로 하면 주전동기 효율 η 및 수량 N의 경우의 출력은 다음과 같이 된다.

$$P = \frac{E_t I}{1,000} \cdot \eta N \text{(kW)} \quad\text{...}\quad (7.34)$$

1kW＝102kg·m/s이므로 전기적 출력을 기계적 출력으로 환산하면 다음과 같다.

$$P = \frac{E_t I}{1,000} \times 102 \times \eta N \text{(kg·m/s)} \quad\text{....................................}\quad (7.35)$$

여기에 동력전달효율 μ를 곱하면 동륜에 작용하는 출력은 다음과 같이 된다.

$$P = \frac{E_t I}{1,000} \times 102 \times \eta \mu N \text{(kg·m/s)} \quad\text{...............................}\quad (7.36)$$

그리고 동력차가 1초간에 하는 일은 견인력 F(kg) 및 속도 V(km/h)로 두면 $FV \times \dfrac{1,000}{3,600}$(kg·m/s)이므로 견인력 F는 다음 식과 같이 된다.

$$FV \times \frac{1,000}{3,600} = \frac{E_t I}{1,000} \times 102 \times \eta \mu N$$

$$\therefore F = 0.367 \cdot \frac{E_t I N}{V} \cdot \eta \mu \quad\text{...}\quad (7.37)$$

여기서, E_t : 주전동기 단자전압(V)
I : 주전동기 전류(A)
N : 주전동기 수량
η : 주전동기 효율
μ : 동력전달효율

7 주전동기의 토크와 출력

(1) 주전동기의 토크

주전동기의 입력과 회전수로부터 토크 T는 다음과 같이 구할 수 있으며, 주전동기의 전기자가 n회전하는 사이의 일 W는 다음과 같다.

$$W = 2\pi R_A f_A n \text{(kg·m)} \quad\text{...}\quad (7.38)$$

여기서, R_A : 전기자 반경(m)

f_A : 전기자 주변에 발생하는 힘(kg)

n : 회전수(rpm)

$R_A f_A = T(\text{kg}\cdot\text{m})$이므로 일 W는 다음과 같이 표시된다.

$$W = 2\pi Tn(\text{kg}\cdot\text{m}) \quad\text{(7.39)}$$

주전동기 출력을 전력식으로 표시하면 다음과 같다.

$$P = \frac{E_t I}{1,000} \cdot \eta(\text{kW}) \quad\text{(7.40)}$$

1kW = 102kg·m/s이므로 기계적 일을 전기적 출력으로 환산하면 다음 식으로 된다.

$$\frac{E_t I}{1,000} \cdot \eta = \frac{2\pi T}{102} \cdot \frac{n}{60}(\text{kW}) \quad\text{(7.41)}$$

$$\therefore \quad T = 0.976 \frac{E_t I}{n} \cdot \eta(\text{kg}\cdot\text{m}) \quad\text{(7.42)}$$

여기서, E_t : 주전동기 단자전압(V)

I : 주전동기 전류(A)

η : 주전동기 효율

(2) 주전동기 출력

견인력과 속도로부터 주전동기의 출력은 다음과 같이 구할 수 있다.

열차가 견인력 $F(\text{kg})$ 및 속도 $V(\text{km/h})$로 운전되고 있는 경우에 동력차가 1초간에 수행하는 일 즉, 출력 P는 다음과 같다.

$$P = FV \times \frac{1,000}{3,600}(\text{kg}\cdot\text{m/s}) \quad\text{(7.43)}$$

1HP = 75kg·m/s이므로 출력 P는 다음과 같이 표시된다.

$$P = FV \times \frac{1,000}{3,600} \times \frac{1}{75} = \frac{FV}{270}(\text{HP}) \quad\text{(7.44)}$$

P를 kW로 환산하면 1HP = 735W이므로 출력 P는 다음과 같이 표시된다.

$$P = \frac{FV}{367}\,(\text{kW}) \quad \cdots\cdots\cdots\cdots\cdots\cdots\cdots\cdots\cdots\cdots\cdots\cdots\cdots\cdots\cdots\cdots\cdots \quad (7.45)$$

주전동기의 수량을 N, 효율을 η, 동력전달효율을 μ로 두면 1대당 출력 P_o와 입력 P_i는 각각 다음 식과 같이 된다.

$$\text{출력} : P_o = \frac{FV}{367} \cdot \frac{1}{N\mu}\,(\text{kW}) \quad \cdots\cdots\cdots\cdots\cdots\cdots\cdots\cdots\cdots\cdots\cdots \quad (7.46)$$

$$\text{입력} : P_i = \frac{FV}{367} \cdot \frac{1}{N\mu\eta}\,(\text{kW}) \quad \cdots\cdots\cdots\cdots\cdots\cdots\cdots\cdots\cdots\cdots \quad (7.47)$$

04 전기차의 특성곡선

1 특성곡선의 개요

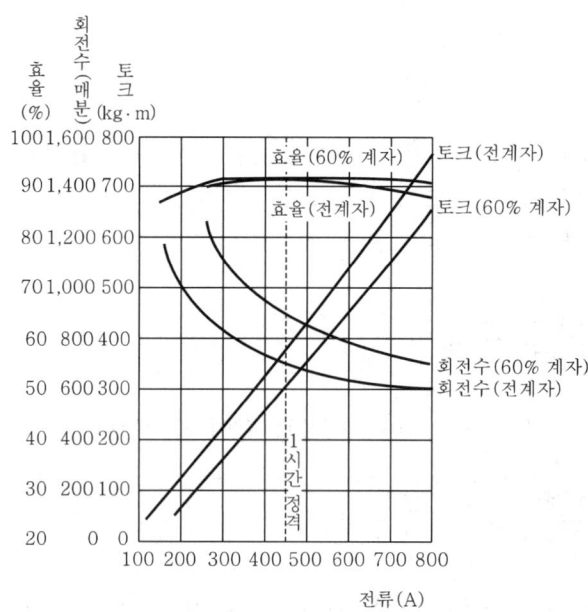

[그림 7.9 **주전동기의 특성곡선**]

주전동기 특성곡선에서는 회전수를 속도로 표시하고 토크를 동륜주견인력으로 표시하며 주전동기의 효율에 동력전달효율을 곱한 값을 효율로 표시한다. ([그림 7.9] 참조)

이에 대해서 주전동기의 전류를 횡축으로 취하고 종축에는 각각의 속도, 견인력 및 효율을 취하여 도시한 것이 전기차의 특성곡선이다. [그림 7.10]에 전기차 특성곡선의 예를 보인다.

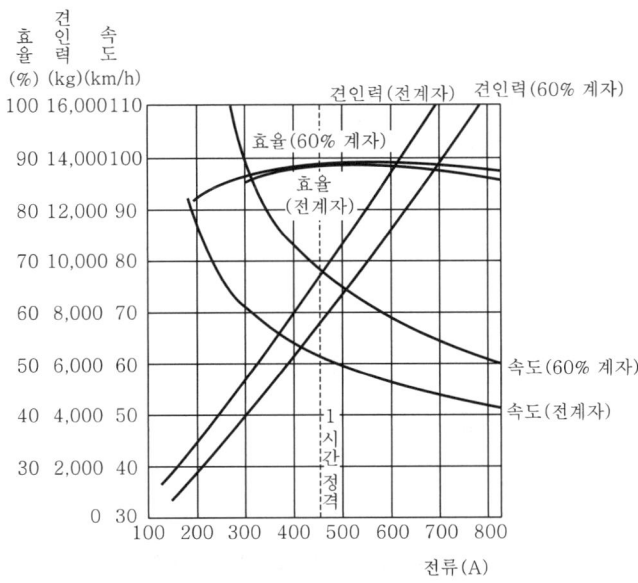

[그림 7.10 **전기차의 특성곡선**]

주전동기의 회전수로부터 전기차의 속도를 구하기 위해서는 주전동기 특성곡선의 임의의 전류 I에서의 회전수 N을 기본으로 하고 다음 식에 의해서 계산한다.

$$V = \frac{60\pi D}{10^3} \cdot \frac{n}{\gamma} \quad \cdots\cdots\cdots\cdots\cdots\cdots\cdots\cdots\cdots\cdots\cdots\cdots\cdots\cdots\cdots\cdots\cdots\cdots\cdots\cdots\cdots\cdots \text{(7.48)}$$

여기서, V : 속도(km/h)
          D : 동륜직경(m)
          γ : 기어비
          n : 주전동기의 회전수(rpm)

이 식에서 보면 전기차의 속도는 동륜직경과 주전동기의 회전수에 비례하고 기어비에 반비례한다.

그리고 동륜주견인력은 다음 식으로 표시된다.

$$F'' = T\gamma\mu \cdot \frac{2N}{D}$$

즉, 동륜주견인력은 동륜직경에 반비례하고 기어비에 비례한다.

2 특성곡선의 변화

주전동기의 특성곡선 및 전기차의 특성곡선은 모두 일정전압마다 표시되어 있으므로 전압이 변하면 주전동기의 회전수가 변하고 전기차의 특성곡선도 변한다.

그리고 직류직권전동기의 회전수는 다음 식으로 표시된다.

$$n = \frac{E - Ir}{K\phi}\,(\text{rpm})$$

여기서, E : 전차선 전압(주전동기의 단자전압)
I : 주전동기 전류
r : 내부저항
ϕ : 자속

위의 식에서 전차선 전압이 E_1에서 E_2로 변하는 경우에 주전동기의 회전수 n_1, n_2, 전기차의 속도 V_1, V_2의 관계는 다음 식과 같이 된다.

$$\frac{V_1}{V_2} = \frac{n_1}{n_2} = \frac{E_1 - Ir}{E_2 - Ir} \quad \cdots\cdots\cdots (7.49)$$

그리고 전차선 전압 E_1, 동륜직경 D_1, 기어비 γ_1이 각각 E_2, D_2, γ_2로 변화하는 경우에 속도는 다음 식과 같이 된다. 단, $E_1 - Ir \simeq E_1$, $E_2 - Ir \simeq E_2$로 한다.

$$\frac{V_1}{V_2} = \frac{n_1}{n_2} = \frac{E_1 D_1 \gamma_1}{E_2 D_2 \gamma_2} \quad \cdots\cdots\cdots (7.50)$$

05 브레이크력과 브레이크 거리

1 브레이크력의 허용한도

일반적으로 브레이크력으로 차륜과 제륜자간에 발생하는 마찰력이 이용되고 있다. 그러므로 브레이크력이 차륜과 레일과의 마찰력(점착력)보다 큰 경우에는 차륜이 활주하여 브레이크 효과가 감소되고 브레이크 거리가 길어지며 차륜답면에 찰상(flat)을 발생시킨다. 이때문에 브레이크력은 점착력과 동일하거나 다소 작아야 한다.

> 브레이크력 ≤ 점착력

2 감속도와 브레이크력

일정 가속도로 열차가 가속되기 위해서는 전열차 저항과 동등한 견인력이 필요하므로 다음 식이 성립한다.

$$F = (R_r \pm R_g + R_c)W + F_a \quad\text{...}\quad (7.51)$$

여기서, F : 견인력(kg)
       R_r : 주행저항(kg/t)
       R_g : 구배저항(kg/t)
       R_c : 곡선저항(kg/t)
       F_a : 가속력(kg)
       W : 열차 중량(ton)

그러므로 가속력은 다음 식으로 표시된다.

$$F_a = F - (R_r \pm R_g + R_c)W$$

또한, 가속력 $F_a = 28.35 \times (1+x)WA$로 되므로 다음 식이 성립된다.

$$28.35 \times (1+x)WA = F - (R_r \pm R_g + R_c)W$$
$$\therefore A = \frac{F - (R_r \pm R_g + R_c)W}{28.35 \times (1+x)W} \quad\text{...}\quad (7.52)$$

그리고 열차를 일정 감속도로 감속하기 위해서는 브레이크력 B(kg)과 타행시의 전열차 저항 $(R_r \pm R_g + R_c)W$(kg)과의 합이 필요한 감속력 F_D와 동일하여야 한다.

$$F_D = B + (R_r \pm R_g + R_c)W$$

또한, 감속력은 가속력과 동일하게 다음 식으로 표시된다.

$$F_D = 28.35 \times (1+x)WD \quad \cdots\cdots\cdots\cdots\cdots\cdots\cdots\cdots\cdots\cdots\cdots\cdots\cdots\cdots\cdots (7.53)$$

여기서, D : 감속도(km/h/s)
$\quad\quad\quad$ W : 열차 중량(ton)
$\quad\quad\quad$ x : 관성계수

그러므로 다음의 관계식으로부터 감속도를 구할 수 있다.

$$28.35 \times (1+x)WD = B + (R_r \pm R_g + R_c)W$$
$$\therefore D = \frac{B + (R_r \pm R_g + R_c)W}{28.35 \times (1+x)W} \quad \cdots\cdots\cdots\cdots\cdots\cdots\cdots\cdots\cdots (7.54)$$

필요한 브레이크력은 다음 식으로 구해진다.

$$B = 28.35 \times (1+x)WD - (R_r \pm R_g + R_c)W \quad \cdots\cdots\cdots\cdots\cdots\cdots (7.55)$$

3 브레이크 거리

브레이크 거리는 일정속도로 주행하고 있는 열차를 브레이크에 의해서 일정한 속도까지 감속시키거나 정지시키는 경우에 브레이크가 동작을 시작한 순간부터 일정한 속도로 감소 또는 정지하기까지의 사이에 열차가 브레이크를 건 상태로 주행하는 거리이다. 브레이크 조작을 개시하여 실제로 브레이크 효과가 발생하기까지의 여유시간이 공주시간이며 공주시간 동안에 주행한 거리가 공주거리이다. 브레이크 효과를 발휘하는 실제 브레이크 시간중의 주행거리가 실브레이크 거리이다.

그러므로 브레이크 거리는 공주거리와 실브레이크 거리의 합, 브레이크 시간은 공주시간과 실브레이크 시간의 합이 된다. 가속 또는 감속시 t초간에 속도가 V_1에서 V_2로 변화하는 경우에는 다음 식이 성립한다.

$$V_2 \sim V_1 = At\,(\text{km/h}) \quad\text{(7.56)}$$

여기서, A : 가속도 또는 감속도(km/h/s)

이 사이의 평균속도는 $(V_1 + V_2)/2$이므로 주행거리는 다음과 같이 된다.

$$S_1 = \frac{V_1 + V_2}{2} \cdot t\,(\text{km}) = \frac{V_1 + V_2}{2} \cdot \frac{1,000}{3,600} \cdot t\,(\text{m}) \quad\text{(7.57)}$$
$$= \frac{V_1 + V_2}{7.2} \cdot t\,(\text{m})$$

브레이크 동작시작시의 속도 V_1(km/h)에서 일정 감속도 D(km/h/s)가 작용하여 t초 후에 정지하면 다음 식으로 된다.

$$V_1 = Dt \quad\text{(7.58)}$$

이 경우의 평균속도는 $V_1/2$이므로 브레이크 거리는 다음과 같다.

$$S_1 = \frac{V_1}{2} \cdot t = \frac{V_1}{7.2} \cdot t\,(\text{m}) \quad\text{(7.59)}$$

위 식에 $V_1 = Dt$를 대입하면 다음과 같다.

$$S_1 = \frac{1}{2} \cdot Dt^2\,(\text{km}) \quad\text{(7.60)}$$

위 식에 $t = V_1/D$을 대입하면 다음과 같다.

$$S_1 = \frac{V_1^2}{2D} = \frac{V_1^2}{7.2D}\,(\text{m}) \quad\text{(7.61)}$$
$$\therefore\ V_1^2 = 2DS_1 \quad\text{(7.62)}$$

공주거리 S_0는 공주시간을 t_0로 하면 다음과 같다.

$$S_0 = V_1 t_0 = \frac{V_1}{3.6} \cdot t_0\,(\text{m}) \quad\text{(7.63)}$$

그러면 전브레이크 거리는 다음 식으로 표시된다.

$$S_0 + S_1 = V_1 t_0 + \frac{V_1^2}{2D} \, (\text{km}) = \frac{V_1}{3.6} \cdot t_0 + \frac{V_1^2}{7.2D} \, (\text{m}) \quad \cdots\cdots\cdots\cdots (7.64)$$

운동에너지와의 관계로부터 브레이크 거리를 구하면 다음과 같다.
중량 W의 열차가 V_1속도의 경우에 가지는 운동에너지 E는 다음 식으로 주어진다.

$$E = \frac{1}{2} \cdot \frac{W}{g} \cdot V_1^2 \quad \cdots\cdots\cdots\cdots\cdots\cdots\cdots\cdots\cdots\cdots\cdots\cdots (7.65)$$

그리고 브레이크력 $B(\text{kg})$가 작동하고 $S(\text{m})$의 거리를 주행하여 정지하기까지 수행되는 일은 다음 식으로 표시된다.

$$H = BS \quad \cdots\cdots\cdots\cdots\cdots\cdots\cdots\cdots\cdots\cdots\cdots\cdots\cdots\cdots\cdots\cdots (7.66)$$

여기서, $E = H$이므로 브레이크 거리 S_1을 구하면 다음과 같다.

$$S_1 = \frac{WV_1^2}{2gB} \quad \cdots\cdots\cdots\cdots\cdots\cdots\cdots\cdots\cdots\cdots\cdots\cdots\cdots\cdots (7.67)$$

운동에너지 E의 식에 제정수를 대입하면 다음과 같이 된다.

$$E = \frac{1}{2} \times \frac{1,000\,W}{9.8} \times \left(\frac{1}{3.6}\right)^2 \times V_1^2 = 3.937\,WV_1^2 \,(\text{kg}\cdot\text{m}) \quad \cdots\cdots (7.68)$$

이 식에 회전부분의 에너지를 고려하여 10%를 가하면 다음과 같다.

$$E = 4.33\,WV_1^2 \,(\text{kg}\cdot\text{m}) \quad \cdots\cdots\cdots\cdots\cdots\cdots\cdots\cdots\cdots\cdots\cdots (7.69)$$

그러므로 브레이크 거리는 다음 식으로 구해진다.

$$S_1 = 4.33 \times \frac{WV_1^2}{B} \quad \cdots\cdots\cdots\cdots\cdots\cdots\cdots\cdots\cdots\cdots\cdots (7.70)$$

여기서, S_1 : 실브레이크 거리(m)
　　　　W : 열차 중량(ton)
　　　　V_1 : 속도(km/h)
　　　　B : 브레이크력(kg)

06 운전성능곡선

하중곡선, 가속력곡선, 속도견인력곡선, 주행저항곡선 및 브레이크 성능곡선이 운전
성능곡선이며, 견인정수 및 기본운전시간의 산정에 사용된다.

이 운전성능곡선의 특성은 다음과 같다.

1 하중곡선

각종 상향구배의 직선구간을 균형속도로 운전하는 경우에 견인이 가능한 중량을 표시
한 것이 하중곡선이다. 하중곡선은 균형속도를 횡축으로 취하고 견인중량을 종축으로
취하여 그리며 종축에 주전동기 전류를 표시하는 경우도 있다. [그림 7.11]에 하중곡선
의 예를 보인다.

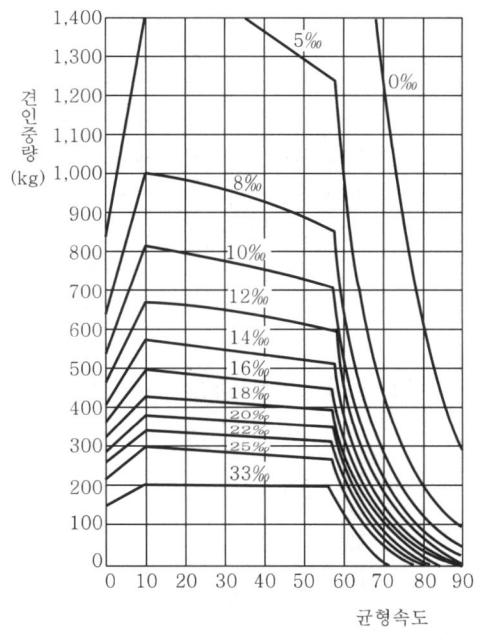

[그림 7.11 **하중곡선**]

2 가속력곡선

일정한 차종 및 열차편성에 대한 가속력과 속도의 관계를 표시한 것이 가속력곡선이
다. 가속력곡선은 평탄한 직선로에서의 값을 기준으로 하고 횡축에 속도, 종축에 가속력

을 취하여 그린다. [그림 7.12]에 가속력곡선의 예를 보인다.

가속력은 전기차의 인장봉견인력에서 열차저항을 제한 것이므로 [그림 7.13]과 같이 표시되며 그 관계는 다음과 같다.

> 견인력 > 열차저항 : 가속
> 견인력 = 열차저항 : 균형속도
> 견인력 < 열차저항 : 감속

그리고 구배저항을 이용하여 가속력곡선에서 구배구간의 가속력을 구할 수가 있다.

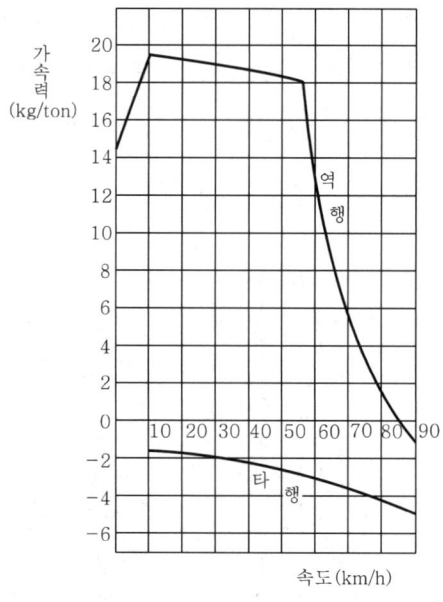

[그림 7.12 **전기기관차의 가속력곡선**]

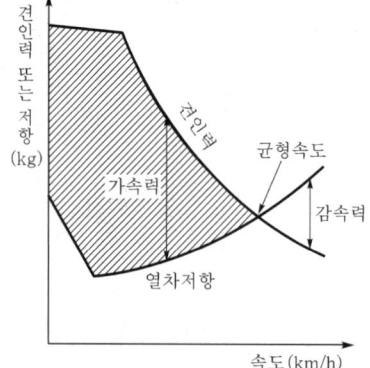

[그림 7.13 **가속력곡선의 설명도**]

3 속도 · 견인력곡선

속도 · 견인력곡선은 각 속도에 대한 운전계획에 적용되는 견인력을 표시한 곡선으로 횡축에 속도, 종축에 동륜주견인력을 취하여 그린다. [그림 7.14]에 속도 · 견인력곡선의 예를 보인다.

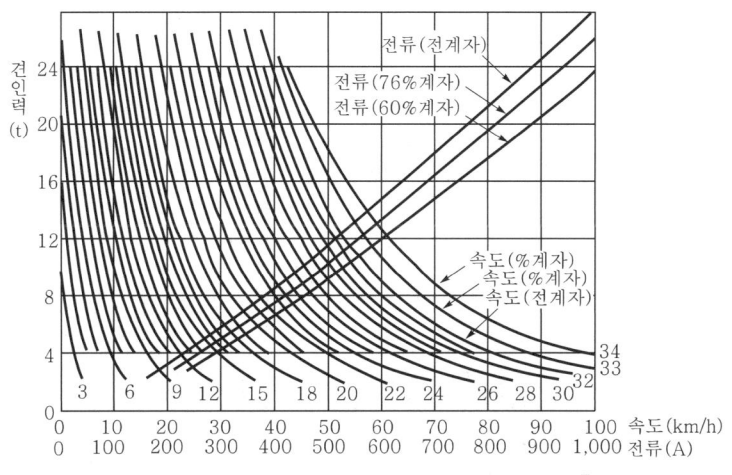

[그림 7.14 **속도 · 견인력곡선(교류 전기기관차)**]

이 곡선은 노치수에 대응하여 다수개가 그려진다. 속도 · 견인력곡선을 열차저항곡선과 조합하여 선로나 하중에 대응하는 균형속도를 구할 수가 있다.

4 주행저항곡선

주행저항곡선은 속도와 차량의 주행저항의 관계를 표시한 곡선으로 횡축에 속도를 취하고 종축에 주행저항의 계산치 또는 실측치를 취하여 그린다. [그림 7.15]에 주행저항곡선의 예를 보인다.

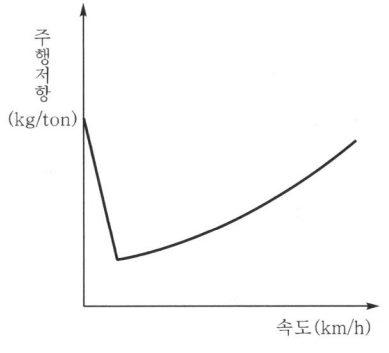

[그림 7.15 **주행저항곡선**]

5 브레이크 성능곡선

브레이크 성능곡선은 차종별, 편성별 및 구배별 속도에 대한 브레이크 거리 및 브레이크 시간의 관계를 표시한 곡선으로 횡축에 브레이크의 초기속도를 취하고 종축에 브레이크 거리 및 브레이크 시간을 취하여 그린다. [그림 7.16]에 브레이크 성능곡선의 예를 보인다.

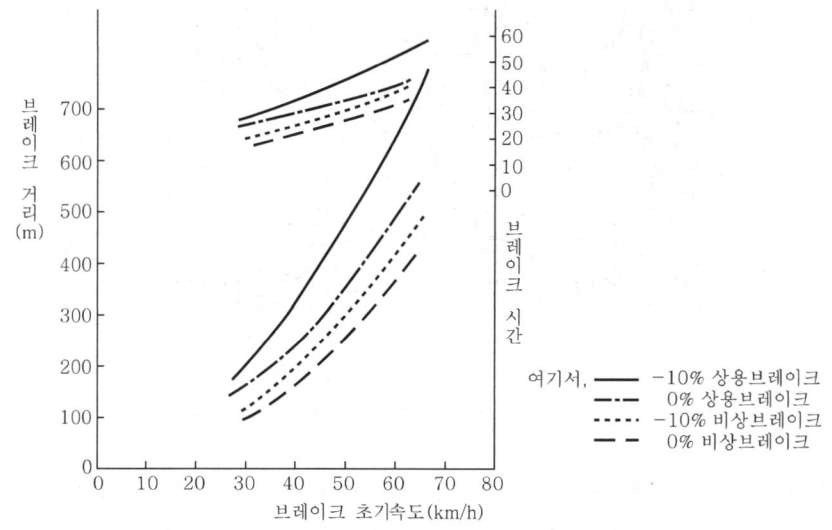

여기서, ———— −10% 상용브레이크
　　　　 —·—·— 0% 상용브레이크
　　　　 ········· −10% 비상브레이크
　　　　 — — — 0% 비상브레이크

[그림 7.16 **브레이크 성능곡선(공기브레이크)**]

07 운전선도

1 운전선도의 종류

열차운전중의 속도, 시간, 주행거리, 전류, 전력량 등의 상호관계를 도표로 표시한 것이며, 운전곡선이라고도 한다. 운전선도는 기준시간 또는 기준거리와 속도, 시간, 주행거리, 전류, 전력량 등과의 조합에 의해서 다수의 곡선으로 구성되며, 다음의 종류가 있다.

(1) 시간기준곡선
　① 속도·시간/거리·시간곡선
　② 전류·시간곡선

180

③ 전력·시간곡선

④ 전력량·시간곡선

(2) 거리기준곡선

① 속도·거리/시간·거리곡선

② 전류·거리곡선

③ 전력·거리곡선

④ 전력량·거리곡선

이러한 각 곡선은 2개 이상을 동일 도표에 표시하여 사용되는 경우가 많다.

2 속도·시간/거리·시간곡선

시간을 기준으로 하여 횡축에 취하고 종축에 속도와 주행거리를 취하여 그린 운전선
도로 속도·시간곡선과 거리·시간곡선을 동일 도표에 표시한 것이다. [그림 7.17]에 속
도·시간/거리·시간곡선의 예를 보인다.

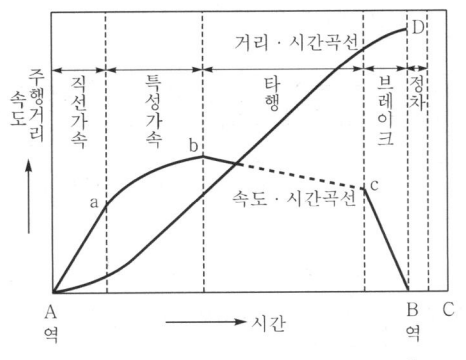

[그림 7.17 **속도·시간/거리·시간곡선**]

이 곡선은 주로 운전시격의 사정에 사용되며 선행열차와의 간격, 대피시간, 회차시간
및 신호기의 설치위치 등의 조사에 편리하다.

속도·시간곡선의 직선 가속부분은 주전동기가 기동된 상태로 전류는 평균적으로 일
정하게 유지되며 가속도도 일정하게 되어 직선적으로 가속되는 부분이다. 특성가속부분
은 노치의 최종단에 도달되어 전기차의 특성곡선에 의해서 가속되는 부분으로 인장봉
견인력과 열차저항이 동등하면 균형속도로 된다. 타행부분은 전류가 차단되고 열차는
남은 운동에너지에 의해서 주행하며 점차로 감속한다. 브레이크부분에서는 열차는 일정
감속도로 감속되고 운동에너지를 소멸시켜 정지한다.

거리·시간곡선은 시간의 경과에 대한 주행거리의 변화를 표시하고 속도·시간곡선의 포위면적은 주행거리를 표시한다. [그림 7.17]에서 평균속도와 표정속도는 다음의 관계식에 의해서 구할 수가 있다.

$$평균속도 = \frac{BD}{AB}, \ 표정속도 = \frac{BD}{AC}$$

3 속도·거리/시간·거리곡선

거리를 기준으로 하여 횡축에 취하고 종축에 속도와 시간을 취하여 그린 운전선도로 속도·거리곡선과 시간·거리곡선을 동일 도표에 표시한 것이다. [그림 7.18]에 이 예를 보인다.

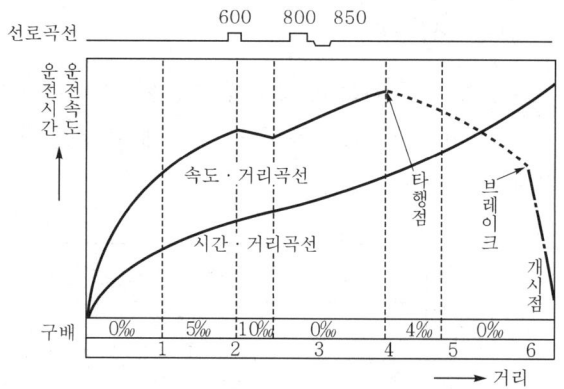

[그림 7.18 **속도·거리/시간·거리곡선**]

이 곡선은 주로 운전시간의 사정에 이용되며 역행시간, 가속상태, 타행위치, 균형속도, 브레이크 개시점과 속도, 속도제한개소와 제한속도 등을 조사하는 데에 편리하다.

4 전류·시간곡선

시간을 기준으로 하여 횡축에 이를 취하고 전류와 시간의 관계를 표시한 곡선으로 [그림 7.19](b)에 그 예를 보인다. 전류·시간곡선은 [그림 7.19](a)의 속도·시간곡선을 기본으로 하여 전기차 특성곡선에서 각 속도에서의 전류를 산출하고 이 전류를 종축에 취하여 그릴 수 있다. 이 경우 횡축에 거리를 취하면 전류·거리곡선으로 된다. 속도·시간곡선의 직선 가속부분에서 직렬노치에서 병렬노치로 전진하면 선로전류는 배로 된다. 특성가속부분에서 전류는 특성곡선에 따라서 감소하고 노치오프(notch off)하여 타행으로 진입하면 전류는 차단된다.

5 전력ㆍ시간곡선과 전력량ㆍ시간곡선

전류ㆍ시간곡선을 기준으로 하고 전차선 전압 E와 전류치 I로부터 전력을 구하여 간단하게 전력ㆍ시간곡선을 그릴 수 있다. [그림 7.19](c)에 전력ㆍ시간곡선의 예를 보인다.

전력ㆍ시간곡선의 면적은 전력량에 비례하므로 다음 식에 의해서 전력소비량을 구할 수 있다.

$$\text{전력소비량} = \frac{\text{곡선 전면적}}{\text{단위면적}} \times \text{단위면적 표시 전력량} \quad\cdots\cdots\cdots\cdots\cdots\cdots (7.71)$$

전력량ㆍ시간곡선은 횡축에 시간을 취하고 종축에 전력량을 취하여 누계 전력소비량을 표시한 것으로 [그림 7.19](d)에 그 예를 보인다.

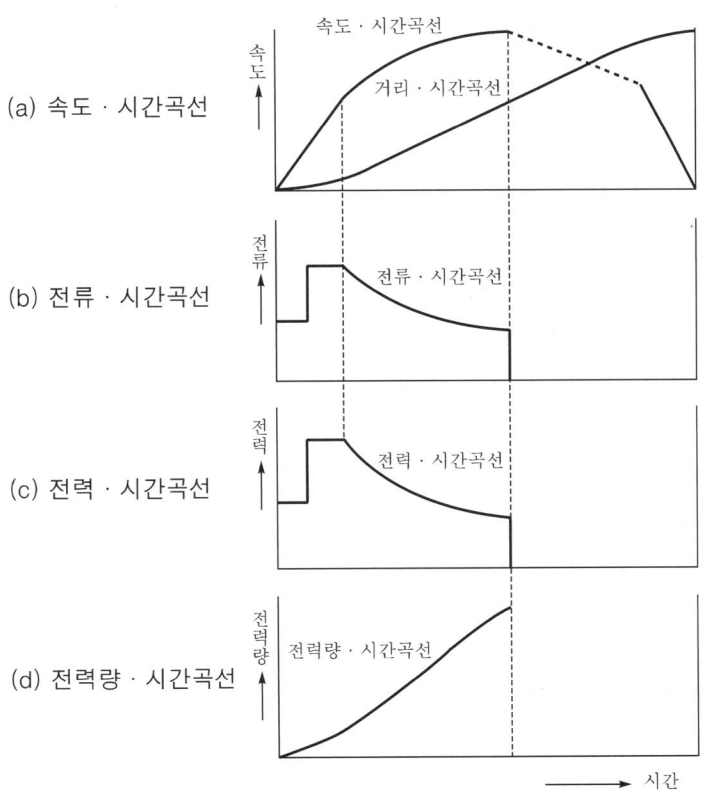

[그림 7.19 **속도ㆍ시간/전류ㆍ시간/전력ㆍ시간/전력량ㆍ시간곡선**]

183

6 전력소비량의 산정

전력소비량을 구하기 위해서는 전력·시간곡선의 면적으로부터 식 (7.71)을 이용하여 계산하는 방법이 있다. 그리고 속도·시간곡선을 기준으로 하여 전기차의 특성곡선에서 각 속도마다 전류를 구하고 그 사이의 평균전류에 적합한 전력량(P)을 다음 식에 의해서 구할 수 있다.

$$P = \frac{EI}{1,000} \cdot \frac{t}{3,600} \, (\text{kWh}) \cdots\cdots (7.72)$$

여기서, E : 전차선 전압(V)

t : 소요시간($t = t_2 - t_1$)

t_1 : 기동후 속도 V_1으로 되는 시간

t_2 : 기동후 속도 V_2로 되는 시간

I : 속도 V_1과 V_2 사이의 평균전류, $I = (1/2) \cdot (I_1 + I_2)$(A)

I_1 : 속도 V_1에서의 전류

I_2 : 속도 V_2에서의 전류

이 전력량을 누계하여 가면 전력량·시간곡선을 그릴 수 있다. 그리고 전류·시간곡선을 이용하여 다음과 같이 구할 수도 있다.

$$\text{평균전류} : I_m = \frac{\text{전류·시간곡선의 면적}}{\text{역간 전주행시간}} \, (\text{A})$$

$$\text{평균전력} : P_m = \frac{I_m E}{1,000} \, (\text{kW})$$

$$\text{소비전력량} : P_c = P_m (\text{역간 전주행시간})(\text{kWh}) \cdots\cdots (7.73)$$

이 외에 전력소비율을 이용하여 계산하는 방법도 있다.

7 운전선도의 작성법

(1) 작도법

운전선도의 작도법에는 직접도법과 간접도법이 있다.

직접도법은 가속력곡선으로부터 기하학적으로 운전선도를 구하는 도식도법과 계산에 의해서 일정속도 지점에서의 가속도와 그 속도까지 가속하는 데에 소요되는 운전시간을 구하여 운전선도를 그리는 계산도법이 있다. 최근에는 전자계산기를 사용하여 운전선도를 그리는 방법이 많이 사용되고 있다.

간접도법은 운전구간이 긴 경우나 선로구배의 변화가 많은 경우에 사용되고 미리 구배별로 운전선도를 그려 두고 이것을 구하는 구간의 선로조건에 대응시켜 도시하는 방법이다.

(2) 계산법

다음으로 계산에 의해서 속도·시간곡선과 거리·시간곡선을 구하는 방법을 기술한다. 이 계산법에 사용되는 기초자료는 다음과 같다.

- 열차 편성
- 열차 중량
- 역간거리
- 운전시간
- 제동도
- 노치곡선
- 전기차의 특성곡선
- 열차저항의 산출자료

① 속도·시간곡선을 구하는 방법

㉠ 직선가속부분([그림 7.17] 참조)

[그림 7.17]에서 직선가속부분은 다음과 같이 해서 구할 수 있다.

가속도 A(km/h/s)는 식 (7.52)를 이용하여 다음과 같이 산출된다.

$$A = \frac{F - (R_r \pm R_g + R_c)\,W}{28.35 \times (1 + x)\,W}$$

노치곡선에서 기동가속시의 평균전류를 구하고 이것을 이용하여 전기차의 특성곡선에서 견인력 F를 구할 수 있다. 그리고 주행저항 R_r, 구배저항 R_g, 곡선저항 R_c는 각각 전 항에 서술한 것과 같은 방법으로 주어진다.

이와 같이 하여 운전속도 0, 10, 20, …(km/h)에서의 가속도 A_0, A_{10}, A_{20}, …을 구한다. 다음으로 속도가 V_1에서 V_2까지 상승하는 데 필요한 운전시간은 다음 식에 의해서 구한다.

$$t = \frac{V_2 - V_1}{A} \quad\text{...} \tag{7.74}$$

식 (7.52), 식 (7.74)를 이용하고 속도를 10km 정도로 분할하여 0~10, 10~20km/h를 취하고 계산을 수행하면 속도곡선의 직선가속부분인 [그림 7.17]의 A~a가 구해진다.

ⓛ 특성가속부분

특성가속부분도 직선가속부분과 동일하게 즉, 속도 60~70km/h에서 평균속도 65km/h에 상당하는 전류에서 견인력을 구하고 열차저항도 이에 상당하는 것을 구한다. 그러면 식 (7.52)에 의해서 가속도가 구해지고 식 (7.74)에 의해서 운전시간이 구해진다. 이와 같이 하여 [그림 7.17]의 특성가속부분 a~b가 구해진다. 견인력과 열차저항이 동등하게 되면 균형속도에 도달한다.

ⓒ 브레이크부분

제동도와 운전시간은 주어져 있으므로 [그림 7.17]의 B점이 결정되고 브레이크부분의 경사각은 $\tan\theta = $ 속도/시간의 관계로부터 $\theta = \tan^{-1}D$(여기서, D : 제동도, 단위 : km/h/s)에 의해서 구해지며 브레이크부분인 c~b를 그릴 수 있다.

ⓔ 타행부분

브레이크력 $B = 0$가 된다. 타행으로 진입하면 견인력은 영(0)으로 되고 감속도 D는 식 (7.53)에서 다음과 같이 구해진다.

$$D = \frac{R_r \pm R_g + R_c}{28.35 \times (1+x)\,W} \qquad\qquad\qquad (7.75)$$

운전시간 및 제동도가 주어져 있으므로 가감이 가능한 것은 타행개시시점이다. [그림 7.17]의 속도·시간곡선, A-a-b-c-B의 포위면적은 역간거리 A-B를 표시한다. 그러므로 적합한 타행곡선을 그리고 그 포위면적이 역간거리가 되도록 반복 수정하여 속도·시간곡선을 완성한다.

② 거리·시간곡선을 구하는 방법

속도가 V_1에서 V_2까지 상승 또는 하강하는 사이의 주행거리는 식 (7.57)을 사용하고 다음에 의해서 계산할 수 있다.

$$S = \frac{V_1 + V_2}{7.2} \cdot t\,(\mathrm{m})$$

여기서, V_1 : 최초속도(km/h)

  V_2 : 구하는 지점의 속도(km/h)

  t : V_1에서 V_2로 속도가 변화하는 사이의 시간(s)

그러므로 각 속도에 도달하는 사이의 주행거리를 구하여 거리·시간곡선을 계산할 수 있다.

8 열차운전과 전력소비량

동일 전기차에서도 속도, 가속도, 제동도 등의 운전조건에 따라서 전력소비량은 변동한다. 그리고 차량이나 선로의 조건에 따라서도 전력소비량은 변화한다.

이러한 각종 조건과 전력소비량의 관계는 다음과 같다.

(1) 운전조건과 전력소비량

① 가속도가 크면 전력소비량은 적어진다.

운전거리, 운전시간 및 제동도가 일정하면 [그림 7.20]에서와 같이 가속도가 커지면 역행시간이 짧게 되어 타행시간이 길어지므로 전력소비량은 적어진다.

반면, 동일 전기차에서 가속도를 크게 하면 전류가 과대하게 되고 정류불량을 야기한다. 그리고 변전소의 최대(peak)부하도 크게 되고 승객이나 차량에 충격을 주며 차륜의 공전을 야기할 우려가 있다.

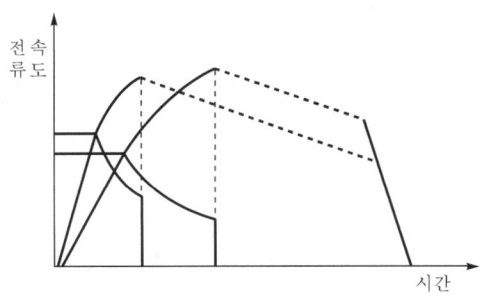

[그림 7.20 **가속도와 전력소비량**]

② 제동도가 커지면 전력소비량은 적어진다.

제동도가 커지면 역행시간이 짧아지고 타행시간은 길어져서 전력소비량이 적어진다.

이 경우에 제동도를 과대하게 하면 차량이나 승객에게 충격을 야기하고 차륜이 활주를 할 우려가 있다. ([그림 7.21] 참조)

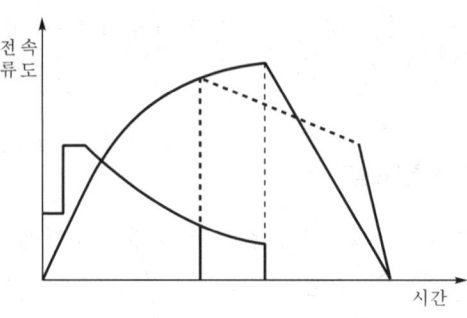

[그림 7.21 **제동도와 전력소비량**]

③ 속도가 낮으면 전력소비량은 적어진다.

속도가 낮으면 운전시간은 길어지고 역행시간은 짧아져서 전력이 급격히 차단되므로 전력소비량은 적어지게 된다. ([그림 7.22] 참조)

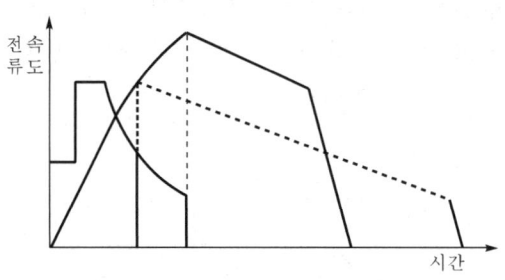

[그림 7.22 **속도와 전력소비량**]

(2) 차량조건과 전력소비량

동일한 운전조건에서 차량의 중량, 치수비, 제어방법 등에 따라서 전력소비량은 변화한다.

① 차량의 중량이 가벼우면 전력소비량은 적어진다.

차량의 중량이 큰 만큼 열차저항이 커지므로 중량을 가볍게 하면 주전동기 용량도 작게 되어 전력소비량은 적어진다. 동일한 가속력, 브레이크력에서는 중량이 작은 만큼 가속도 제어비율이 커지고 전력소비량은 적어진다.

② 역간거리가 짧은 경우는 치수비가 큰 만큼, 역간거리가 긴 경우에는 치수비가 작은 만큼 전력소비량이 적어져서 유리하게 된다.

치수비가 큰 경우는 토크는 동일하여도 견인력이 크게 되며 기동가속도도 크게 되고, 반면에 속도는 낮아지며 최고속도도 낮아진다. 그러므로 역간거리가 짧은 경우에는 최고속도로 그리 큰 값을 필요로 하지 않으므로 기동가속도를 크게 하는 것이 전력소비면에서 보다 유리하다.

반대로, 역간거리가 긴 경우에는 치수비를 작게 취하여 최고속도를 높이는 방법이 유리하다.

③ 회생브레이크에 의해서 전력소비량을 적게 할 수 있다.

전력회생브레이크에 의해서 약 30% 정도 전력소비량을 절감할 수 있다. 그리고 정거장의 위치를 높게 하면 기동가속력 및 브레이크력이 작아져서 전력을 절감할 수 있다.

④ 저항제어시에는 전력소비량이 많아진다.

저항제어에서는 저항손에 의해서 전력손실이 크다. 그러므로 전력소비량이 적은 직병렬제어나 탭제어를 사용하는 것이 유리하다. 그리고 자동제어를 수행하면 운전기술의 숙련도에 좌우되는 것이 없으므로 전력소비량이 적게 된다.

(3) 선로조건과 전력소비량

선로의 구배구간이나 곡선구간에서는 열차저항이 크게 되어 전력소비량이 커지게 된다. 하향구배에서 가속을 수행하는 경우에는 구배저항이 가속력으로 작용하고 역행시간이 짧아 전력소비량이 적어진다. 그러나 하향구배에서는 속도가 과대하게 되는 것을 방지하기 위하여 속도가 제한되므로 전력소비량의 절감면에서 유효하게 이용할 수가 없다.

하향구배에서 전력회생브레이크를 사용하는 경우에는 회생브레이크를 사용하지 않는 경우에 비해서 전력소비량이 적어진다. 그리고 일반적으로 역간거리가 짧은 경우에는 가속 및 브레이크의 시간이 길고 타행시간이 짧아진다. 반대로, 역간거리가 긴 경우에는 타행시간이 길어지고 전력소비량이 많아진다.

189

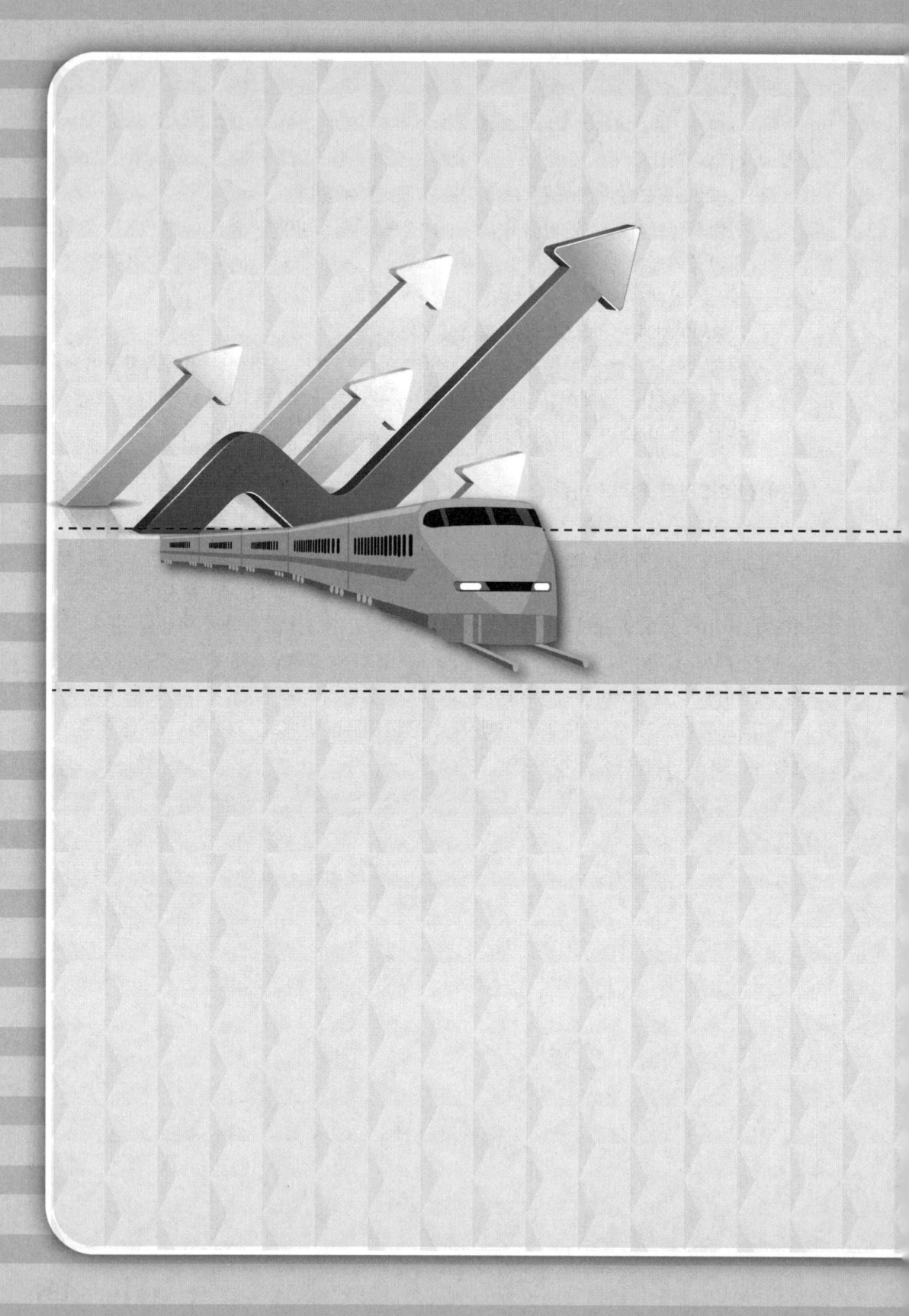

CHAPTER

08

전차선로

1 전차선로의 특성

전차선로가 전력송전면에서는 일반의 송배전선로와 동일하다. 그러나 전차선로는 구조와 기능면에서 다음과 같은 특성을 가지고 있다.

① 전기차가 노치(notch)를 단계적으로 투입하여 주행하므로 부하점과 부하의 크기가 격심하게 변동하고 부하의 분포가 복잡하고 일정하지 않다.

② 가공단선식에서는 레일을 귀선으로 하는 1선접지의 전기회로로 된다.

③ 전기차에의 급전은 집전장치와 트롤리선(trolley wire), 제3레일 등과의 접촉 및 습동에 의하므로 고정적이지 않다. 따라서 트롤리선이나 제3레일의 높이, 편위, 구배 등은 레일을 기준으로 항상 일정치 이내로 유지되어 집전이 확실하게 수행되어야 한다.

④ 설치개소가 궤도상 또는 측면이므로 배연이나 브레이크 철분 등에 의해 오손을 받기 쉽다.

⑤ 터널, 교량, 과선교, 분기점 등의 선로구조물에 의해서 가설에 제한을 받는다.

⑥ 부하의 용도가 대부분 인명, 재화의 수송용 동력이므로 공공성과 안전성이 강하다.

2 전차선로의 조건

전차선로는 사용조건이 매우 가혹하여도 이에 관계없이 안전하고 확실하게 수송용 동력을 공급할 수 있도록 다음과 같은 조건을 구비하여야 한다.

① 전기차의 집전전류, 운전속도, 시격, 편성 등의 운전조건에 적합한 집전성능을 가져야 한다.

② 바람, 눈, 서리 등의 예상되는 외력에 대해서 충분한 강도를 가져야 한다.

③ 배연, 염진해 등에 의한 오손이나 전류 용량, 전압강하 등에 대해서 충분한 전기적 강도를 가져야 한다.

④ 경제적이고 보수가 용이하여야 한다.

⑤ 사고가 다른 구간에 파급되지 않도록 하고, 열차운전에의 지장을 극소화할 수 있어야 하며, 작업정전이 용이하게 수행될 수 있어야 한다.

⑥ 일반 공중이나 인축에 위해를 주지 않아야 한다.

 ## 전차선로의 방식

1 전차선로의 종류

(1) 전기차에 전력을 공급하는 장치에 따른 전차선로의 종류

① 가공단선식

일반적으로 가공단선식이 많이 사용된다. 가공단선식과 가공복선식을 일반적으로 가공식 전차선로 또는 가공전차선로라고 한다.

② 가공복선식

③ 제3레일식

제3레일식은 궤도측면에 설치된 제3레일로부터 집전자(collecting shoe)에 의해서 집전하는 방식으로 지하철에 많이 사용되고 있다.

④ 강체복선식

강체복선식은 단궤조철도인 모노레일(mono-rail)에 사용되고 있는 것으로 1본의 궤도에 연하여 좌우 양측에 각각 1조의 도전용 레일을 설치하고 전기차에 설치된 2조의 특수한 집전장치에 의해서 집전하는 방식이다. 이 방식은 모노레일과 더불어 등장한 특수구조의 전차선로이다.

(2) 조가방식에 따른 가공식 전차선로의 종류

① 커티너리(catenary)조가식

커티너리조가식은 조가선을 사용하여 전차선인 트롤리선(trolley wire)을 매어다는 구조의 것으로 다수의 방식으로 세분화된다.

② 직접조가식

직접조가식은 조가선을 사용하지 않고 트롤리선을 직접 빔(beam)에 매어 다는 구조의 것이다.

③ 강체조가식

강체조가식은 조가선 대신에 강성도체를 사용하고 그 하부에 직접 트롤리선을 설치하는 것이다.

(3) 지지구조에 따른 가공식 전차선로의 종류

① 고정빔(beam)식

② 스팬(span)선빔식

③ 가동빔식

2 가공단선식

궤도 상부에 1조의 가공접촉전선을 설치하고 변전소로부터 급전된다. 전기차는 차량의 상부에 설치된 집전장치에 의해서 집전하고 주행레일을 귀로로 하여 전력을 변전소로 귀환하는 방식이다.

가공단선식은 가장 대표적인 전차선로방식으로 직류, 교류 모두에 널리 사용되고 있다. 이 방식은 귀선로로 레일을 사용하므로 1선접지의 회로로 되며, 대지누설전류가 크고 직류식에서는 전식을 야기한다. 그리고 교류식에서는 통신유도장해를 발생시키므로 대책이 필요하다. 그러나 가공복선식에 비해서 구조가 간단하고 건설비가 저렴하며 집전장치가 간단하여 전압을 높일 수 있다.

3 가공복선식

궤도 상부에 대지 및 상호간에 절연된 2조의 가공접촉전선을 설치하고 전기차는 2조의 집전장치에 의해서 집전하는 방식이다. 이 방식은 전차선로의 구조가 복잡하며 건설비가 높고 전선 상호간의 절연이 곤란하며 전압을 너무 높일 수가 없다. 그러나 주행레일을 귀선으로 사용하지 않으므로 전식의 발생이 없다. 이 방식은 노면전차의 초기에 사용되었으나 최근에는 무궤조전차인 트롤리버스(trolley bus)에만 사용되고 있다.

가공복선식의 특수형태로 3상교류방식에서 2상은 가공선, 다른 1상은 주행레일을 사용하여 급전하고 차륜에 의해서 집전하는 방식이 일부 사용되고 있으나 거의 소멸되어 가고 있다.

이외에 3상교류방식에서 가공식 3본을 사용하는 방식도 있으나 교류전기철도 초기의 형태로 거의 소멸되었다.

4 커티너리(catenary)조가식

(1) 개요

커티너리조가식은 조가선을 사용하고 여기에 드로퍼(dropper)나 행어이어(hanger ear)에 의해서 트롤리선을 조가하는 방식이다. 가공식 전차선로의 대부분은 커티너리조가식이다. 커티너리조가식은 구조와 기능에 따라 다음과 같은 방식으로 세분화된다.

① 심플(simple)식

② 더블트롤리(double trolley)식

③ 더블심플(double simple)식

④ 더블메신저(double messenger)식

⑤ 변형Y형 심플식

⑥ 콤파운드(compound)식

⑦ 합성소자부 커티너리조가식

⑧ 수직조가식

⑨ 경사조가식

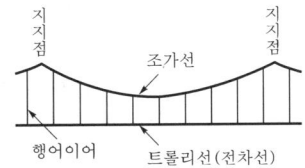

(a) 심플(simple)식(중속중용량용)

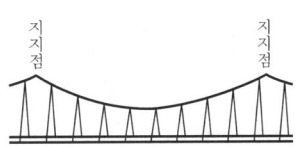

(b) 더블트롤리(double trolley)식(중속대용량용)

(c) 더블심플(double simple)식(고속대용량용)

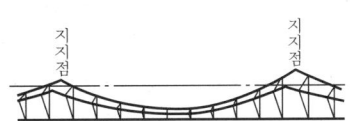

(d) 더블메신저(double messenger)식(내풍용)

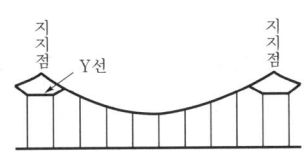

(e) 변형Y형 심플(simple)식(고속중용량용)

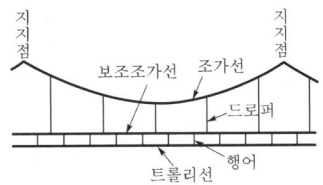

(f) 콤파운드(compound)식(고속대용량용)

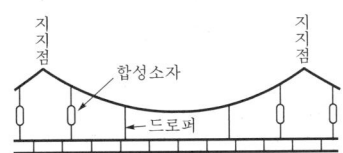

(g) 합성소자부 콤파운드(compound)식(고속대용량용)

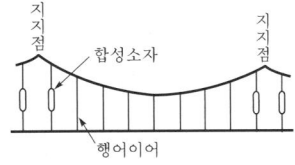

(h) 합성소자부 심플(simple)식(고속중용량용)

[그림 8.1 **커티너리(catenary)조가식의 종류**]

(2) 심플커티너리(simple catenary)식 : 단일커티너리식

이 방식은 조가선에 트롤리선을 행어이어(hanger ear)로 매어 단 구조로 커티너리조 가식에서 가장 간단한 방식이다. ([그림 8.1](a) 참조)

일반적으로 간선철도와 교외철도 등에 널리 사용되고 있다. 이 방식은 집전전류 용량이 중간 정도이고, 속도는 최고 100km/h 정도의 중속용이다.

(3) 더블트롤리 커티너리(double trolley catenary)식

트롤리선 2본을 1본의 조가선에 행어이어로 매어 달은 구조이다. 집전전류 용량은 크나 거의 사용되지 않고 있다. ([그림 8.1](b) 참조)

(4) 더블심플커티너리(double simple catenary)식 : 2중단일커티너리식

심플커티너리식 2조를 일정간격으로 평행하게 가선하는 방식이다. ([그림 8.1](c) 참조)

심플커티너리식에 비해서 집전전류 용량이 크고 속도성능이 좋으며 고속운전에 적합하나, 건설비가 높다. 그러므로 간선철도의 고속운전구간이나 수송단위가 크고 운전시격이 짧은 대도시 고속철도의 중부하구간에 사용된다.

(5) 더블메신저커티너리(double messenger catenary)식 : 더블커티너리식

조가선 2본을 사용하여 1본의 트롤리선을 V형으로 조가시킨 것으로 V형 커티너리식이라고도 부른다. ([그림 8.1](d) 참조)

이 방식은 경간이 긴 장소에서 풍압에 의한 트롤리선의 편위를 작게 해야 하는 제한된 일부개소에 사용되고 있다.

(6) 변형Y형 심플커티너리(simple catenary)식

심플커티너리식의 지지점 부근에 조가선으로 가는 전선(길이 15m 정도)인 Y선을 평행 가설하고 여기에 행어이어로 트롤리선을 매어 다는 방식이다. ([그림 8.1](e) 참조)

이 방식은 Y선에 의해서 지지점 하부로 팬터그래프의 통과시에 경성을 경감하여 이선과 아크(arc)를 줄이고 속도성능의 향상과 트롤리선의 국부마모의 경감을 도모한 방식이다.

이 방식의 집전전류 용량은 심플식과 동일한 중용량이지만, 속도는 저속용이다. 그리고 이 방식에서는 공사 및 보수에 있어서 Y선의 조정이 어렵다.

(7) 콤파운드커티너리(compound catenary)식 : 복합커티너리식

이 방식은 조가선 외에 보조조가선을 사용하며, 조가선에 드로퍼(dropper)로 보조조가선을 매어 달고 보조조가선에 행어이어(hanger ear)로 트롤리선을 매어 달아 내린 구조이다. ([그림 8.1](f) 참조)

이 방식은 심플식에 비해서 건설비는 높으나 집전전류 용량이 크고 속도성능이 우수하다. 이 방식은 고속운전구간이나 중부하구간에 사용되며, Y선을 설치하면 변형Y형 커티너리식이 되고, 속도성능이 향상된다.

(8) 헤비콤파운드커티너리(heavy compound catenary)식

이 방식은 콤파운드커티너리식에 조가선, 보조조가선, 트롤리선으로 단면이 큰 굵은 전선을 사용하고 전선장력을 증가시킨 방식이다. 이 방식은 고속운전시의 가선진동, 팬터그래프의 이선 및 상하동요가 작으며 강한 횡풍을 받아도 트롤리선이나 팬터그래프의 부상이 적고 안정된 성능을 가지고 있다. 그리고 합성소자 등이 필요없어 구조 및 보수가 간단하다.

(9) 합성소자부 커티너리식

커티너리조가식의 드로퍼, 행어이어에 합성소자를 설치하여 속도성능의 향상을 도모한 방식이다. [그림 8.1](g)는 합성소자부 콤파운드커티너리식으로 고속운전에 사용되고, [그림 8.1](h)는 합성소자부 심플커티너리식으로 속도는 고속용이다.

합성소자는 [그림 8.2]와 같이 스프링과 댐퍼(damper)를 원통 내에 수납한 구조로 되어 있다. 팬터그래프에 의해서 트롤리선이 압상될 때에는 자유롭게 수축하며, 통과가 끝나서 스프링이 늘어날 때에는 팬터그래프가 작용하여 트롤리선의 잔류진동을 억제하는 작용을 한다. 합성가선소자라고도 한다.

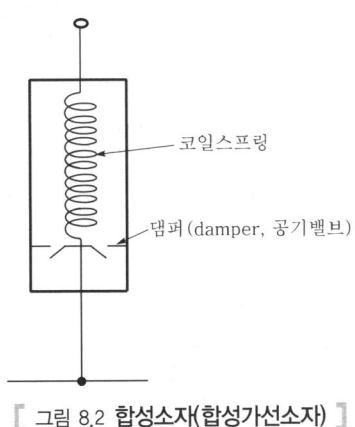

[그림 8.2 **합성소자(합성가선소자)**]

합성소자는 지지점 하부부근의 경성을 경감하여 압상특성을 균일하게 하는 작용을 한다. 그리고 이선과 아크의 발생을 방지하여 고속성능을 양호하게 하고 트롤리선의 국부마모를 경감하는 효과가 있다.

5 수직 및 경사조가식

(1) 개요

커티너리조가식의 전차선로는 일반적으로 조가선과 트롤리선이 거의 동일한 수직면상에 위치되도록 가설되며, 행어이어도 거의 수직으로 된다. 이 방식이 수직조가식이다.

이에 대해서 조가선과 트롤리선을 접속하는 면을 경사지게 한 방식 즉, 행어이어를 경사시킨 커티너리조가식이 경사조가식이다.

① 경사조가식의 특성

㉠ 일반적으로 곡선당김장치나 진동방지장치가 적어지게 되므로 구조가 간략화된다.

㉡ 온도변화에 의한 전선의 신축은 수평방향의 편위로 되어 나타나며 높이의 변화는 적지만 편위조정을 위한 이도조정의 필요가 있다.

㉢ 트롤리선에 설치되는 곡선당김, 진동방지장치 등의 금구가 적게 되고 기온에 의한 트롤리선의 이도차가 적게 되어 경성점이 적어진다.

㉣ 반경사조가식에서는 행어이어에 작용하는 수평장력에 의해서 곡선당김장치가 없어도 트롤리선은 대부분 궤도중심에 연한 곡선을 형성하므로 곡선로에서 경간길이를 크게 할 수 있어 경제적이다.

② 경사조가식의 단점

㉠ 행어이어로 특수한 것이 필요하며, 조정이 어렵다.

㉡ 온도변화가 트롤리선의 편위변화로 되어 나타나므로 편위를 제한해야 한다.

㉢ 온도변화에 의해서 행어이어의 경사각이 변하므로 트롤리선의 마모면이 수평으로 되고 원호상태로 된다.

㉣ 트롤리선의 압상이 크고 진동이 발생되어 팬터그래프에 의한 집전을 방해한다.

(2) 경사조가식의 종류

경사조가식에는 [그림 8.3]과 같이 연(軟)사조가식, 경(硬)사조가식, 반경사조가식의 3종류가 있다.

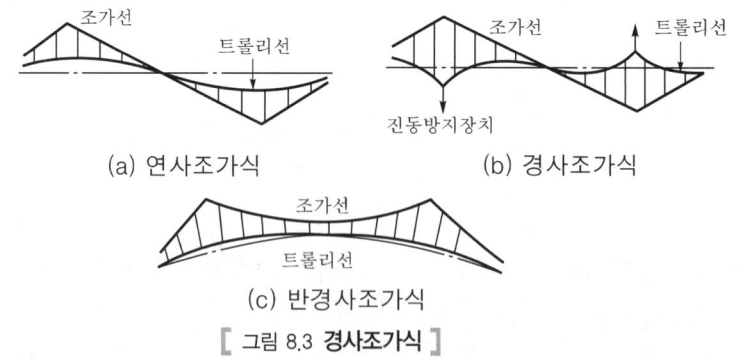

(a) 연사조가식　　　　　　(b) 경사조가식

(c) 반경사조가식

[그림 8.3 **경사조가식**]

① 연사조가식

조가선과 트롤리선을 궤도중심에 대해서 동일한 측면으로 편위시킨 방식으로 진동방지장치를 생략할 수 있다.

② 경사조가식

조가선과 트롤리선을 궤도중심에 대해서 서로 교대로 반대측으로 편위시킨 방식으로 풍압에 의한 트롤리선의 편위가 작으므로 내풍용으로 적합하다.

③ 반경사조가식

곡선개소에 사용되며, 곡선당김장치가 생략되고 경간길이를 길게 취할 수 있는 장점이 있다. 그러나 트롤리선의 압상이 크고 진동이 야기되기 쉽다.

일반적으로 저속의 급곡선선로 등에 일부 사용되었으나 위의 단점때문에 최근에는 거의 사용되지 않고 있다.

 가공식 전차선로의 구성

가공식 전차선로는 지지물, 조가선, 트롤리선, 가선금구, 애자, 급전선, 귀선 및 부속설비로 구성된다.

1 지지물

(1) 전주

전주는 하중의 크기나 설치장소의 상황 등에 따라서 철주, 콘크리트주 또는 목주가 사용된다. 종래에는 목주가 많이 사용되었으나 최근에는 콘크리트주의 제작기술이 발달되어 강도가 크고 수명이 길며 대량생산이 가능하여 널리 사용되고 있다. 그리고 선로방향으로 인접하는 전주 사이의 간격을 경간이라고 한다.

(2) 빔(beam)

① 고정빔

강재를 사용하여 브래킷(bracket)식 또는 문(門)형으로 구성되는 빔으로 조가선의 이동에 자유롭게 추종할 수가 없다. 그러므로 조가선의 장력조정이 곤란하다. ([그림 8.4](a) 참조)

② 스팬(span)선빔

선로 양측의 전주 사이에 궤도를 횡단하여 1~3단으로 가설되는 지지용 선조가

스팬선빔이다. 빔의 구조가 간단하여 종래 노면전차에서 널리 사용되었으며 간선철도에서는 구내측선 등에 사용되었다. ([그림 8.4](b) 참조)

③ 가동빔(가동브래킷)

  ㉠ 빔 또는 가동브래킷 본체가 전주와의 접합부를 회전중심으로 하여 좌우로 자유롭게 회전하여 조가선과 트롤리선의 이행에 추종이 가능한 구조의 빔이다. [그림 8.4](c)와 같이 보통 전주 가장자리에 장간애자를 사용하여 빔 전체가 절연된 구조로 된다. 최근의 간선전기철도에서는 가동빔이 널리 사용되고 있다.

  ㉡ 가동빔의 장점

    • 조가선, 트롤리선의 이행에 자유롭게 추종하므로 장력의 조정이 용이하며, 변화가 적고 균일하다.

    • 장간애자는 우수 세정효과가 있으며 선로 직상에 있는 경우에 비해서 디젤차의 유연이나 난방차 등의 배연을 직접 흡입하는 것이 적어 오손이 적다.

    • 빔 전체가 절연되고 접지부와의 이격거리가 크며 활선작업의 안전도가 높다.

    • 곡선당김장치나 진동방지장치의 설치가 용이하다.

  ㉢ 가동빔의 단점

  장간애자를 사용하므로 자기부분이 파손되는 경우에 빔이 탈락한다.

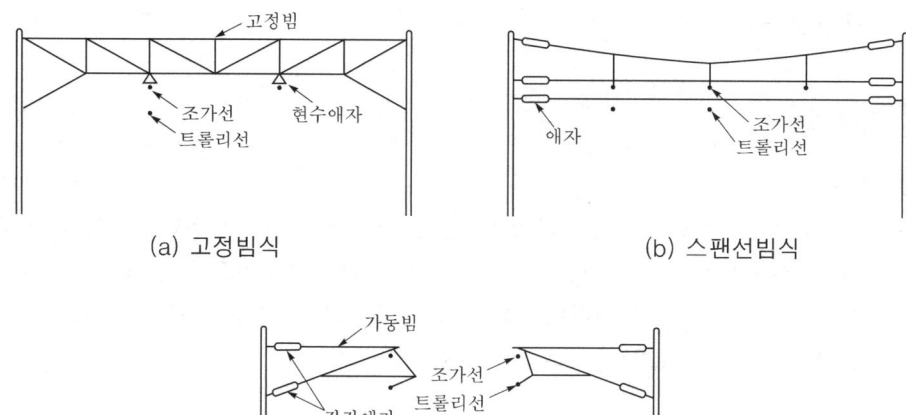

(a) 고정빔식   (b) 스팬선빔식

(c) 가동빔식

[그림 8.4 **지지물 방식**]

200

② 조가선과 보조조가선(messenger & sub-messenger wires)

일반적으로 조가선으로는 아연도금강 철선이 사용되고 재질, 단면적, 연선 구성, 방청방식 등에 따라 여러 종류가 있다. 교류전기철도 구간의 가선에서는 일부 카드뮴(cadmium) 동연선이 사용되고 있다.

급전조가선으로는 경동연선, 강심 알루미늄연선 등을 사용하며, 급전선과 조가선을 겸용하므로 피더메신저(feeder messenger)라고 한다. 절연조가선은 글라스(glass)섬유 등의 절연재로 된 전선을 조가선으로 사용하며 터널 등과 같이 높이가 낮고 절연이격거리의 확보가 곤란한 경우에 사용되고 있다. 보조조가선에는 일반적으로 경동연선이 사용된다. [표 8.1]에 각종 전선의 사용 예를 보인다.

┃ 표 8.1 **각종 전선의 사용 예** ┃

종 류	재 질	단면적(mm^2)		
트롤리선	경동선	110	85	(*)170
	은동선	110		
조가선	아연도금강연선	135	90	(*)180
	카드뮴강연선	80	60	
보조조가선	경동연선	100		(*)150
	카드뮴동연선	60		
	아연도금강연선	90		
급전선	경동연선	325	200	
	경알루미늄연선	510	300	200
부급전선	경동연선	125	100	
	경알루미늄연선	300	200	95

[주] (*) : 헤비콤파운드커티너리식

③ 트롤리선(trolley wire)

(1) 트롤리선의 조건

트롤리선은 전기차의 집전장치와 직접 접촉하여 전기차에 전력을 급전하는 가공식 전차선로의 중추가 되는 중요한 것으로 다음의 조건을 구비하여야 한다.

 ① 도전율이 높아야 한다.

 ② 항장력이 높아야 한다.

 ③ 내열성, 내마모성이 좋아야 한다.

④ 굴곡이나 진동 등에 강해야 한다.

⑤ 공사나 보수작업의 경우에 취급이 용이해야 한다.

(2) 트롤리선의 재질, 형태 및 단면적

트롤리선은 재질면에서 경동과 합금강으로 분류되며, 일반적으로는 경동이 널리 사용되고 있다.

경동 트롤리선은 도전율 97.5% 이상이 요구되며, 허용온도는 90~100℃ 정도로 된다.

합금동 트롤리선에는 카드뮴(cadmium)동 트롤리선과 은동 트롤리선(G합금 트롤리선)이 사용된다. 전자는 동에 카드뮴을 0.2~0.3% 정도의 미량을 가하여 항장력을 크게하고 내열성, 내마모성을 향상시킨 것이나 도전율이 나쁘다. 후자는 동에 은을 0.2% 정도의 미량을 가하고 도전율을 많이 감소시키지 않고(일반적으로 97% 이상) 내열성, 내마모성을 크게 한 것이다. 사용온도는 경동의 2배에 근접한 온도에 견디며 급구배의 역행구간이나 정차중의 집전전류에 의해서 온도상승이 커지는 장소 등에서 내열 트롤리선으로 사용되고 있다.

트롤리선의 형태는 원형, 홈부 원형, 홈부 대형(제형) 등의 여러 종류가 있다.

원형은 트롤리휠(wheel)을 집전장치에 사용하는 노면전차에 사용되고 일반적으로는 홈부 원형 또는 제형이 널리 사용되고 있다. [그림 8.5]에 각종 트롤리선의 단면형태를 보인다.

트롤리선의 단면적은 여러 종류의 것이 사용되고 있으며 일반적으로는 $110mm^2$가 많이 사용되고 있다. 역구내 측선이나 속도가 낮고 집전전류가 적은 선로구간에는 $85mm^2$가 사용되는 경우도 있다.

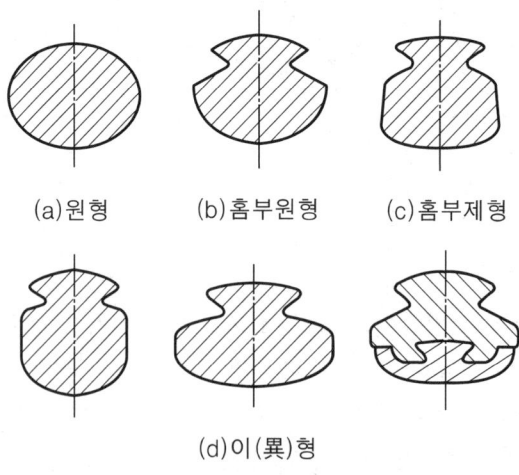

(a)원형　　(b)홈부원형　　(c)홈부제형

(d)이(異)형

[그림 8.5 **트롤리선의 단면형태**]

(3) 개장 트롤리선

개장 트롤리선의 형태는 콤파운드커티너리식과 유사하다. 개장 트롤리선은 [그림 8.6]과 같이 도전용 전선으로 경동선을 사용하며 그 하부에 집전장치와의 접촉용으로 길이 5~10m의 연강봉을 무장력으로 가설한 구조로 심플커티너리식의 변형방식이다. 개장 트롤리선에서는 홈부강선의 마모가 적고 수명이 길며 동재료를 절약할 수 있다. 그러나 불꽃의 발생이 많고 구조가 복잡하며 조정이 곤란하여 최근에는 사용되지 않고 있다.

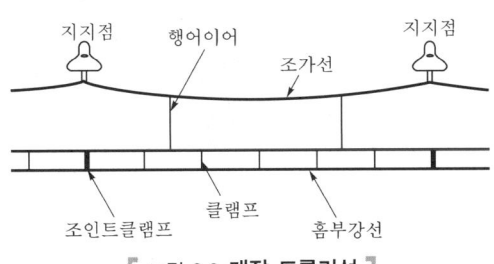

[그림 8.6 **개장 트롤리선**]

4 가선장치

전차선로에 사용하는 각종 장치를 총칭한다.

(1) 행어이어(hanger ear)

트롤리선을 조가선 또는 보조조가선에 매어 다는 장치로 간단히 행어라고도 한다. 행어와 이어로 구성되고, 재질, 형태 등에 따라서 여러 종류가 있다. ([그림 8.7] 참조)

절연 행어이어는 행어부에 절연재를 사용하거나 또는 애자를 삽입하여 트롤리선과 조가선 사이를 절연한 구조로 되어 있다. 행어이어의 간격은 보통 5m이다.

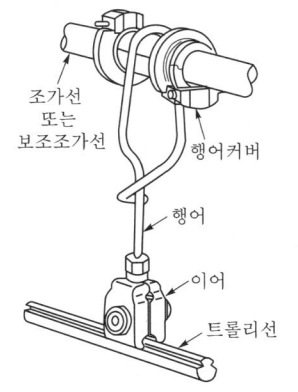

[그림 8.7 **행어이어(hanger ear)**]

203

(2) 드로퍼(dropper)

보조조가선을 조가선에 매어 다는 장치로 와이어(wire)와 클립(clip)으로 구성된다. ([그림 8.8] 참조)

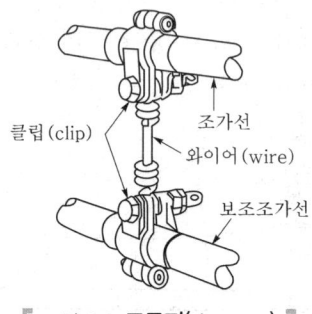

[그림 8.8 **드로퍼(dropper)**]

(3) 곡선당김장치(곡선인류장치)와 진동방지장치

곡선당김장치는 곡선구간의 횡장력에 대응하여 트롤리선의 편위를 유지하도록 설치되는 장치로 이어(ear)와 암(arm)으로 구성된다. 곡선로에서 팬터그래프의 경사를 고려하여 암의 형상은 일반적으로 궁(활)형이 많다. ([그림 8.9] 참조)

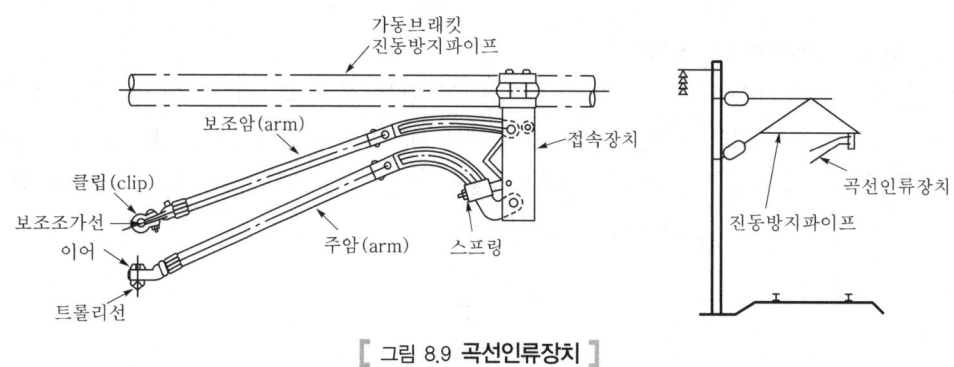

[그림 8.9 **곡선인류장치**]

진동방지장치는 직선구간에서 풍압 등에 의해서 발생하는 횡진동에 대응하고 그 편위를 정확하게 유지하도록 하는 장치로 팬터그래프 접촉판의 곡부마모를 방지하도록 트롤리선의 지그재그 편위를 주는 역할도 겸한다. 진동방지장치의 형태는 곡선인류장치와 유사하며 종래 암의 형상은 직선형이 많았지만 최근에는 직선구간에서도 곡선인류장치를 설치하기도 한다.

(4) 교차장치

교차장치는 분기기(point)상의 트롤리선 교차개소에서 교차하는 2조의 트롤리선의 고
저차를 일정치 이내로 억제하고 상호의 관계위치를 변화시키지 않도록 설치되는 장치로
이어(ear)와 파이프(pipe)로 구성된다. ([그림 8.10] 참조)

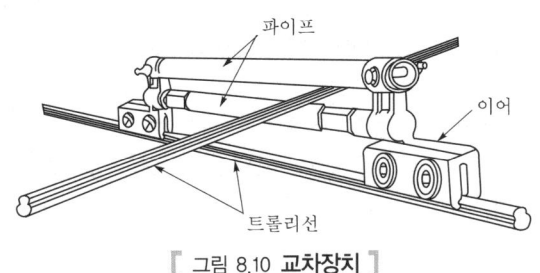

[그림 8.10 **교차장치**]

(5) 디플렉터(deflector)

디플렉터는 [그림 8.11]과 같이 트롤리선의 교차점에서 이격되어 있는 적당한 지점까
지 1~2개의 슬라이더(slider) 즉, 첨선을 설치하고 트롤리선과 슬라이더를 파이프로 연
결하며 상대적 위치변화가 발생되지 않도록 하는 장치이다. 디플렉터는 중량이 커서 수
직으로 처지고 조정이 곤란하여 현재는 거의 사용되지 않고 있다.

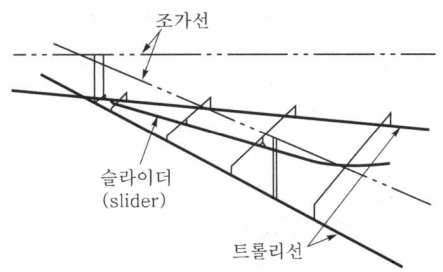

[그림 8.11 **디플렉터(deflector)**]

(6) 더블이어(double ear)

트롤리선과 트롤리선을 겹쳐서 접속하는 장치로 보통의 전선 접속장치와는 다르게 팬
터그래프가 접촉, 통과할 수 있도록 되어 있다. 트롤리선을 돌출 조합시켜 접속하는 것
을 스플라이서(splicer)라고 한다. ([그림 8.12] 참조)

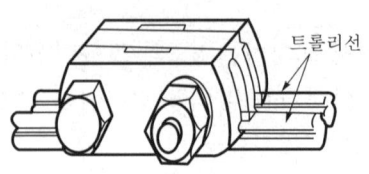
(a) 더블이어(double ear)

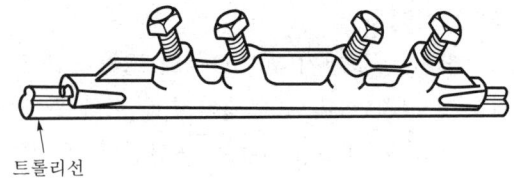
(b) 스플라이서(splicer)

[그림 8.12 **더블이어와 스플라이서**(double ear & splicer)]

(7) 피더이어와 커넥터(feeder ear & connector)

피더이어는 급전선으로부터 트롤리선에 전력을 공급하기 위한 장치로 이어(ear)와 리드(lead)선으로 구성된다. ([그림 8.13] 참조)

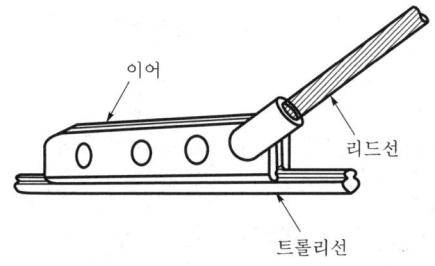

[그림 8.13 **피더이어**(feeder ear)]

커넥터는 트롤리선 상호간 및 조가선과 트롤리선 간을 전기적으로 접속하는 장치로 이어(ear), 리드(lead)선, 클램프(clamp) 등으로 구성된다. ([그림 8.14] 참조)

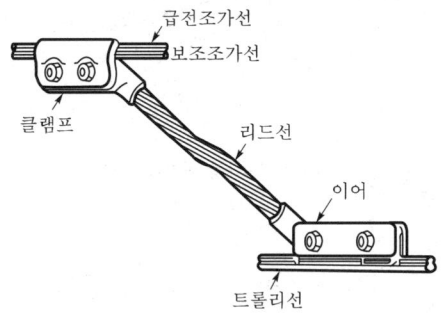

[그림 8.14 **커넥터**(connector)]

5 애자(insulator)

전차선로에는 현수애자, 장간애자, 지지애자 등이 사용되며, 전선의 고정방식이나 애자의 전단부 설치구조 등에 따라서 다소 특색이 있다. 장간애자는 주로 가동빔에 사용되며 가동빔 파이프와의 접합부, 지락도선 설치를 위한 이중절연구조 등의 특색이 있다.
([그림 8.15] 참조)

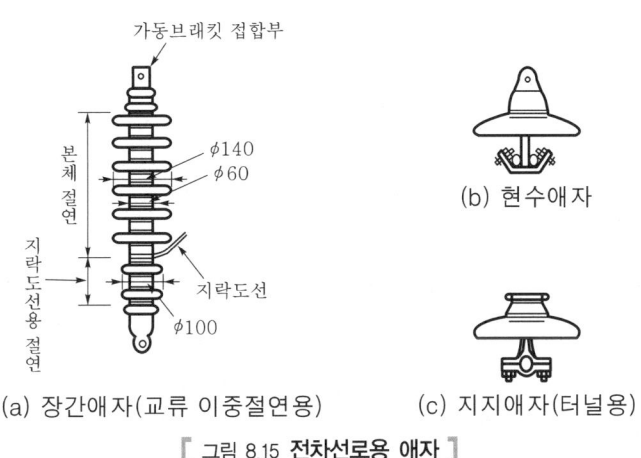

(a) 장간애자(교류 이중절연용)
(b) 현수애자
(c) 지지애자(터널용)

[그림 8.15 **전차선로용 애자**]

6 급전선과 급전분기선

직류전기철도의 급전선으로는 일반적으로 경동연선 200~325mm^2, 경알루미늄연선 200~510mm^{2}가 사용된다. ([표 8.1] 참조) 이 외에 강심 알루미늄연선이 사용되는 경우도 있다. 급전선에서 트롤리선에 전력을 급전하는 선이 급전분기선이며 일반적으로 경동연선 100mm^{2}가 사용되고 선단에는 피더이어가 설치된다. ([그림 8.16] 참조)

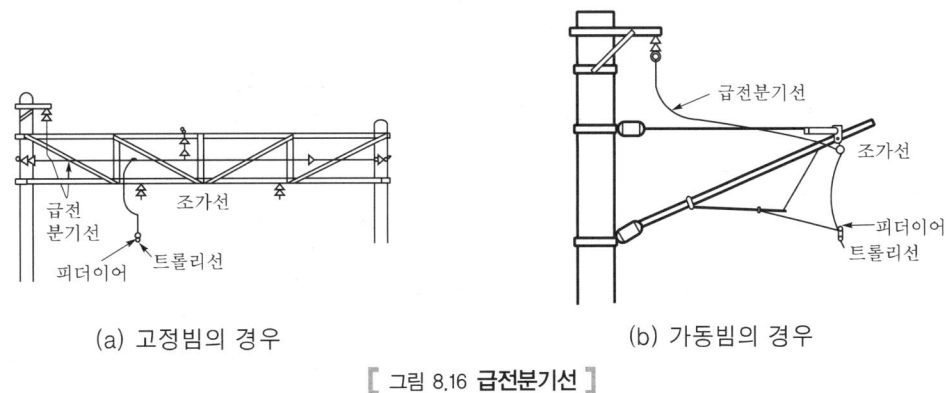

(a) 고정빔의 경우
(b) 가동빔의 경우

[그림 8.16 **급전분기선**]

급전분기선의 설치간격은 전기차의 집전전류, 운전시격 등에 따라서 서로 다르며, 일반적으로 간선철도에서는 250m가 표준이나 부하상황에 따라서 단축된다.

급전선로의 필요개소에는 개폐설비를 설치하여 정전, 급전의 계통 절체 및 분리를 수행한다. 급전선과 조가선을 겸용한 것이 급전조가선이다. 교류전기철도의 경우에 흡상변압기를 설치한 구간에서는 부급전선을 설치하고, 단권변압기를 설치한 구간에서는 회로구성상 급전선이 설치된다.

7 구분장치(sectioning device)

사고시나 보수작업시에 전차선로를 국부적으로 정전시키기 위하여 변전소나 급전구분소의 전방, 역구내의 상하 건넘선, 측선, 차량기지의 검수선 등에 설치되고 개폐장치에 의해서 전차선로를 전기적으로 구분하는 절연장치이다.

교류전기철도에서는 단순히 교류계통을 구분하는 계통구분용, 위상을 구분하는 이상구분용, 교직류 접속개소에서 교류 및 직류를 구분하는 교직구분용 등이 있다.

계통구분용 구분장치는 구조, 기능에 따라서 에어섹션(air section)과 섹션인슐레이터(section insulator)로 대별된다. 섹션인슐레이터는 절연강화목, 애자, FRP(글라스섬유강화플라스틱) 등을 절연재로 사용하고 있다. 구분장치는 사용목적에 따라서 흡상변압기섹션, 이상(異相)섹션, 교직섹션 등으로 구분된다.

이러한 구분장치의 주요 특성은 다음과 같다.

(1) 에어섹션(air section)

조가선, 트롤리선의 인류개소에서 평행설치되어 있는 전선상호간의 이격공간을 절연에 이용하는 방식으로 가장 대표적인 섹션이다. 이 섹션은 직류, 교류의 계통구분용으로 가장 널리 사용되고 있다. ([그림 8.17] 참조)

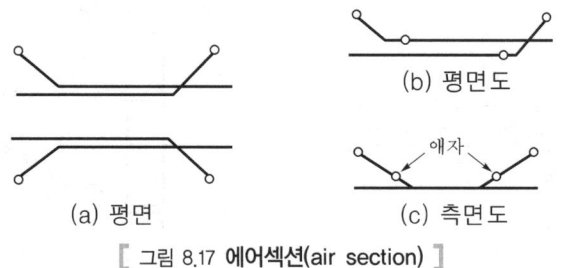

(a) 평면

(b) 평면도

(c) 측면도

애자

[그림 8.17 에어섹션(air section)]

이 섹션은 팬터그래프의 통과중에도 전류가 중단되지 않아 고속운전에 적합하므로 역간 선로에 널리 설치되고 있다. 그러나 섹션의 길이가 길어서 역구내에는 설치가 곤란한 경우가 많다.

(2) 목제섹션(목제섹션인슐레이터 : wood section insulator)

이 섹션은 절연강화목을 절연재로 사용하며, 팬터그래프는 그 하부를 습동하여 통과하는 구조로 되어 있다. ([그림 8.18] 참조)

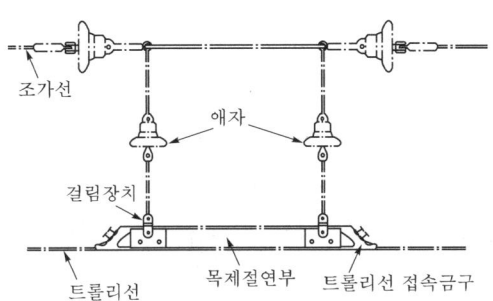

[그림 8.18 **목제섹션**(wood section insulator : **직류 1,500V용**)]

이 섹션은 길이가 짧아서 역구내에서도 설치위치의 제한을 받지 않는다. 그리고 구조가 간단하고 점검이 용이하며 소요비용이 저렴하다. 그러나 팬터그래프 통과중에 전류가 중단되므로 아크가 발생하여 목재부가 손상되기 쉽다. 그리고 트롤리선에 비해서 중량이 커서 경점으로 되어 트롤리선의 국부마모를 발생시키므로 고속용으로는 적합하지 않다. 그러므로 이 섹션은 직류구간의 역구내나 노면전차 등의 저속용에 사용된다. 이 섹션에 슬라이더(slider)를 설치하여 전류가 중단되지 않도록 한 것도 있다.

(3) 애자형 섹션(insulator section)

이 섹션은 현수애자를 절연재로 사용하고 슬라이더(slider)를 설치하여 팬터그래프가 그 하부를 통과하도록 되어 있다.

[그림 8.19]에 교류, 동상 구분용의 예를 보인다.

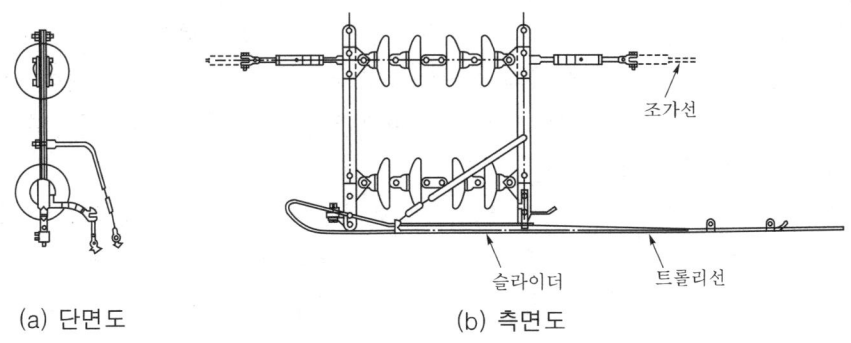

(a) 단면도　　　　　　　(b) 측면도

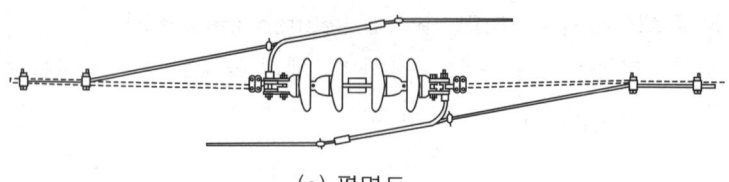

(c) 평면도

[그림 8.19 **애자형 섹션(insulator section : 교류 20kV용)**]

이 섹션은 팬터그래프의 통과중에 전류가 중단되지 않고 길이가 짧아서 역구내 등에 서도 사용이 가능하다. 그러나 구조가 복잡하여 조정이 곤란하고 애자가 손상되기 쉬우 며, 중량이 커서 팬터그래프의 이선을 야기하므로 고속용으로는 적합하지 않다. 이 섹션 은 교류구간의 역구내에 널리 사용된다.

(4) FRP섹션(FRP section)

FRP는 강화플라스틱(글라스섬유 강화플라스틱)으로 글라스섬유에 각종 합성수지를 함침시켜 고형화시킨 재료이다. 이 FRP를 절연재로 사용하는 FRP섹션은 절연성이 양 호하고 경량이지만 아크에 의한 열화가 발생하기 쉽다.

(5) 흡상변압기섹션(부스터섹션 : booster section)

통신유도장해의 경감대책으로 흡상변압기를 설치한 교류전기철도 구간에서 흡상변압 기의 1차측을 트롤리선에 직렬로 삽입하기 위하여 사용되는 섹션이다. 이 섹션으로 전기 적으로는 흡상변압기의 단자전압에 견딜 수 있는 절연만 있으면 충분하지만 속도, 성능 등의 면을 고려하여 일반적으로 에어섹션이 사용된다.

(6) 이상(異相)구분용 섹션(section)

교류구간에서는 인접변전소의 급전전압 상호간의 위상이 서로 다른 것이 보통이므로 이 서로 다른 위상을 구분하기 위한 섹션이 설치되며 이것은 계통구분에도 사용된다.

그리고 단상교류의 급전용 변압기는 전원 불평형의 경감대책으로 스코트결선(scott connection)이 사용된다. 이변압기의 주좌와 T좌의 위상을 구분하기 위하여 방면별 이 상급전의 경우에는 변전소의 전방, 상하선별 이상급전의 경우에는 상하선간의 건넘선에 각각 이상구분용 섹션을 설치한다.

이 섹션의 길이는 열차의 속도, 아크의 길이, 팬터그래프의 간격 등에 의해서 결정된다. 이상구분용 섹션은 무가압섹션, 절연구간, 절연섹션(neutral section) 등으로도 불린다.

이상구분용 섹션은 절연구간을 구성하기 위하여 다음과 같은 방법이 사용된다.

① 에어섹션이나 애자형 섹션을 인접하여 2개소에 설치한다. 이 경우 2개의 섹션간 은 절연구간, 중성구간(Neutral Section) 등으로 불린다.

② 절연강화목 또는 FRP를 길게 연속하여 사용한다. ([그림 8.20](a) 참조)
③ 에어섹션에 첨선을 설치한다.

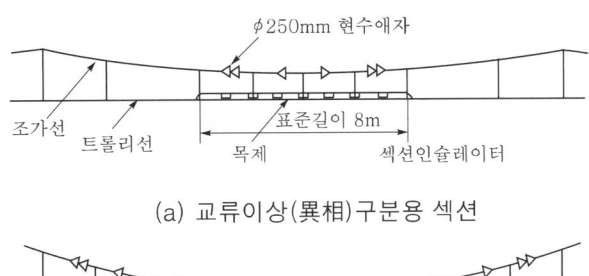

(a) 교류이상(異相)구분용 섹션

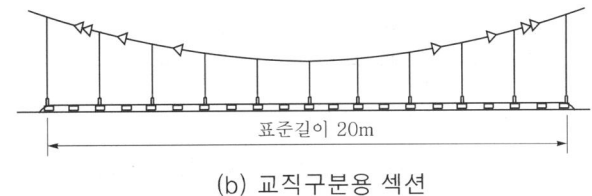

(b) 교직구분용 섹션

[그림 8.20 **교류이상(異相)구분용 및 교직구분용 섹션**]

일반적으로 교류전기철도 구간은 역이 많고 구내배선이 복잡하므로 방면별 이상급전 방식을 취하고 있으며 변전소, 급전구분소 직전의 본선에 목재 또는 FRP제의 이상구분용 섹션을 설치하고 있다. 전기차는 이 섹션개소를 노치오프(notch off)로 하여 통과한다.

그리고 고속전기철도에서는 일반적으로 속도가 200km/h 이상의 고속이므로 본선에서는 에어섹션으로 이상구분용 섹션을 구성하고 상하 건넘선의 이상구분용에는 FRP섹션을 사용하고 있다.

(7) 교직구분용 섹션

교류구간과 직류구간의 접속지점에서 전기차상의 교직절환을 수행하는 경우에 설치되는 사구간이 교직구분용 섹션이다. 일반적으로 이 섹션으로 목제섹션 또는 FRP섹션을 사용한다. 이 섹션의 길이는 열차속도 및 차상의 교직절환시간을 고려하여 결정되며 일반의 이상구분용 섹션보다 길다. ([그림 8.20](b) 참조)

이 섹션에서 전기차는 노치오프(notch off)로 통과중에 교직절환을 수행한다.

8 장력자동조정장치(tension balancer)

(1) 장력조정의 필요성

외기온도가 상승하거나 전류에 의한 열이 발생되어 트롤리선의 온도가 상승하면 신축이 발생한다. 그리고 트롤리선의 장력이 감소하여 행어이어 사이의 이완이 야기되고 파상으로 되며 교차개소 등에서는 2본의 트롤리선에 불규칙한 고저차가 발생된다. ([그림 8.21] 참조)

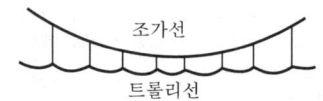

(a) 트롤리선의 장력이 감소한 경우

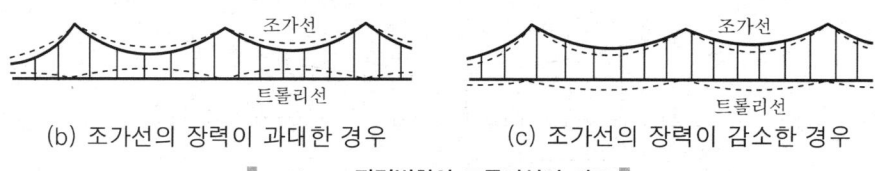

(b) 조가선의 장력이 과대한 경우   (c) 조가선의 장력이 감소한 경우

[그림 8.21 **장력변화와 트롤리선의 이도**]

이와 같은 장소에 전기차가 진입하여 팬터그래프가 주행하면 격심한 이선과 아크를 발생하게 된다. 동시에 고속운전이 불가능하게 되고 트롤리선과 팬터그래프 접촉판의 마모가 커진다. 이 현상이 더욱 격심하게 되면 트롤리선과 접촉판을 손상시키고 팬터그래프가 트롤리선을 끌어당기거나 교차개소에 끼어 들어 단선 등의 대형사고를 야기하게 된다.

반대로 온도가 감소하고 장력이 과대하게 되어도 동일한 현상이 발생한다. 팬터그래프의 원활한 집전을 위해서는 트롤리선의 장력을 항상 일정하게 유지하고 레일면으로부터의 높이를 균일하게 유지하여야 한다.

그러므로 이러한 트롤리선의 온도변화에 의한 장력변동을 자동적으로 조정하기 위하여 장력자동조정장치가 설치되며, 이것을 텐션밸런서(tension balancer)라고 한다.

조가선의 장력이 감소하면 전주 경간의 중앙에 이완현상이 커지고 지지점 하부는 이 이완현상이 작으므로 트롤리선은 각 경간마다 큰 파상형태로 된다. 그러므로 조가선의 장력도 가능한 한 일정하게 유지해야 한다. 그리고 트롤리선만을 장력조정하는 경우에는 이것이 다수의 행어이어로 조가선에 매달아 내려져 있으므로 억제저항이 크고 조정작용이 충분하지 않다.

따라서, 조가선과 트롤리선을 동시에 장력조정을 하여야 그 조정효과가 확실하게 된다.

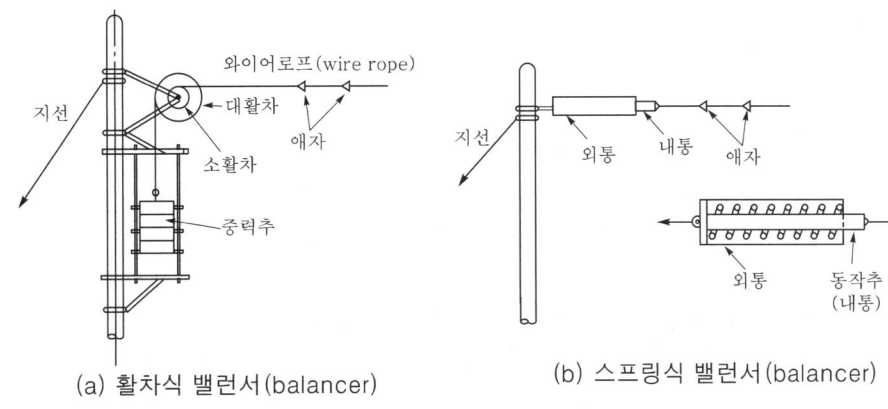

(a) 활차식 밸런서(balancer)   (b) 스프링식 밸런서(balancer)

[그림 8.22 **장력자동조정장치**]

(2) 장력자동조정장치의 종류

① 중력추식 장력자동조정장치

전선의 장력을 조정하는 데에 중력추의 상하이동을 이용하는 방식으로 종래에는 지레를 이용하는 레버(lever)식이었으나 최근에는 활차를 이용하는 활차식이 널리 사용되고 있다.

활차식 장력자동조정장치는 [그림 8.22](a)에 보이는 바와 같이 대활차와 소활차를 동축으로 구성하고 소활차에 전선을 끌어당겨 접속하고 대활차에는 중력추를 매어 달은 구조로 되어 있다. 중력추의 무게는 활차비에 대응하여 선정되고 전선장력보다 작으며 전선의 신축에 의해서 중력추가 상승 또는 하강한다.

이 방식은 외기온도, 전류열, 풍압 등의 제반원인에 기인한 전선의 장력변화에 대응하는 장점이 있다. 그러나 외형이 크고 단선시에 중력추가 수직으로 하강하여 충격이 크며 트롤리선의 양단에 사용하는 경우에는 트롤리선이 선로방향으로 이동하게 되는 단점이 있다.

② 스프링식 장력자동조정장치

스프링의 탄성을 이용하여 장력을 조정하는 방식이다.

구조 및 외형은 단순하지만 조정거리가 긴 경우에는 이 장치의 길이가 길어지는 단점이 있다. 일반적으로 이 장치는 조정거리가 짧은 건넘선 등에 사용되어 왔다. 최근에는 고장력형 스프링방식 및 가스스프링방식의 장력자동조정장치가 개발되어 본선에 많이 사용되고 있다([그림 8.22](b) 참조).

9 귀선로

(1) 귀선로의 구성

전기차에 공급된 전력을 변전소로 귀환시키는 설비가 귀선로이며, 직류구간에서는 주행레일이 사용된다. 귀선로의 전기저항이 크면 전압강하 및 전력손실이 커지고 누설전류가 증가하여 전식 또는 통신유도장해의 원인이 된다.

그러므로 귀선로의 전기저항은 최대한 경감시켜야 한다. 그래서 레일의 이음매와 본드(bond)에 의해서 전기적 접속을 양호하게 하고 필요시에는 보조귀선이 설치된다.

그리고 건널목 등에서는 레일의 전위상승에 의해서 인축에 위험을 야기할 우려가 있으므로 이 부분의 레일은 전후의 레일과 절연하여 위험을 방지한다. 교류전기철도 구간에서는 통신유도장해의 경감대책으로 흡상변압기 또는 단권변압기를 사용하여 귀선전류를 레일로부터 흡상하고 부급전선 또는 급전선을 통하여 변전소로 귀환하도록 구성하고 있다.

(2) 레일의 전기저항

레일의 재료는 탄소, 망간, 규소, 인, 유황 등을 포함하며 그 전기저항은 단면적과 재질에 따라서 변하고 이러한 함유량이 증가하면 레일의 전기저항도 증가한다. 레일의 도전율은 동의 11~13배 정도이다.

레일 1조의 전기저항은 일반적으로 다음 식으로 구해진다.

$$R = \frac{1.47}{W}\,(\Omega/\text{km}) \quad\text{(8.1)}$$

여기서, W : 레일 중량(kg/m)

위의 식에 본드접속부분의 저항을 고려하여 좌우 2본의 레일로 구성되는 궤도 1km당의 전기저항은 보통 다음 식으로 구한다.

$$R = \frac{1}{W}\,(\Omega/\text{km}) \quad\text{(8.2)}$$

일반적인 레일의 저항을 [표 8.2]에 보인다.

표 8.2 레일의 저항(1궤도)

레일의 종류	누설전류(%)	저항(Ω/km)
30kg	0	0.02970
	30	0.02079
37kg	0	0.02398
	30	0.01679
50kg	0	0.01793
	30	0.01255

(3) 본드(bond)

레일의 이음매에서 전기적 접속을 향상시키기 위하여 이음매를 도체로 단락시킨 것이 레일본드(rail bond)이다. ([그림 8.23] 참조)

레일본드는 용도에 의하여 일반본드, 크로스본드, 신호본드 등으로 분류된다.

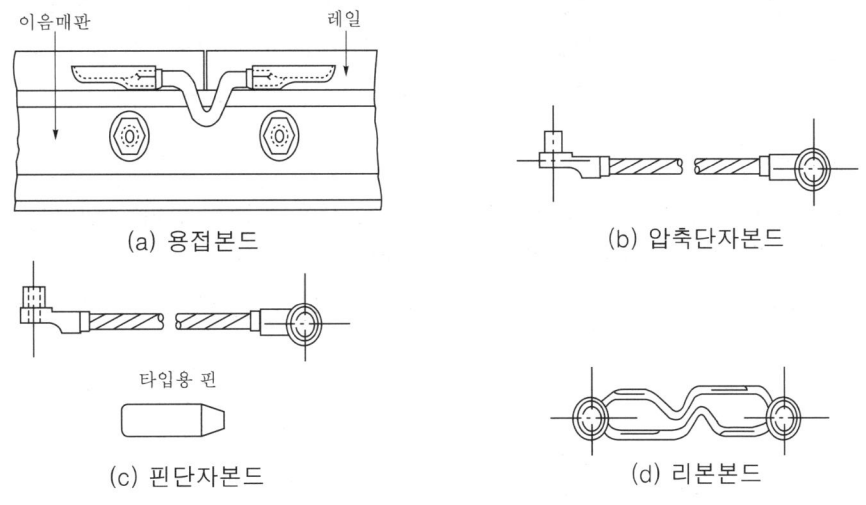

(a) 용접본드

(b) 압축단자본드

(c) 핀단자본드

(d) 리본본드

그림 8.23 레일본드(rail bond)

크로스본드(cross bond : 횡본드)는 귀선저항을 감소시키고 전류를 평형시키기 위하여 좌우레일 또는 인접궤도 사이를 접속하는 본드이다. ([그림 8.24] 참조)

215

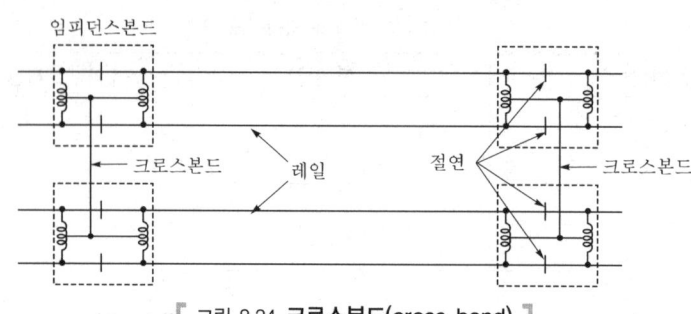

[그림 8.24 **크로스본드(cross bond)**]

신호본드(시그널본드 : signal bond)는 일반 철도구간에서 신호전류(1~2A 정도)를 흐르게 하기 위한 레일본드이다.

레일본드로는 100~200mm² 정도의 연동연선본드 또는 연동박편을 중합시킨 리본본드(ribbon bond)가 사용된다. 그리고 레일본드와 레일의 설치방법에 따라서 용접본드, 압축단자본드, 핀(pin)단자본드 등이 있다. 용접본드는 도체부분이 짧고 전기저항도 작아서 최근 많이 사용되고 있다. 크로스본드로는 연선본드가 많이 사용되고 있다.

본드는 그 설치상태의 양부에 따라서 접촉저항이 크게 변하며, 단일이음매의 저항은 전식방지를 위하여 레일의 길이 5m의 저항에 상당하는 값 이하를 유지하도록 결정된다.

(4) 보조귀선

직류귀선로의 전압강하 및 레일 전위상승이 큰 경우 또는 귀선의 누설전류가 커서 전식의 피해가 격심한 경우에는 귀선의 전기저항을 경감시키기 위하여 궤도와 병렬로 도체를 설치하고 크로스본드에 의해서 레일과의 사이를 균압한다. 이 도체가 보조귀선이다. ([그림 8.25] 참조)

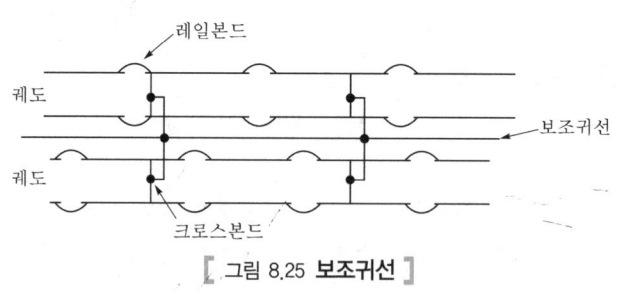

[그림 8.25 **보조귀선**]

보조귀선은 일반적으로 변전소의 부극성(−)에 접속되며, 지중케이블 또는 가공전선을 사용하고 대지누설전류를 감소시키도록 설치된다.

(5) 귀선의 균압

단선궤도에서는 어느 한쪽의 레일본드가 접촉불량으로 된 경우에 귀선저항의 증가를 방지하기 위하여 좌우 레일을 크로스본드에 의해서 각 개소마다 균압시킨다.

복선궤도 이상의 경우는 이러한 궤도간을 크로스본드로 균압하며 상호간에 전위차가 없도록 하고 병렬회로로 하여 종합귀선 저항을 감소시킨다.

(6) 점퍼선(jumper wire)

점퍼선은 건널목 등에서 레일과 대지간의 전위차를 없애기 위하여 이 부분의 레일을 양단의 이음매 개소에서 절연하고 귀선로의 도통을 유지하기 위하여 전후의 레일간을 전기적으로 접속하는 전선이다.

점퍼선은 궤도의 분기, 교차개소 등에서 이음매가 집중되어 귀선이 복잡한 경우에도 사용된다.

10 섬락(플래시오버 : flash-over)보호설비

교류전차선로에서는 선로임피던스(impedance)가 높으므로 애자가 빔(beam)이나 콘크리트주 등에 섬락(플래시오버 : flash-over)되는 경우에 접지저항이 높으면 변전소의 사고차단이 확실하게 수행되지 않는다. 그리고 전주나 지선의 전위가 상승하여 감전위험을 야기하거나 첨가된 저압회로에 역섬락을 야기할 우려가 있다. 이것을 방지하기 위하여 다음과 같은 섬락보호설비가 설치된다.

(1) 흡상변압기 구간

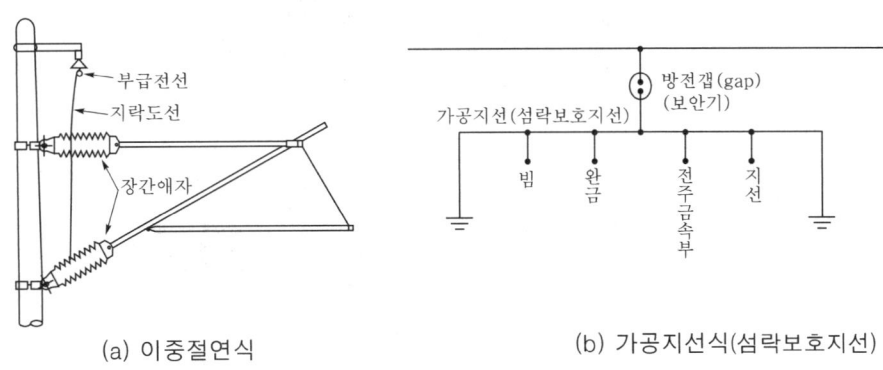

(a) 이중절연식   (b) 가공지선식(섬락보호지선)

[그림 8.26 **흡상변압기 구간의 섬락보호설비**]

① 이중절연방식

애자의 접지측에 지지물과 절연된 부극성(−)의 전선을 설치하고 이것과 부급전
선을 도체로 접속한다. ([그림 8.26](a) 참조) 이 경우에 부극성 전선을 절연하는
것은 섬락시 지지물의 전위상승을 방지하고 상시의 부급전선 전압에 의한 지지
물의 전위 상승을 방지하기 위한 것이다. 이 방식이 이중절연방식이다.

② 가공지선방식(섬락보호지선방식 : KPW)

역구내 등과 같이 설비가 복잡한 곳에서 완전한 이중절연으로 하려면 그 구성이
복잡하게 되고 소요비용도 고가로 된다. 그래서 각 빔을 가공접지선으로 연접하
여 접지시키고 가공접지선은 방전갭(gap)을 개재하여 부급전선에 접속한다. 이
방식이 가공지선방식이다. ([그림 8.26](b) 참조)

방전갭(보안기)은 상시의 부급전선 전압에 의한 지지물 전위상승, 신호회로에의
영향, 통신유도장해의 증대 등을 방지하기 위하여 설치된다. 애자가 섬락된 경
우에 방전하여 부급전선과 애자의 접지측을 단락시킨다. 일반적으로 사용되고
있는 보안기는 [그림 8.27]과 같이 2개의 카본(carbon)전극을 사용하여 방전간
극을 구성하며 특성요소가 없다. 일반적으로 보안기의 방전내량은 1,000A 및
2,000A, 방전개시전압은 1,000V 및 2,500V이다.

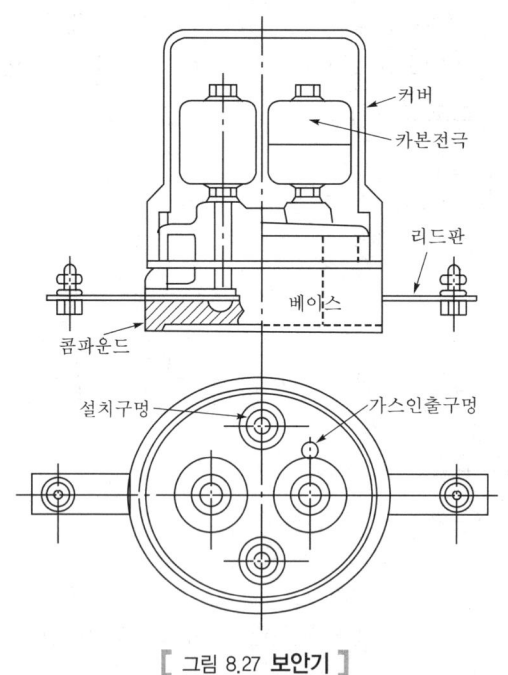

[그림 8.27 **보안기**]

(2) 단권변압기 구간(보호선방식 : PW)

단권변압기 구간에서는 [그림 8.28]과 같이 급전선 이외에 선로와 평행하여 보호선을 설치하며 단권변압기의 중성점 및 단권변압기 위치의 중간에서 레일과 접속된다.

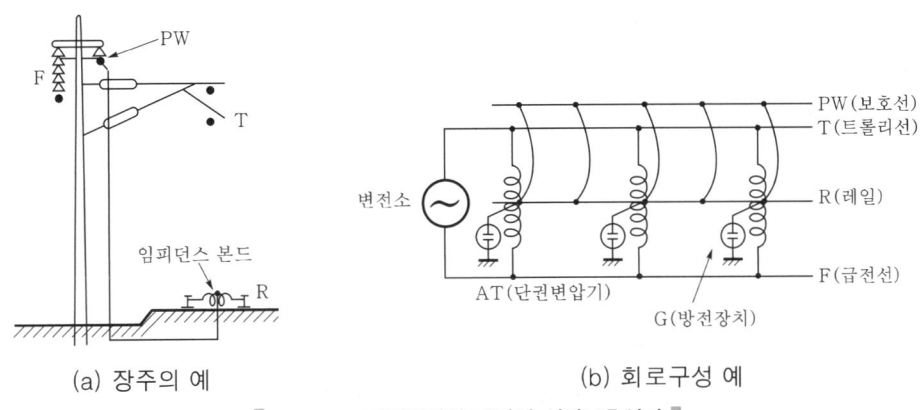

(a) 장주의 예   (b) 회로구성 예

[그림 8.28 **단권변압기 구간의 섬락보호설비**]

레일의 대지누설저항이 작은 경우에는 트롤리선 또는 급전선의 접지사고시에 레일전위가 상승하고 건전선의 대지전위도 상승한다. 그러므로 단권변압기의 중성점은 레일에 접속되고 대지와의 사이에는 방전장치를 설치하여 접지사고시에는 레일과 대지간이 접속하여 유효접지계로 되어 건전선의 이상전위상승을 억제한다.

[그림 8.28](a)는 일반적으로 사용되고 있는 이중절연방식의 예이며, 보호선의 애자가 생략되는 경우도 있다.

역구내의 섬락보호는 [그림 8.26](b)의 경우와 거의 동일하며 3극 방전갭이 사용되고, 대지와 보호선(PW) 및 레일에 접속된다.

04 트롤리선의 특성

1 트롤리선의 높이, 구배 및 편위

트롤리선의 높이는 일반적으로 레일면으로부터 5.0~5.2m가 표준이며, 터널에서는 이보다 낮다. 고속운전시에 집전을 원활하게 수행하기 위해서는 트롤리선의 이완이 없고 레일면에서 균일한 높이를 유지해야 한다. 그러므로 트롤리선의 구배도 일정한도로 제한되며 장력을 자동적으로 조정하여 트롤리선의 이완증대를 방지한다.

열차의 속도에 비해서 트롤리선의 구배가 급격하거나 구배변화가 크면 팬터그래프 등의 집전장치가 트롤리선을 원활하게 추종할 수 없게 되며, [그림 8.29]와 같이 트롤리선과의 접촉에서 이격되어 아크를 발생한다. 이 결과 트롤리선의 마모가 커지고 집전장치의 접촉판에 손상이 발생된다. 그러므로 열차의 속도가 큰 구간에서는 트롤리선의 구배를 작게 하고 구배의 변화지점에는 필요시 완화구배를 삽입한다.

일반적으로 본선에서 트롤리선의 구배는 3/1,000 이하, 측선에서는 15/1,000 이하로 제한되고 있다.

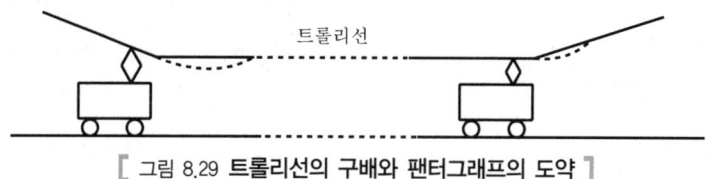

트롤리선

[그림 8.29 **트롤리선의 구배와 팬터그래프의 도약**]

궤도중심선으로부터 트롤리선의 편향이 편위이다. 트롤리선의 편위가 과대하면 팬터그래프와 트롤리선의 접촉이 불량하게 되고 팬터그래프가 트롤리선에서 벗어나서 어느 순간에 트롤리선에 갑자기 부딪치게 되어 아크 및 사고를 유발한다. 그러므로 트롤리선의 편위는 일정한계로 제한된다. 일반적으로 트롤리선의 편위는 최대 250mm, 고속전기철도의 경우에는 300mm 이하로 제한된다.

트롤리선이 궤도중심선에 대해서 항상 일정한 위치로 가선되어 있으면 팬터그래프의 접촉판이 국부적으로 오목상태로 마모되어 수명이 짧아진다. 이것을 방지하기 위하여 트롤리선은 궤도중심선에 대해서 좌우 지그재그(zig-zag)로 편위시켜 가선된다. 이것이 지그재그(zig-zag) 편위(deviation)이다.

곡선구간에서 트롤리선은 [그림 8.30]과 같이 다각형상으로 가선된다. 이 경우의 편위는 다음 식에 의해서 계산된다.

$$(R-d)^2 + (S/2)^2 = (R+d)^2$$

$$\therefore d = \frac{S^2}{16R} \quad\text{..} (8.3)$$

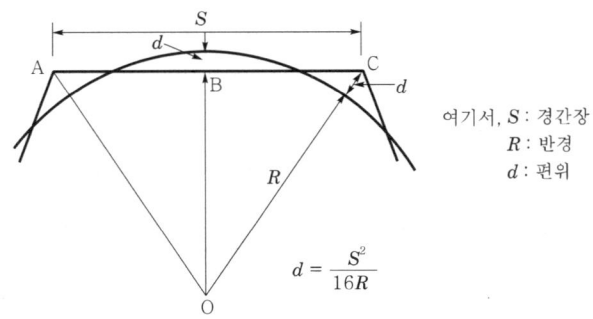

여기서, S : 경간장
R : 반경
d : 편위

$$d = \frac{S^2}{16R}$$

[그림 8.30 **곡선에서 트롤리선의 편위**]

2 팬터그래프의 이선

트롤리선은 팬터그래프의 진행에 따라서 압상되고 [그림 8.31]과 같은 궤적을 그리게 된다. 그리고 전차선의 지지점 부근은 조가선이 고정되어 있고 진동방지장치, 곡선인류 장치 등이 설치되어 있으므로 경점으로 되어 압상력이 작아지며 지지점간의 중앙부근은 압상력이 크게 된다.

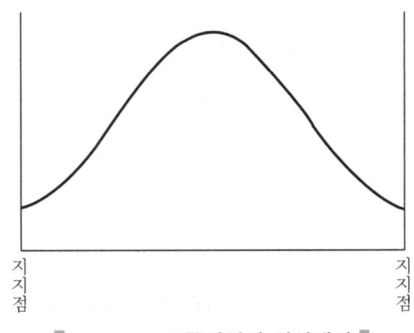

[그림 8.31 **트롤리선의 압상궤적**]

그러므로 팬터그래프는 진행하면서 상하로 파상운동을 반복한다. 속도가 높아지면 트 롤리선의 압상력이 증가하고 일정 한계속도에 도달하면 압상력은 포화된다. 더 이상으 로 속도가 높아지면 팬터그래프가 트롤리선에 접촉하여 미동하는 것이 곤란하게 되고 이어서 도약하게 된다. 이와 같은 현상이 이선이다. 트롤리선에 급격한 구배나 구배변 화가 큰 경우에도 이선이 발생된다. 그리고 트롤리선의 접속점에서 더블이어 및 급전 분기점에서 피더이어 등의 장치는 국부적인 경점으로 되므로 팬터그래프가 도약하여 이선을 발생하기 쉽다. 또한, 조가선 및 트롤리선의 장력이 비정상적인 경우에도 이선 이 발생된다.

221

이선의 대소를 비교하기 위해서 일정한 주행구간에 이선된 거리 또는 시간을 취하여 이선율을 구한다. 이 이선율은 다음 식으로 구해진다.

$$이선율 = \frac{일정구간의\ 이선거리의\ 합}{일정구간의\ 전주행거리} \times 100\%$$

$$= \frac{일정구간의\ 이선시간의\ 합}{일정구간의\ 전주행시간} \times 100\%$$

(1) 이선에 의한 장해

① 이선개소의 시점부 및 종단부는 아크 및 충격에 의해 국부적으로 트롤리선의 마모가 촉진된다. 그리고 수명이 짧아지며 단선의 위험이 있고 보수비가 높아진다.

② 이선이 크면 운전용 전력을 집전할 수 없게 된다.

③ 이선이 격심하게 되면 팬터그래프의 접촉판이나 트롤리선이 아크열에 의해서 용단된다.

④ 이선이 격심하게 되면 전기차의 주전동기나 보조기기에 섬락이 발생하기 쉽다.

⑤ 이선이 되면 집전전류가 차단되어 이상전압을 발생할 우려가 있다.

⑥ 이선현상시에 무선잡음 장해를 발생할 우려가 있다.

(2) 이선을 방지하기 위한 대책

① 트롤리선의 구배와 구배변화를 작게 하여 가능한 한 레일면상 균일한 높이를 유지한다.

② 트롤리선의 압상력이 지지점과 경간 전체 부분에서 가능한 한 균일하게 한다.

③ 트롤리선의 접속개소를 적게 하고 금구를 경량으로 하여 국부적인 경점을 적게 한다.

④ 트롤리선 및 조가선의 장력을 항상 적정하게 유지한다.

3 트롤리선의 마모

트롤리선의 마모에는 전기적 마모와 기계적 마모가 있다. 직류구간의 역행개소에는 전기적 마모가 특히 많이 발생한다.

(1) 전기적 마모

전기적 마모는 팬터그래프와 트롤리선의 불완전 접촉 또는 이선 등에 기인하여 발생하는 불꽃, 아크 등의 전기적 원인에 의해서 발생되는 마모이다.

전기적 마모는 집전전류의 증가에 따라 커지며, 역행구간에서 많이 발생한다. 이 마모는 다음과 같은 개소에서 발생한다.
① 트롤리선의 구배 변화점
② 트롤리선의 경점개소
③ 조가선, 트롤리선의 장력 부적정 개소

(2) 기계적 마모

팬터그래프 접촉판과 트롤리선과의 기계적 마찰이나 충격에 의해 발생하는 마모이다. 기계적 마모는 팬터그래프의 압상력이 크고 접촉판이 견고한 만큼 커진다. 그리고 마찰계수에 비례하고 속도가 높아지면 작아진다. 또한, 팬터그래프의 도약, 착선시의 충격에 의해 국부적 마모도 발생한다.

트롤리선의 경도가 크면 기계적 마모는 작아진다. 즉, 은동 트롤리선은 경동 트롤리선에 비해서 내열성 및 내마모성이 다소 우수하다.

(3) 트롤리선의 마모한도

트롤리선의 마모가 진행되면 항장력이 감소하고 단선의 위험이 발생한다. 이것을 방지하기 위하여 일정 마모한도를 지정하고 이를 초과시에는 트롤리선을 교체한다. 이 한도가 마모한도이며, 일반적으로 잔존직경으로 표시한다.

트롤리선의 마모한도를 다음과 같이 지정하고 있다.
① 트롤리선 170mm^2 : 8.5mm(1,400kg), 9.0mm(1,500kg)
② 트롤리선 110mm^2 : 7.5mm
③ 트롤리선 85mm^2 : 7.0mm

(4) 트롤리선의 마모방지 대책

트롤리선의 마모는 항상 단선의 위험을 동반하고 교체회선수가 증가하여 보수비가 높아지게 된다. 특히, 국부마모는 부분적으로 마모한도에 도달하고 그 전후부분은 마모가 작아도 동시에 교체되어야 하므로 비경제적이고 교체에 의한 접속개소가 증가하여 경점이 증가하게 된다. 그러므로 트롤리선의 마모를 경감시키는 것은 단선에 의한 사고방지 및 보수비의 절감면에서 중요하다.

트롤리선의 마모방지 대책으로는 국부마모의 경감과 전체적인 마모의 경감이 모두 필요하다. 트롤리선의 마모방지 대책은 다음과 같다.
① 국부마모방지 대책
국부마모는 주로 팬터그래프의 도약현상에 기인하며, 전기적 및 기계적 마모이다. 그러므로 이선방지와 동일한 대책이 필요하다.

　　　ⓐ 트롤리선의 구배와 구배변화를 작게 한다.

　　　ⓑ 트롤리선의 국부적인 경점을 적게 한다. 즉, 부속장치를 경량화하고, 수량을 감소시킨다.

　　　ⓒ 장력자동조정장치를 설치하여 트롤리선의 장력을 항상 일정하게 유지한다. 조가선의 장력도 가능한 한 일정하게 유지하는 것이 효과적이다.

　② 전체적 마모방지 대책

　　　ⓐ 팬터그래프의 접촉판을 개량하고, 경도가 과도한 것을 사용하지 않는다.

　　　ⓑ 트롤리선으로 내마모성이 있는 것을 사용한다. 또는 트롤리선을 이중으로 가선한다.

4 트롤리선의 온도상승

(1) 트롤리선의 온도상승 원인

트롤리선의 온도상승은 외기온 및 일사, 트롤리선 자체의 저항손, 팬터그래프와 트롤리선의 접촉저항손 등에 기인한다. 교류구간에서는 전압이 높고 전류가 작으므로 트롤리선의 온도상승이 거의 문제가 되지 않는다.

　① 트롤리선의 온도상승

　　　ⓐ 외기온 및 일사에 의한 온도상승

　　　외기온에 의한 온도상승은 보통 40℃, 일사에 의한 것은 20℃ 정도를 취한다. 일반적으로는 최대부하가 발생하는 시간을 고려하여 외기온 35℃, 일사 15℃를 취하고 있다.

　　　ⓑ 트롤리선의 저항손에 의한 온도상승

　　　이에는 트롤리선으로 분류되는 전류에 의한 기저온도상승과 급전분기선 개소의 국부온도상승이 있다. 급전분기선에서 트롤리선으로 유입하는 전류는 전기차의 시격에 따라서 간헐부하전류에 의한 온도상승으로 된다. ([그림 9.30] 참조)

　　　전기차의 출력이 증가하고 운전시격이 단축되면 국부온도상승과 기저온도상승은 증가하므로 트롤리선의 온도가 상승하고 마모가 증가한다.

　　　ⓒ 접촉저항에 의한 온도상승

　　　팬터그래프와 트롤리선의 접촉저항에 의한 온도상승은 주행중에는 문제가 되지 않고 정차중 냉난방 등에 의한 집전전류가 큰 경우에 저항손에 의해서 발생한다. 최근 객차 전기난방의 사용이나 냉방 등의 출력증가에 따라서 정차장에서 온도상승이 크게 되는 경우가 있다.

② 온도상승 대책

트롤리선의 온도상승 대책으로 다음과 같은 것이 있다.

㉠ 급전분기선을 증설한다.

㉡ 트롤리선은 내열성의 은동 트롤리선 등을 사용한다.

㉢ 트롤리선의 단면적을 크게 한다.

㉣ 더블심플식 등 집전전류의 용량이 큰 구조의 가선방식으로 설치한다.

㉤ 팬터그래프의 접촉판에 트롤리선과의 접촉저항이 작은 것을 사용한다.

(2) 온도변화에 따른 트롤리선의 장력계산

온도변화에 따른 트롤리선의 장력은 일반적으로 다음 식으로 구한다.

$$T = T_0 - AE\alpha(t - t_0) \quad \text{............................} \quad (8.4)$$

여기서, T_0 : 트롤리선의 표준장력$(t_0(℃))$(kg)

T : 트롤리선의 장력$(t(℃))$(kg)

t_0 : 표준온도(℃)

A : 트롤리선의 단면적(mm^2)

E : 트롤리선의 탄성계수

α : 트롤리선의 선팽창계수

 ## 05 가공식 전차선로의 가선 계산

1 전선이도 및 장력

전선의 온도변화에 기인한 신축을 고려하여 이도와 장력은 다음 식으로 계산된다. ([그림 8.32] 참조)

$$D = \frac{wS^2}{8T} \quad \text{............................} \quad (8.5)$$

$$T = T_0 + \frac{8AE}{3S^2} \cdot (D^2 - D_0^2) - AE\alpha(t - t_0) \quad \text{............................} \quad (8.6)$$

여기서, T : 전선온도 $t(℃)$에서의 장력(kg)

T_0 : 전선온도 $t_0(℃)$에서의 장력(kg)

D : 장력 T에서의 이도(m)

D_0 : 장력 T_0에서의 이도(m)

A : 전선의 단면적(mm^2)

E : 전선의 탄성계수(kg/mm^2)

α : 전선의 선팽창계수

w : 전선의 단위길이당 중량(kg/m)

S : 지지점간의 거리(m)

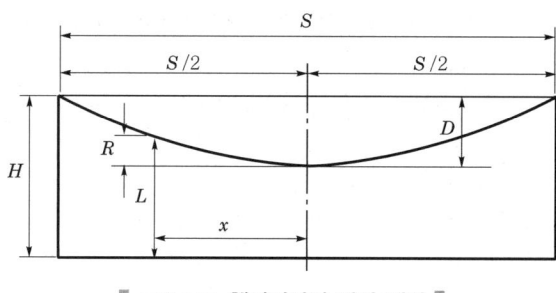

[그림 8.32 **행어이어의 길이 계산**]

2 행어이어(hanger ear)의 길이

조가선의 형태를 근사적 포물선으로 보고 양단의 지지점 높이가 동일하며 트롤리선을 수평으로 하면 행어이어의 길이는 다음 식으로 구해진다. ([그림 8.32] 참조)

$$L = H - D + R = H - \frac{wS^2}{8T_0} + \frac{wx^2}{2T_0} \quad \cdots\cdots\cdots\cdots\cdots\cdots\cdots\cdots\cdots\cdots\cdots (8.7)$$

여기서, L : 행어 길이(m)

H : 지지점 하부의 조가선과 트롤리선의 간격(가고)(m)

D : 조가선의 지지점간 중앙에서의 이도(m)

R : x점에서의 이도(m)

T_0 : 표준온도에서의 조가선 장력

w : 조가선, 행어이어, 트롤리선의 중량을 분포하중으로 본 단위길이당 중량(kg/m)

S : 지지점간 거리(m)

x : 지지점간 중앙으로부터 행어 위치까지의 거리(m)

06 ▷ 제3궤조식

1 제3궤조식의 개요

궤도측면에 제3궤조의 도전용 레일을 설치하고 전기차의 집전자(collecting shoe)에 의해서 접촉하여 집전하며 주행레일을 귀로로 하여 전력을 변전소로 귀환시키는 방식이다. 이 방식은 전류 용량이 크고 지지구조가 간단하여 터널 등의 높이가 낮아져서 경제적이므로 지하철이나 터널이 많은 선로구간에 적합하다.

그러나 궤도측면에 가압레일이 설치되므로 감전의 위험이 있어 시설장소가 제한되고 전압을 높게 할 수가 없으며 보수작업이 불편하다. 그리고 궤도의 교차, 분기개소 등에서는 전력이 중단되는 등의 단점이 있다. 그러므로 도시의 지하철이나 저압을 사용하는 단거리 터널구간 등에 사용된다.

일반적으로 제3궤조방식의 표준전압은 직류 750V 또는 600V로 지정되어 있으며, 이 중 600V가 더 많다.

2 제3궤조식의 구조

제3궤조는 [그림 8.33]과 같이 애자에 의해서 지지 및 절연된다. 제3궤조의 이음매는 용접 또는 본드에 의해서 전기적으로 접속된다. 제3궤조는 집전자와의 접촉압력이 15kg 정도로 큰 기계적 강도가 필요 없으나 도전율은 크게 하여야 한다. 그러므로 주행레일보다 저항이 작은 저탄소강이 사용되며 국제표준연동의 6~8배의 저항을 가진다.

제3궤조와 집전자의 접촉면에 따라서 상면 접촉식, 하면 접촉식, 측면 접촉식이 있다. 일반적으로 지하철에서는 상면 접촉식을 사용하고 있으며, 접촉식은 강설지역 등에 적합하며 구조가 복잡하고 보수가 곤란하다.

일반적으로 제3궤조는 위험을 방지하기 위하여 보호판으로 보호된다. 선로의 교차지점에서는 제3궤조가 중단되므로 전후를 점퍼(jumper)선에 의해서 접속한다. 이 경우에 제3궤조의 말단에서 집전자의 상승, 이탈을 원활하게 하기 위하여 [그림 8.34]와 같은 엔드어프로치(end approach)를 설치한다.

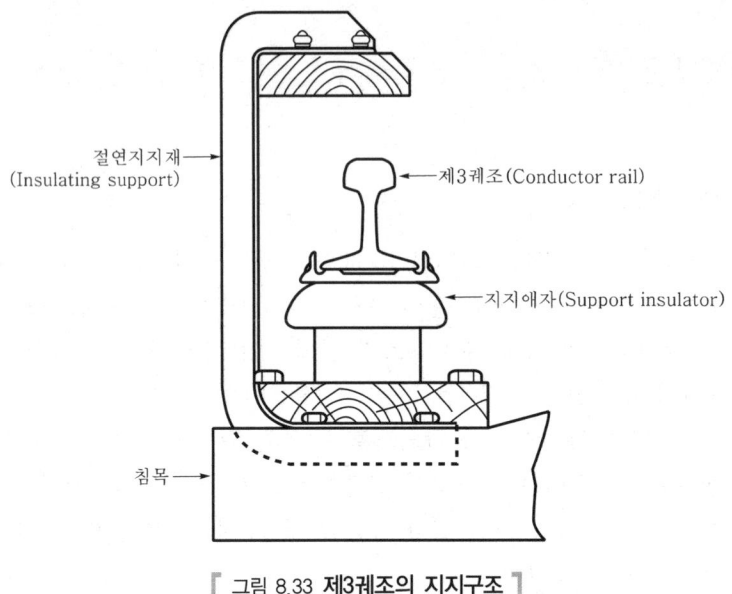

절연지지재
(Insulating support)

제3궤조(Conductor rail)

지지애자(Support insulator)

침목

[그림 8.33 **제3궤조의 지지구조**]

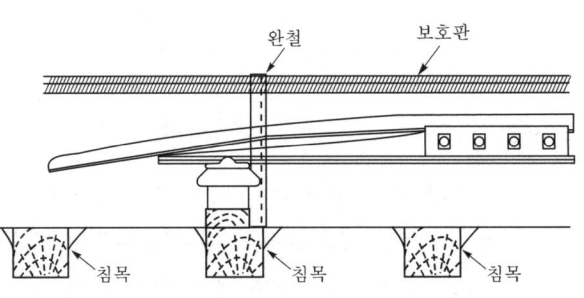

완철

보호판

침목

침목

침목

[그림 8.34 **엔드어프로치(end approach)**]

　그리고 선로의 분기점이나 건넘선 등에서는 집전자가 제3궤조의 측면으로부터 원활하게 상승, 이탈이 가능하도록 [그림 8.35]와 같은 사이드인클라인(side incline)이 설치된다.

　제3궤조의 온도변화에 의한 신축을 처리하기 위하여 개략 800m 이내마다 신축장치(익스팬션조인트 : expansion joint)를 설치하고, 제3궤조의 복진을 방지하기 위하여 앵커(anchor) 즉, 이동방지장치를 설치한다. 그리고 제3궤조방식에서도 급전계통구분을 위하여 에어섹션(air section) 등이 설치되고, 단일차량의 전후 양 집전자에 의해 제3궤조를 슈오버(shoe-over)시켜서는 안되므로 절연구간(neutral section)이 설치된다.

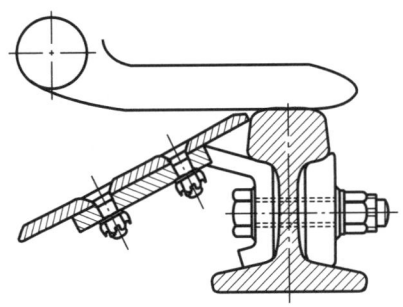

[그림 8.35 **사이드인클라인(side incline)**]

07 직접조가식

1 직접조가식의 개요

조가선을 사용하지 않고 스팬(span)선빔(beam)에 행어이어(hanger ear)로 직접 트롤리선을 매어 다는 방식이다. 종래 노면전차에 널리 사용되어 왔으며, 간선철도의 구내측선 등에 일부 사용되고 있다. ([그림 8.36] 참조)

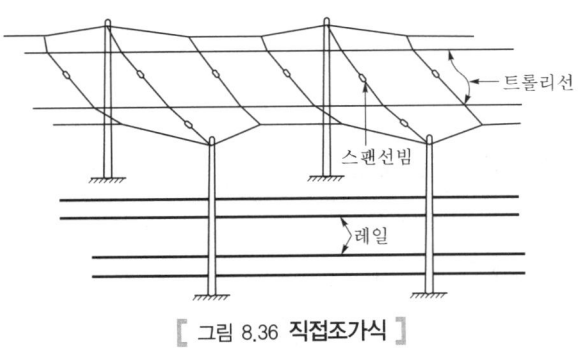

트롤리선

스팬선빔

레일

[그림 8.36 **직접조가식**]

이 방식은 건설비는 저렴하지만 커티너리(catenary)조가방식에 비해서 트롤리선을 매어 다는 지점간의 간격이 길다. 그러므로 트롤리선의 이도와 고저변화가 크고 지지점이 큰 경점으로 되어 고속운전에 부적합하며, 45km/h 정도 이하의 저속용으로 사용된다. 또한, 집전전류 용량도 작다.

② 직접조가식의 구조

직접조가식에는 [그림 8.36]과 같이 스팬선빔이 많이 사용된다. 전주간격은 보통 20~30m 정도이며, 경간이 긴 경우에는 트롤리선의 고저차가 크게 되므로 선로와 평행한 방향으로 특수한 장선을 설치하여 매어 다는 지점을 증가시키고 있다.

노면전차 등에서 궤도의 곡선반경이 극히 작은 급곡선에서는 지지주 위치만으로는 곡선인류가 충분하지 않으므로 [그림 8.37]과 같이 곡선 외측의 전주 사이에 전선을 가선하고 여기에 다수의 곡선인류장치를 설치한다. 이 장선이 백본(back bone)선이다.

직접조가식은 커티너리식과 비교하여 그 구조나 집전장치가 상이하여 가선장치도 다소 형태가 다른 것이 사용된다.

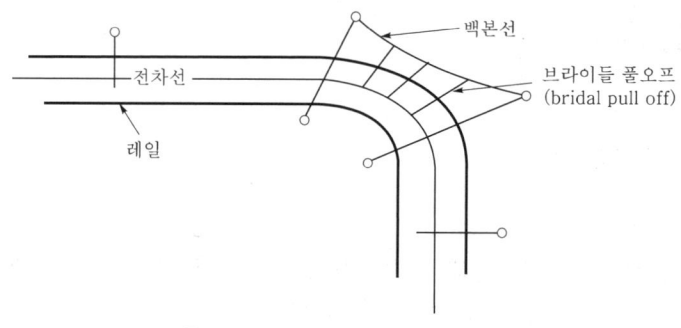

[그림 8.37 백본(back bone)선]

---

08 강체조가식

① 강체조가식의 개요

강체조가식은 터널 등의 천장부에 알루미늄 합금, 도전강 등의 도체 성형재(R-bar 또는 T-bar)를 애자에 의해 지지하고 이 도체의 하부에 다수의 이어(ear)를 사용하여 트롤리선을 일체화하여 고정시키는 구조로 가공방식의 일종이다. ([그림 3.38] 참조)

강체조가식의 트롤리선은 탄성이 작고 강성이 크므로 고속에서 이선을 발생하기 쉽다. 그러나 트롤리선이 도체 성형재와 일체로 고정되어 있으므로 트롤리선의 단선위험이 없고 곡선인류장치나 진동방지장치가 필요 없으며, 터널높이를 낮출 수 있다.

그리고 강체조가방식에서는 가공방식과의 전기차 직통운전이 가능하다.

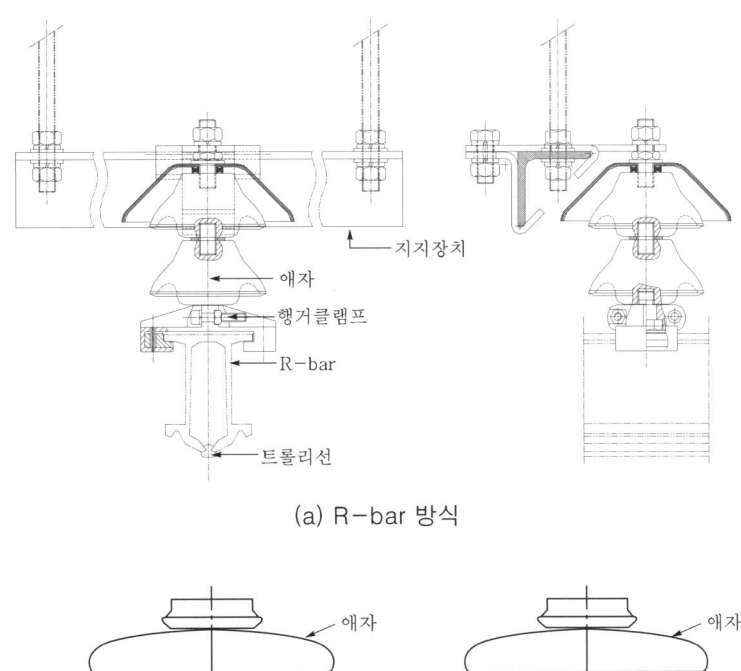

(a) R-bar 방식

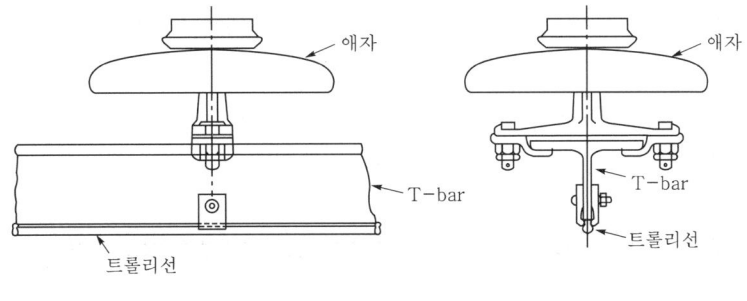

(b) T-bar 방식

[그림 8.38 **강체조가식**]

❷ 강체조가식의 구조

강체조가식의 도체 성형재는 급전선의 역할을 겸하고 있어 강체급전선으로도 불린다. 그러므로 이 도체 성형재는 경량으로 도전율이 커야 한다. 일반적으로 [그림 8.38]과 같은 R형 또는 T형의 알루미늄 합금형재가 많이 사용되고, 그 하단에 트롤리선이 고정 또는 삽입 설치된다.

도체 성형재는 온도변화에 의한 신축을 처리하기 위하여 [그림 8.39]와 같은 신축장치(익스팬션조인트 : expansion joint)가 설치되고, 도체 성형재의 선로방향의 복진을 방지하기 위하여 앵커(anchor)를 설치한다.

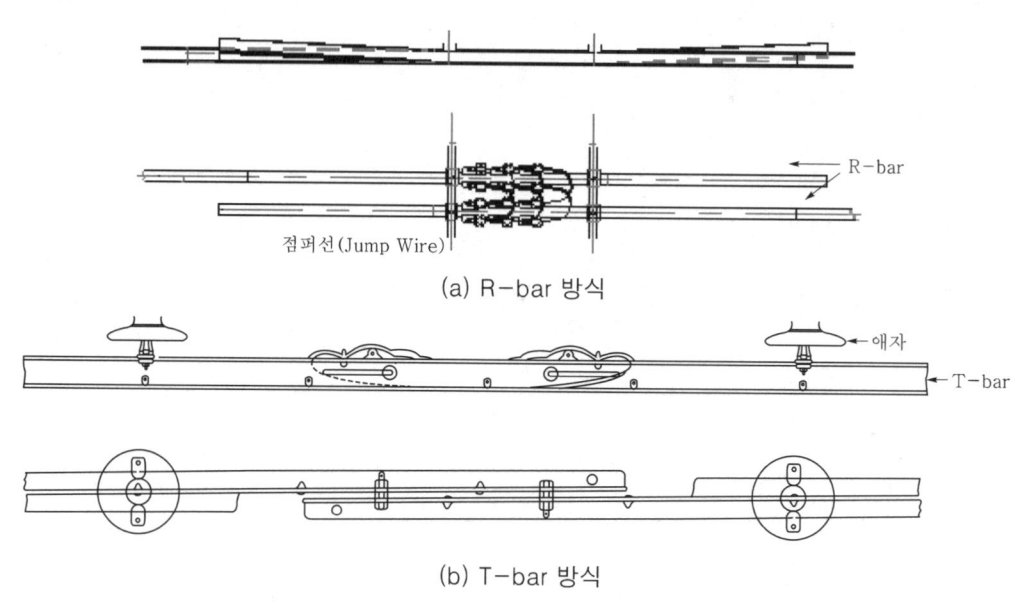

(a) R-bar 방식

점퍼선(Jump Wire)

R-bar

애자

T-bar

(b) T-bar 방식

[그림 8.39 **강체조가식의 신축장치**]

강체조가식의 급전계통구분을 위해 에어섹션(air section) 등이 설치된다. [그림 8.40]
에 에어섹션의 예를 보인다.

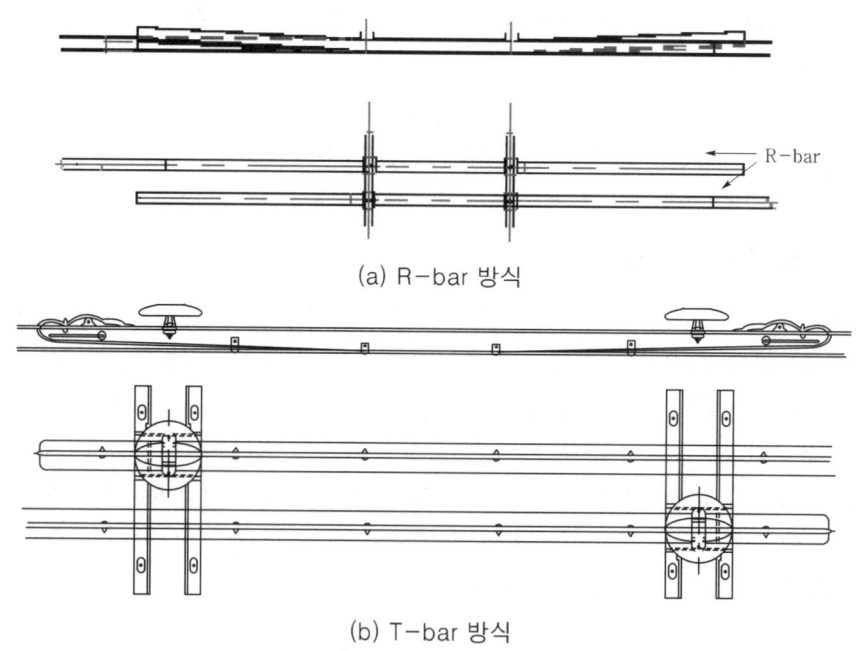

(a) R-bar 방식

R-bar

(b) T-bar 방식

[그림 8.40 **강체조가식의 에어섹션**]

09 전기방식(電氣防蝕)

1 전기방식의 개요

금속체가 토양중, 수중 등의 수분이 존재하는 장소에 설치되면 부식되어 녹이 발생된다. 이 경우 금속체에는 금속이 이온(ion)화되어 용출되는 양극부(+)와 공기중의 산소 등 산화성 물질을 소모하는 음극부(−)가 형성된다. 그리고 수분이 전해액으로 되어 전류가 양극부로부터 전해액(토양)을 경유하여 음극부로 흐르고 양극부의 부식이 진행된다. 양극부가 이동하지 않으면 그곳이 집중적으로 구멍상태로 부식되며 양극부가 이동하면 금속체 표면은 교대로 양성으로 되어 균일하게 부식된다. 이와 같은 부식현상 중에서 토양 등의 설치환경의 영향을 받아서 자연적으로 부식하는 현상이 자연부식이며, 직류전기철도의 귀선 누설전류 등 지중의 누설전류에 의한 부식이 전식(電蝕)이다.

전류를 전해액중에서 금속체로 향하여 흐르게 하여 부식을 방지하는 것이 전기방식이다. 지중매설 금속체의 방식은 부식성이 약한 토양중에서는 도장피복만으로 가능하지만 일반적으로 도장피복만으로 장기간 완전히 방식이 수행되지 않으며, 전기방식법과 도장피복을 병용한다.

전기방식법에는 금속체의 자연부식 방지를 주목적으로 하는 유전양극법과 외부전원법 및 전기철도 레일로부터의 누설전류에 의한 전식방지를 목적으로 하는 배류법이 있다.

2 누설전류

직류전기철도의 전차선방식이 가공단선방식 또는 제3궤조방식에서는 주행레일을 귀선으로 이용하므로 귀선전류의 일부가 대지로 누설된다. 이 경우 도상을 포함한 궤도의 대지에 대한 저항이 대지누설저항이며, 전용궤도에서는 단선 1km당 1Ω 정도, 노면전차 등의 병용궤도에서는 0.1Ω 정도이다.

레일의 대지전위는 [그림 8.41](b)와 같이 전기차 부근에서는 대지전위보다 높고 변전소 부근에서는 낮다. 전기차와 변전소의 중앙지점 부근에서는 레일전위와 대지전위가 동등하게 되며 중성점이 된다. 중성점을 기준으로 전기차측에는 레일로부터 대지로 향하여 누설전류가 유출되고 변전소측에는 대지로부터 유입하며, 이 분포상황은 [그림 8.41](c)와 같다.

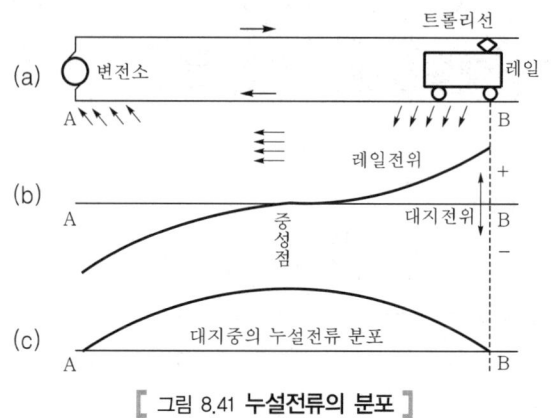

[그림 8.41 **누설전류의 분포**]

　누설전류의 크기는 궤도의 구조, 건조상태, 대지도전율 등에 따라서 서로 다르며 변전소 간격, 전기차의 운전상황 등에 의해서 좌우된다. 누설전류가 크면 전압강하가 감소하고 이에 의한 전력손실도 감소한다. 그러나 이는 지중매설 금속체에 전식장해를 발생시키고 통신선에 대한 유도장해의 원인으로 되므로 누설전류는 적극적으로 줄여야 한다.
　가공복선방식은 주행레일을 귀선으로 이용하지 않으므로 전식의 문제가 야기되지 않는다.

▩3 전식(電蝕)현상

　주행레일에서 누설된 전류는 대지를 통하여 변전소 부근에서 다시 레일로 유입한다. 그리고 [그림 8.42]와 같이 선로에 인접하여 케이블, 수도관 등의 지중매설 금속체가 있으면 누설전류는 대지보다 저항이 낮은 이러한 금속체를 통과하고 변전소 부근에서 유출되어 레일로 귀환한다.

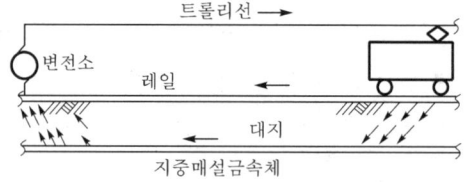

[그림 8.42 **지중매설 금속체에 흐르는 누설전류**]

　대지중의 금속체는 지하수가 전해액으로 하여 직류누설전류의 유출부분이 부식되며 결국에는 구멍으로 되어 각종 장해를 발생한다. 이와 같은 현상이 전식이며, 중성점을 기준으로 변전소측에 전식이 발생되기 쉬운 장소를 전식위험지역이라 한다.

전식은 금속의 전기분해이므로 전식량은 이론적으로는 패러데이(Faraday)의 법칙에 의거한다. 전식의 관계식은 다음과 같다.

$$M = Zit \quad \text{(8.8)}$$

여기서, M : 전식량
Z : 금속의 전기화학당량
i : 통과전류
t : 통전시간

실제로 생성된 부식감량 W와 패러데이의 법칙에 의해 이론적으로 산출된 부식량 W_0와의 비 W/W_0를 부식효율이라 한다.

전식에는 양극부근에 발생하는 양극부식 이외에 금속체의 전위가 현저하게 낮은 경우에 전류의 유입에 의해서 집적된 알칼리의 2차작용에 기인하여 부식되는 음극부식이 있다. 음극부식은 직접 전류에 의해서 부식되지 않고 알칼리에 가용된 납(연) 등의 금속이 화학적으로 부식되는 것이다.

(1) 누설전류에 의한 부식현상
누설전류에 의한 부식현상은 특성상 다음과 같이 분류된다.
① 금속면에 보호피막을 형성하여 더 이상 부식이 진행되지 않는 현상
② 부식되어 구멍이 뚫리는 현상
③ 금속면이 일정한 형태로 부식되는 현상

(2) 전식방지 대책
일반적으로 전기철도 규정에서 직류귀선의 비절연부분이 지중매설 금속체와 1km 이내에 접근하는 경우의 전식방지 대책은 다음과 같다.
① 귀선을 항상 부극성(−)으로 한다. 단, 격일로 그 극성을 전환하는 경우에는 정극성(+)으로 해도 좋다. 극성을 부극성(−)으로 하는 것은 전식위험지역을 변전소 부근으로 제한하기 위해서이다. 극성을 전환하는 것은 귀선을 상시 정극성(+)으로 하면 전기차의 이동에 따라서 지중매설 금속체가 전 구간에 걸쳐서 전식을 받을 우려가 있기 때문이다.
② 귀선용 레일 이음매의 저항의 합은 그 구간의 레일저항의 20% 이하로 유지하고 1개 이음매의 저항은 그 레일의 길이 5m 저항에 상당하는 값 이하로 유지한다.
③ 귀선의 비절연부분에 발생하는 전위차는 그곳을 흐르는 1년간의 평균전류에 의해서 다음 방법으로 계산하고 그 구간 내의 임의의 2점간에 2V 이하로 유지한다.

(3) 전위차 계산

전위차의 계산은 다음과 같이 한다.

① 평균전류는 차량운전에 필요한 직류측의 1년간 소비전력량(kWh)을 8,760으로 나눈 것을 기초로 계산한다.

② 귀선전류는 누설되지 않는 것으로 한다.

③ 레일의 저항은 다음의 계산식에 의하여 계산한다.

$$R = 1/W$$

여기서, R : 이음매의 저항을 포함한 단궤도 1km의 저항(Ω)
W : 레일 중량(kg/m)

4 전철측의 방식대책

전철측의 방식대책은 다음과 같다.

① 도상의 배수를 양호하게 하고 절연도상, 절연체결장치 등을 사용하여 누설저항을 크게 한다.

② 레일본드(rail bond)의 설치를 완전하게 하고 필요시 보조귀선을 설치하거나 크로스본드(cross bond)를 설치하여 귀선저항을 감소시킨다.

③ 변전소 개소를 증가시키고 급전구역을 축소하여 누설전류를 감소시킨다.

④ 가공절연귀선을 설치하고 레일 내의 전위경도를 감소시켜 누설전류를 작게 한다. 이 방법에는 등전위법과 경사전위법이 있다. ([그림 8.43](a), (b) 참조)

　㉠ 등전위법

　　등전위법은 가공절연귀선과 레일을 접속하는 각 지점의 전위를 동등하게 하는 방식이다. 이 방식에서는 변전소에 근접한 지점에 저항을 삽입하고 먼 지점에 부극성(−) 승압기를 삽입한다. 이에 의해서 레일의 전위경도가 감소되고 누설전류는 적어지나, 가공절연 귀선내부의 전력손실이 크다.

　㉡ 경사전위법

　　경사전위법은 각 접속점에 다소의 전위차를 가지는 방식이다. 등전위법에 비해서 누설전류는 크지만, 가공절연귀선 내부의 전력손실은 경감된다.

⑤ 귀선의 극성을 정기적으로 전환시켜 전기화학반응을 중화시킨다.

⑥ 해수중에 배류시키고 해수를 귀로로 이용한다. ([그림 8.44] 참조)

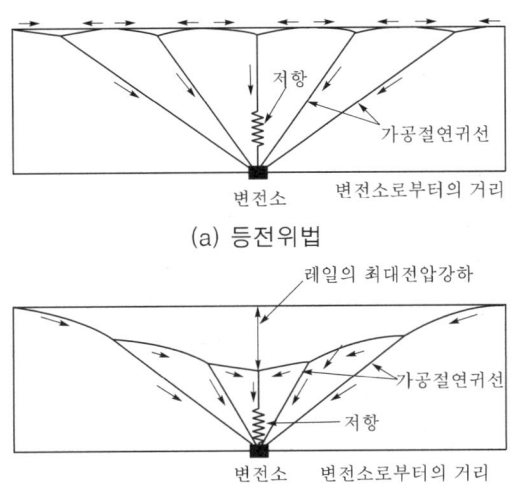

(a) 등전위법

(b) 경사전위법

[그림 8.43 **가공절연귀선에 의한 전식방지법**]

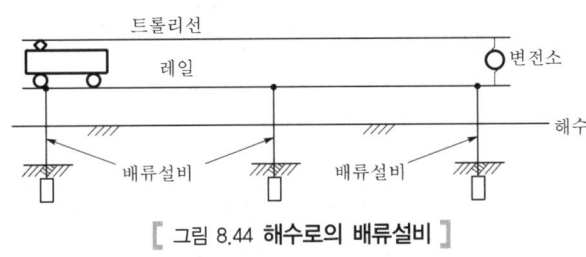

[그림 8.44 **해수로의 배류설비**]

5 지중매설 금속체측의 방식대책

(1) 일반적인 대책

지중매설 금속체측의 방식대책은 다음과 같다.

  ① 누설전류의 유입을 방지하도록 피복도장으로 절연저항이 큰 도장막을 실시한다.

  ② 매설 금속체를 금속관 등의 도체에 의해 차폐하고 누설전류가 지중 금속체에 유출입하는 것을 방지한다.

  ③ 매설 금속체의 접속부에 전기적인 절연을 시행하고 도체로서의 전기저항을 크게하여 매설 금속체에 유입하는 전류를 감소시킨다.

  ④ 궤도와의 접근을 피하고 가능한 한 이격거리를 크게 하여 매설경로를 선정한다.

위의 일반적인 대책 이외에 다음과 같은 전기방식법이 있다.

(2) 유전양극식

자연부식의 방지목적으로 지중매설 금속체보다 전위가 낮은 금속을 지중에 매설하여 접속하고 양 금속체간의 전위차를 이용하여 전식방지용 전류를 공급하는 방식이다. 이 방식에서는 저전위의 금속이 희생되어 부식되므로 희생양극식이라고도 한다. [그림 8.45]와 같이 양극으로 되는 금속을 충진재(back fill)로 매설하고 매설금속체에 접속한다. 양극재료(저전위 금속)로는 주로 마그네슘 및 그 합금이 사용되고 매설환경에 따라서는 알루미늄 합금, 아연 및 그 합금도 사용된다. 충진재(back fill)는 양극의 접지저항 감소와 양극재료 소모의 균일화를 목적으로 하며, 마그네슘 양극의 경우에는 일반적으로 석회, 벤토나이트 등의 혼합물이 사용된다.

전극재료의 양은 그 전극의 유입방식전류와 설정 내용연수에 의해 결정된다.

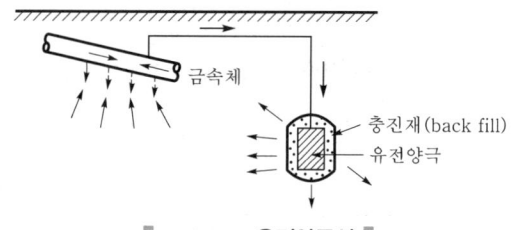

[그림 8.45 **유전양극식**]

(3) 외부전원식

[그림 8.46]과 같이 직류전원을 사용하고 지중의 접지전극을 양극으로 하여 급전하는 방식이다. 직류측의 전압은 60V 이하로 지정되어 있으며, 지중매설 금속체의 전위에 따라서 자동적으로 출력을 조정한다. 외부전원식의 양극재료는 난용성의 자성산화철, 규소주철, 흑연 등이 일반적으로 사용되며, 레일 등의 소모성 재료를 사용하는 경우도 있다. 양극은 충진재(back fill)로 흑연분말, 코크스분말 등을 사용한다.

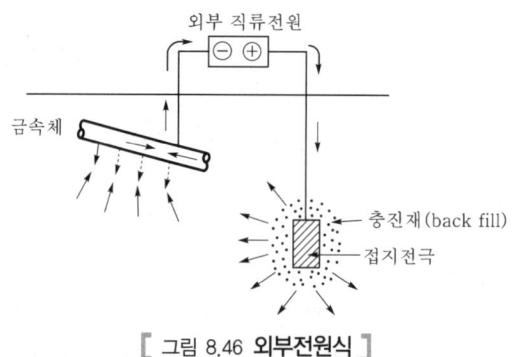

[그림 8.46 **외부전원식**]

(4) 배류식

레일로부터의 누설전류에 의한 전식방지를 목적으로 지중매설 금속체와 전철 레일을 전기적으로 접속하고 금속체를 흐르는 전류를 일괄하여 레일로 귀환시켜 분산유출되는 것을 방지하여 전식을 줄이는 방식이다. 전기적인 접속방법에 따라서 직접배류식, 선택배류식, 강제배류식 등으로 분류된다.

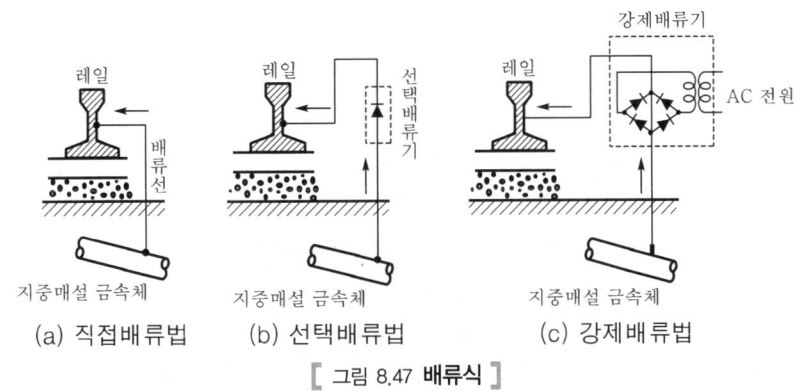

[그림 8.47 **배류식**]

① **직접배류식**

[그림 8.47](a)와 같이 지중매설 금속체와 레일을 직접 접속하는 방식이다. 누설 전류에 영향을 주는 전철 변전소가 부근에 1개소밖에 없고, 레일측에서 전류가 역류할 우려가 없는 경우에만 사용되며 적용가능한 장소가 적다.

② **선택배류식**

[그림 8.47](b)와 같이 지중매설 금속체와 레일을 접속하는 배류선에 선택배류 기를 설치하고 금속체가 레일에 대해서 고전위로 되는 경우에만 전류를 유출시 키는 방식이다. 이 방식은 전력이나 접지가 필요 없으며 비용이 저렴하므로 전 식방지에 널리 사용되고 있고 자연부식에도 일부 방지효과가 있다. 배류기는 종 래 계전기식이 많았지만 최근에는 실리콘다이오드(silicon diode)를 사용하는 방 식이 많다.

③ **강제배류식**

[그림 8.47](c)와 같이 배류기 대신에 외부 직류전원을 삽입한 방식이며, 레일을 접지양극으로 하는 외부전원법도 있다.

레일은 접지양극으로 우수하고 선택배류식의 특성도 구비하고 있으므로 방식효 과는 크다. 그러나 전기철도측의 신호회로 등에 대한 악영향을 고려해야 하므로 이 방식의 선정시에는 신중을 기해야 한다.

급전회로

09 급전회로

01 급전회로의 개요

1 급전회로의 정의

전기철도에서 운전용 전력은 변전소로부터 전차선로에 급전되고 전기차를 구동시킨 후에 레일 등의 귀선을 경유하여 변전소로 귀환된다. 이 전기회로가 전기철도의 급전회로이다. 변전소로부터의 급전거리, 전압강하, 사고시의 구분, 보수 등을 고려하여 전차선로를 적절한 구간으로 구분하여 급전 및 정전이 가능하도록 구성한 전기계통이 급전계통이다. 그리고 변전소로부터 전기차에 전력을 송전하는 방식을 일반적으로 급전방식이라 하며, 전기철도방식, 변전소, 전차선로 등의 구성에 따라서 분류된다.

2 급전회로의 특성

전기철도의 급전회로는 다음과 같은 주요특성이 있다.
① 급전회로의 부하인 전기차는 제한된 선로상을 주행하므로 중량과 크기가 제한되고, 일반적으로 광범위한 속도와 대출력이 요구된다.
② 전기차는 그 특성상 시동, 정지를 빈번하게 반복하므로 부하가 격심하게 변동하고 그 위치도 이동한다.
③ 일반적으로 철도수송은 전용궤도상을 장거리로 연속하여 수행되므로 사고시에 설비의 일부가 기능을 상실하면 열차운행의 전반에 광범위한 영향을 주게 되며 수송을 마비시키므로 고 신뢰도와 안전성이 요구된다.
④ 부하급전은 트롤리선이나 제3궤조 등과 전기차 집전장치와의 습동접촉에 의하므로 고속운전시에도 양호한 접촉이 요구된다.
⑤ 일반적으로 전기철도에서는 레일을 귀선로로 사용하므로 1선 직접접지의 전기회로가 된다. 그리고 직류방식에서는 인접한 지중 매설체에 전식을 야기하고, 교류방식에서는 통신유도장해 등을 야기하므로 이에 대한 대책이 필요하다. 또한 지락시에는 선간단락상태로 되어 사고전류가 크다.
⑥ 직류전차선로는 운전전류가 커서 사고전류와의 차이가 작으므로 사고전류의 선택차단이 곤란하다.

3 급전회로의 조건

전기철도의 급전회로는 안전, 신속, 정확하게 열차운행을 수행하기 위하여 다음과 같은 조건을 만족하여야 한다.

① 전류 용량은 전기차의 부하에 충분하여야 한다.
② 전차선 전압은 전기차의 운전에 지장이 없는 일정한도 내에 있어야 한다.
③ 변전소, 전차선로, 전기차의 절연협조가 충분히 유지되고 소요 절연강도, 절연 이격거리가 확보되어야 한다.
④ 사고가 발생한 경우에 신속하게 사고개소를 구분하고 합당한 보호가 수행되어야 한다.
⑤ 보수작업이나 사고발생시에 열차에 영향이 적도록 급전구간을 구분할 수 있어야 한다.

02 직류급전회로

1 직류급전방식

직류전기철도의 급전방식은 [그림 9.1]과 같이 일반적으로 인접 변전소에서 병렬로 급전한다. 그리고 전류가 크므로 트롤리선과 병렬로 급전선을 설치하고 단거리의 경우에 드물게 급전선을 설치하지 않는 경우가 있다.

트롤리선과 급전선은 급전분기선에 의해서 병렬로 접속되며, 접속간격이 짧으면 급전선의 이용률이 높아지고 트롤리선의 온도상승이 경감되는 효과가 있다.

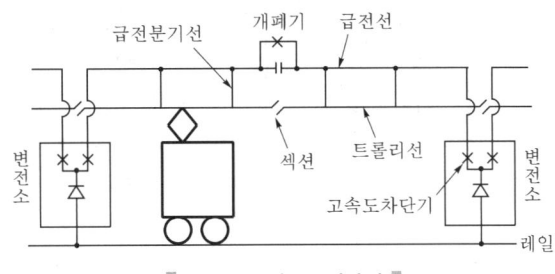

[그림 9.1 **직류급전방식**]

2 직류급전회로의 구성

직류급전회로의 구성은 단선구간에서는 [그림 9.2]와 같이 간단하게 되고, 급전회선마다 고속도차단기 등의 보호장치가 설치된다.

복선구간에서 변전소 간격이 비교적 길고 전압강하가 큰 경우에는 [그림 9.2](b)와 같이 변전소의 중간에 급전구분소를 설치한다. 급전구분소에서는 상선, 하선 또는 계통이 다른 급전선을 병렬로 접속하여 전압강하를 보상하고 각 회선마다 고속도차단기 등의 보호장치를 설치하여 사고시 보호를 수행한다. 그리고 필요시 급전구간을 구분하는 목적으로도 사용된다.

급전구분소의 구성에는 여러 방식이 있으며 [그림 9.2](b)에 구성 예를 보인다.

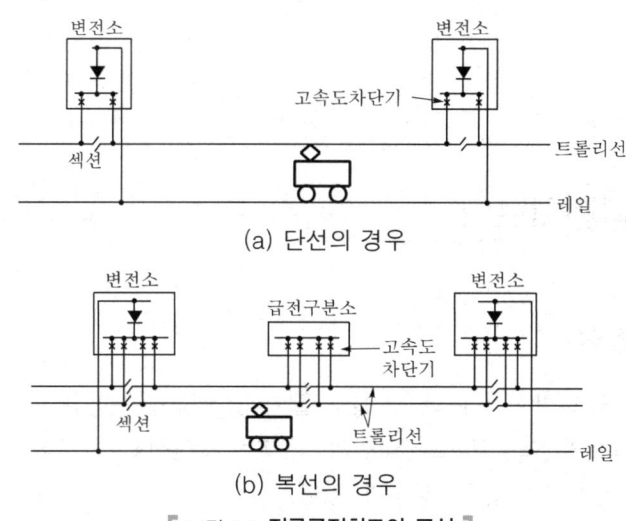

[그림 9.2 **직류급전회로의 구성**]

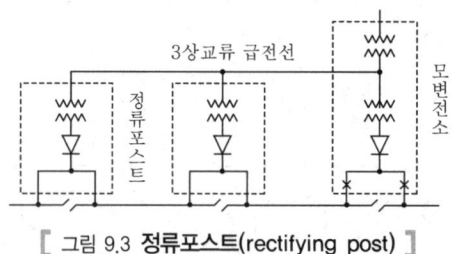

[그림 9.3 **정류포스트(rectifying post)**]

이외에도 상하선을 균압하는 고속도차단기만을 설치한 간단한 결선방식의 급전 타이포스트(TP ; Tie Post)도 한다. 그리고 이의 특수한 방식으로 정류포스트(RP ; Rectifying Post)가 있다. 정류포스트는 [그림 9.3]과 같이 일반의 변전소설비를 간략화한 방식으로 정류기용 변압기, 정류기 및 급전설비만을 설치하고 부하의 중심부에 설치한 주변전소에서 교류전원을 급전 받으며 계통의 보호도 주변전소에서 수행한다.

3 직류급전회로의 선로정수

전기철도 급전회로의 선로정수는 전차선로의 구성, 레일의 대지누설전류의 크기 등에 따라서 다르다. 직류급전회로의 선로정수의 예를 [표 9.1] 및 [표 9.2]에 보인다.

대지누설전류는 선로에 따라서 다르며, 일반적으로 30%로 계산된다.

표 9.1 **직류급전회로의 전선과 레일저항**

종 류		단면적 (소선수/소선경) (mm²)	조 수	누설전류 (%)	저항치(20℃ 기준) (레일은 본드저항 포함) (Ω/km)
급전선	동	325 (61/2.6) 200 (37/2.6)	1	–	0.0560 0.0920
	알루미늄	510 (37/4.2) 300 (37/3.2)	1 1	–	0.0563 0.0969
강 조가선	–	90 (7/4)	1	–	1.5070
동 보조조가선	–	100 (19/2.6)	1	–	0.1797
트롤리선	–	110	1	–	0.1592
레일	30kg 37kg 50kg		좌우 2조 좌우 2조 좌우 2조	30 30 30	0.02079 0.01679 0.01255

표 9.2 **직류전차선로의 합성저항**

저 압	가선방식	가선구성(mm²)	저항치(Ω/km)
직류 1,500V	심플커티너리	트롤리선 Cu 110 급전선 Al 510×1	0.0530
	콤파운드커티너리	트롤리선 Cu 110 급전선 Cu 325×1 보조조가선 Cu 100	0.0455
	더블심플커티너리	트롤리선 Cu 110×2 급전선 Cu 325×2	0.0327

[주] 1. 레일 : 50kg

2. 대지누설전류 : 30%

03 교류급전회로

1 교류급전방식

일반적으로 교류방식에는 상용주파(60Hz 또는 50Hz) 단상교류 25kV의 급전전압이 사용되고 있다. 교류전기철도에서는 전압이 높고 전류가 작으므로 특수한 경우를 제외하고는 일반적으로 트롤리선과 병렬로 급전선을 설치하지 않는다. 그리고 인접변전소 상호간의 전압위상이 서로 다르므로 위상차가 작은 일부의 경우를 제외하고는 일반적으로 병렬급전을 하지 않고 단독급전을 수행한다.

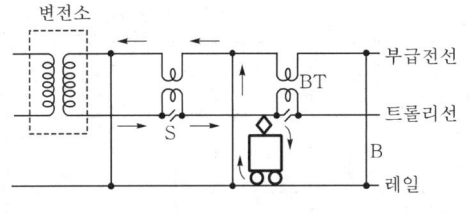

여기서, BT : 흡상변압기
　　　　B : 흡상선
　　　　S : 흡상변압기용 섹션

(a) 흡상변압기 급전방식

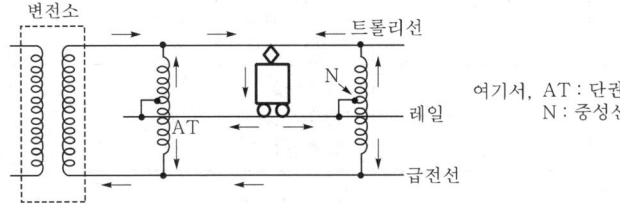

여기서, AT : 단권변압기
　　　　N : 중성선

(b) 단권변압기 급전방식

[그림 9.4 **흡상변압기 및 단권변압기 급전방식**]

(1) 흡상변압기 급전방식(BT 급전방식)

교류전기철도에서 통신유도 장해대책으로 흡상변압기(BT ; Booster Transformer)를 사용하는 급전방식이다. ([그림 9.4](a) 참조)

흡상변압기는 권수비 1 : 1의 변압기로 1차측은 전차선, 2차측은 부급전선에 접속된다. 부급전선은 흡상선에 의해 흡상변압기의 중성점과 접속되고 동시에 레일과 접속된다. BT 급전방식에서는 전차선에 흡상변압기용의 섹션이 설치되어야 한다.

변전소의 표준 급전전압은 일반적으로 25kV이다.

(2) 단권변압기 급전방식(AT 급전방식)

교류전기철도에서 통신유도 장해대책으로 단권변압기(AT ; Auto-Transformer)를 사용하는 급전방식이다. ([그림 9.4](b) 참조)

단권변압기는 권선의 중성점 또는 적절한 권선비로 되는 점을 중성선에 의해서 레일에 접속하고 권선의 일단은 전차선에 접속하여 전기운전에 적합한 급전전압으로 설정하고 다른 일단은 급전선에 접속한다.

변전소의 표준 급전전압은 일반적으로 50kV(전기운전 전압은 25kV)이며, 변전소 간격은 BT 급전방식에 비해서 길다. 일반적으로 흡상변압기(BT) 급전방식의 변전소 간격은 약 20km, 단권변압기(AT) 급전방식의 변전소 간격은 약 50~70km가 설정되고 있다.

교류전기철도에서 종래에는 BT 급전방식을 사용하였으나 최근에는 대부분 AT 급전방식이 사용되고 있다.

(3) 상하선별 이상(異相)급전방식

급전용 변압기의 주좌, T좌로부터 각각 복선구간의 상하선별로 급전하는 방식이다. ([그림 9.5] 참조)

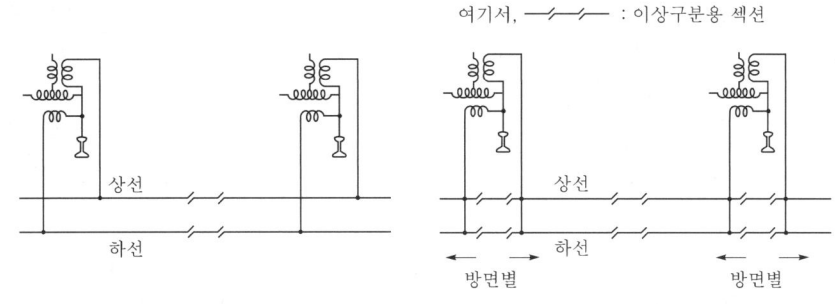

여기서, ──/──── : 이상구분용 섹션

(a) 상하선별 이상급전	(b) 방면별 이상급전

[그림 9.5 **상하선별 및 방면별 이상(異相)급전방식**]

이 방식에서는 변전소 직전의 이상구분용 섹션이 생략되고 무가압섹션 통과시의 노치오프(notch off) 횟수가 적어지는 장점이 있다.

그러나 각 역 상하선의 건넘선에 이상구분용 섹션이 설치되어야 하고 복잡한 구내에서는 건넘선이 많아 부적합하다. 그리고 상하선 중에 어느 한쪽 선으로 편선운전을 수행하는 경우에 전압 불평형, 전압변동이 크다. 현재, 고속철도의 일부구간에서 사용되고 있다.

(4) 방면별 이상 급전방식

이 방식은 변전소를 경계로 방면별로 급전하는 방식이다. ([그림 9.5](b) 참조)

이 방식에서는 변전소의 직전에 이상구분용 섹션이 설치되어야 하며, 편선 운전시에 전원전압의 불평형, 전압변동이 작다. 그리고 상하선의 건넘선에는 이상구분용 섹션이 필요 없으며 복잡한 구내에도 적합하다. 또한, 급전구분소 등에서 상하선을 단락하여 전압강하를 경감할 수 있는 장점이 있다.

(5) 변압기 결선에 의한 급전방식

전기철도의 단상부하에 의한 3상전원 불평형 경감대책으로 변전소의 급전용 변압기의 결선방식을 특수하게 하는 급전방식이다. 이 급전방식은 단상결선, V결선 및 스코트결선(scott connection) 변압기 급전방식으로 분류된다.

일반적으로 선로의 말단 변전소를 제외하고는 스코트결선 급전방식을 사용하고 있다.

▣ 2 교류급전회로의 구성

일반적으로 교류전기철도에서는 인접 변전소간의 급전 전압위상이 서로 다르므로 [그림 9.6]과 같이 변전소간의 중간지점에 설치되는 이상구분용 섹션의 위치에 급전구분소가 설치된다.

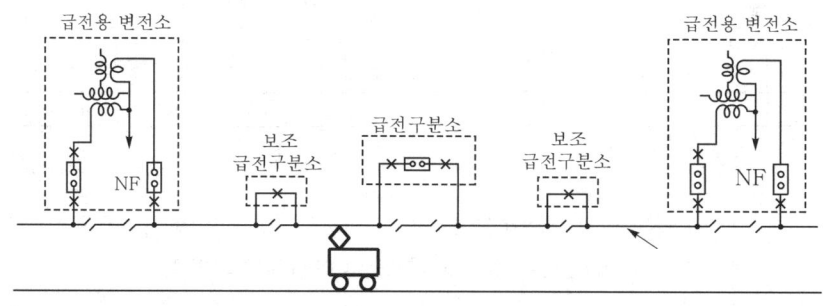

[그림 9.6 **교류급전회로의 구성**]

급전구분소에는 차단기, 보호계전기 등의 보호장치가 설치되고, 평상시에는 양측의 변전소로부터 급전구분소까지 각각 단독으로 급전된다. 한쪽의 변전소 고장의 경우에는 급전구분소를 통해 다른 변전소로부터 연장 급전된다. 일반적으로 급전구분소에는 절환 섹션을 설치하고 있다.

변전소 간격이 긴 경우에는 보수작업시나 사고시에 급전구간을 한정하여 구분하기 위하여 변전소와 급전구분소의 사이에 일반섹션을 구비한 보조급전구분소를 설치한다. 교류방식에서도 변전소 상호간의 전압 위상차가 작은 경우에는 변전소 상호간에 병렬급전을 수행하고 있다.

그리고 [그림 9.4]에서와 같이 흡상변압기와 부급전선 또는 단권변압기와 급전선이 설치된다. 또한, 흡상변압기 구간에는 전압보상용 직렬콘덴서, 단권변압기 구간에는 자동전압보상장치 등이 설치되며, 교류급전회로는 구성이 다소 복잡하다.

3 교류급전회로의 선로정수

(1) 선로정수의 개요

교류급전회로는 직류와 달리 전선상호간의 상호유도계수를 고려해야 하므로 비교적 복잡하다. 교류급전회로는 흡상변압기 또는 단권변압기의 동작에 의해서 전기차의 귀선전류는 전부 부급전선(흡상변압기 구간) 또는 급전선(단권변압기 구간)을 통해 흐르는 것으로 간주하여 일반 단상교류와 동일하게 취급한다.

지상에 가선된 전선의 자기외부 임피던스(impedance)와 전선상호간 임피던스는 전선의 재료, 크기, 상호간의 위치, 대지 도전율 등에 따라 서로 다르다. 그러므로 각 선로구간 마다 전차선로의 구조가 다소 다르므로 선로정수도 다소간 변화가 있다. 다음의 [표 9.3]에 교류전차선로 선로정수의 개략치를 예시한다.

‖ 표 9.3 **교류전차선로의 선로정수 개략치** ‖

급전방식	적용선로	주파수 (Hz)	선로정수 $r + jx(\Omega/\text{km})$
BT 급전방식	일반전기철도	50	$0.286 + j0.684$
		60	$0.286 + j0.822$
	고속전기철도	50	$0.210 + j0.660$
		60	$0.210 + j0.790$
AT 급전방식	일반전기철도	50	$0.111 + j0.176$
		60	$0.111 + j0.212$
	고속전기철도	50	$0.040 + j0.185$
		60	$0.040 + j0.209$

(2) 선로정수의 산정

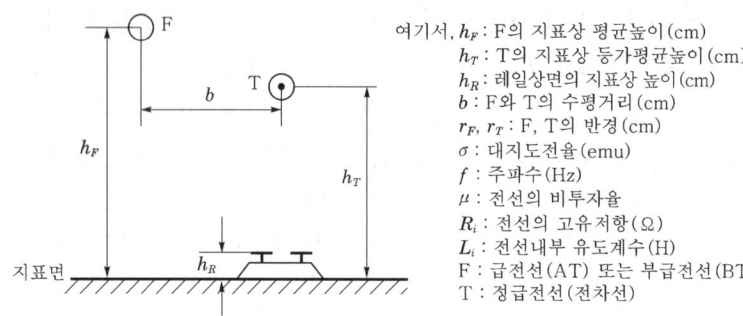

여기서, h_F : F의 지표상 평균높이(cm)
h_T : T의 지표상 등가평균높이(cm)
h_R : 레일상면의 지표상 높이(cm)
b : F와 T의 수평거리(cm)
r_F, r_T : F, T의 반경(cm)
σ : 대지도전율(emu)
f : 주파수(Hz)
μ : 전선의 비투자율
R_i : 전선의 고유저항(Ω)
L_i : 전선내부 유도계수(H)
F : 급전선(AT) 또는 부급전선(BT)
T : 정급전선(전차선)

[그림 9.7 **교류전기철도 단선구간의 전차선로 단면도**]

① 대지귀로 자기임피던스(Z_S)

일반적으로 [그림 9.7]과 같이 지표에서 h(cm)의 높이에 가설된 도체의 반경이 r(cm)인 경우에 상용주파수 대역에서의 대지귀로 외부임피던스 Z_e는 Carson Pollaczek의 외부임피던스 산출공식에 의해 다음과 같이 표시된다.

$$Z_e = \left\{ \omega \left(\frac{\pi}{2} - \frac{4x}{3\sqrt{2}} \right) + j\omega \left(4.605 \log_{10} \frac{4h}{r \cdot x} + \frac{4x}{3\sqrt{2}} - 0.1544 \right) \right\} \times 10^{-4}$$
$$= R_e + jX_e \,(\Omega/\text{km}) \quad\cdots\cdots\cdots\cdots\cdots\cdots\cdots\cdots\cdots\cdots\cdots\cdots (9.1)$$

$$x = 2\pi h \sqrt{2\sigma f}$$

그리고 전선의 내부임피던스 Z_i는 다음과 같다.

$$Z_i = R_i + j\omega L_i \,(\Omega/\text{km}) \quad\cdots\cdots\cdots\cdots\cdots\cdots\cdots\cdots\cdots\cdots\cdots\cdots (9.2)$$

단, $L_i = \dfrac{\mu}{2} \times 10^{-4}$(H/km)이다.

그러므로 가공전선의 대지귀로 자기임피던스는 다음 식으로 표시된다.

$$Z_S = Z_e + Z_i \,(\Omega/\text{km}) \quad\cdots\cdots\cdots\cdots\cdots\cdots\cdots\cdots\cdots\cdots\cdots\cdots (9.3)$$

② 전선간의 상호임피던스(Z_M)

지표상의 높이 h_1, h_2(cm), 상호간 수평거리 b(cm)로 가선되어 있는 2도체 간의 상용주파수 대역에서의 상호임피던스는 Carson Pollaczek의 상호임피던스 산출 공식에 의해서 다음 식과 같이 표시된다.

$$Z_M = \left[\omega \left\{ \frac{\pi}{2} - \frac{4x'}{3\sqrt{2}}(h_1 + h_2) \right\} + j\omega \left\{ 4.605 \log_{10} \frac{2}{x'\sqrt{b^2 + (h_1 \sim h_2)^2}} - 0.1544 \right. \right.$$
$$\left. \left. + \frac{4x'}{3\sqrt{2}}(h_1 + h_2) \right\} \right] \times 10^{-4}$$
$$= R_M + jX_M (\Omega/\text{km}) \quad \text{.............................} \quad (9.4)$$

$$x' = 2\pi\sqrt{2\sigma f}$$

③ 전차선로의 임피던스(Z_L)

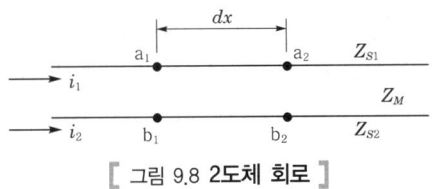

[그림 9.8 **2도체 회로**]

위의 [그림 9.8]과 같이 대지귀로 자기임피던스가 단위길이당 각각 Z_{S1}, Z_{S2}인 2도체가 상호임피던스 Z_M으로 가선되어 있는 경우에 선로상 임의의 구간 dx에서 각 도체위 전압강하는 다음 식과 같다.

$$\left. \begin{array}{l} -dV_1 = (Z_{S1}i_1 + Z_M i_2)dx \\ -dV_2 = (Z_{S2}i_2 + Z_M i_1)dx \end{array} \right\} \quad \text{.............................} \quad (9.5)$$

교류전차선로에서 전류는 다음 식과 같은 관계로 된다.

$$i_1 = -i_2 = i$$

그러므로 dx 사이의 전압강하는 다음과 같다.

$$-dV_1 + dV_2 = (Z_{S1} + Z_{S2} - 2Z_M)i dx \quad \text{.............................} \quad (9.6)$$

따라서 단위길이당의 전압강하는 다음 식과 같이 된다.

$$V_{12} = (Z_{S1} + Z_{S2} - 2Z_M)i \quad \text{.............................} \quad (9.7)$$

251

그리고 전선로 단위길이당의 선로정수는 다음 식으로 표시된다.

$$Z_L = Z_{S1} + Z_{S2} - 2Z_M \quad \cdots\cdots\cdots\cdots\cdots\cdots\cdots\cdots\cdots\cdots\cdots (9.8)$$

04 전압강하

1 전압강하의 허용한도

변전소의 급전이 정지되거나 전차선의 전압강하가 커지면 열차운전에 직접적으로 큰 영향을 미치게 되므로 전기운전용 전력은 안정된 양질의 것이어야 한다. 그러므로 급전 정지는 물론, 전차선의 전압강하는 적극적으로 줄여야 하며 일반적으로 일정한도가 지정되어 있다.

[표 9.4]에 전차선의 최저전압 예를 보인다.

┃ 표 9.4 **전차선의 최저전압** ┃

구 분	표준전압	최저전압
교류	교류 25kV	22.5kV 이상
직류	직류 1,500V 직류 750V 직류 600V	1,000V/900V 이상 500V 이상 400V 이상

전압강하의 허용한도는 전기방식이나 전기차의 형식에 따라 서로 다르다. 일반적으로 전압강하를 제한하는 요소로는 다음의 사항이 고려되어야 한다.

① 전기차의 보기가 기능을 상실하지 않아야 한다.

전기차에서는 제어회로 전원용의 전동발전기나 전동압축기 등의 보기를 사용한다. 전동발전기는 [그림 9.9]와 같이 전차선 전압이 강하하여도 일정한도까지는 필요한 제어전원전압이 확보되는 특성을 가지고 있으나 이 한도를 넘으면 제어 회로는 기능을 상실하고 운전불능으로 된다. 그러므로 순간적인 전압강하에서도 이 한도는 초과하지 말아야 한다.

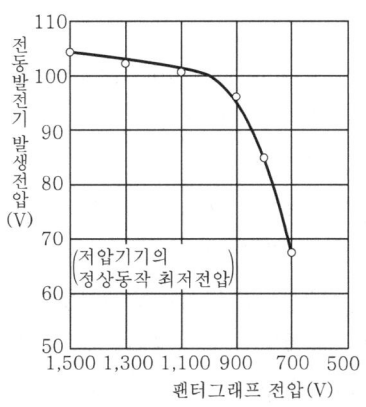

[그림 9.9 **전동발전기의 특성**]

전기차 보기의 전원전압에 대한 전압강하의 한도는 보통 40~50% 정도이다. 일반적으로 직류 1,500V 방식에서 전압강하의 한도는 1,000V이며, 저압계전기를 사용하여 전압변동폭을 제한하는 기기에서는 900V를 한도로 하고 있다.

② 전기차의 속도특성이 감소되지 않아야 한다.

전기차의 주전동기로 직권전동기가 사용되는 경우에 속도특성은 동일한 견인력에서는 전압에 비례하여 변화하므로 전차선의 전압강하에 비례하여 속도가 감소한다.

이 결과, 표정속도를 유지하기 위해서는 필연적으로 역행시간이 길어지고 전력소비량의 증가 및 주전동기의 온도상승이 야기된다. 그리고 표정속도를 유지할 수 없으므로 운행시간표를 유지할 수 없게 된다. 이 경우의 전압강하는 순간적 최대전압강하로 되고 역행시간 전체의 전압강하에 영향을 미친다.

2 전압강하의 경감대책

전압강하를 경감시키는 방법은 다음과 같다.

(1) 직류방식의 경우

① 급전선 즉, 보조귀선을 설치하여 선로저항을 경감한다.

② 전압강하가 크게 되는 구간에는 변전소를 증설하여 급전거리를 단축한다.

③ 복선구간에서는 급전구분소를 설치하고 상하선의 급전선을 균압하여 병렬로 사용한다.

④ 승압기를 삽입하여 전압강하를 보상한다.

(2) 교류방식의 경우

교류방식의 선로임피던스는 [표 9.3]과 같이 저항분에 비해서 리액턴스(reactance)분이 크다. 그러므로 도체 단면적을 증가시켜 저항분을 감소시켜도 선로임피던스의 경감효과가 작으며 동량이 적고 경량구조로 되는 교류전기철도의 장점에 역행하는 결과가 된다. 따라서 교류방식에서는 직렬콘덴서를 사용하여 리액턴스분을 보상하는 방식, 단권변압기의 승압효과를 이용하는 방식, 자동전압보상장치를 사용하여 부하전류의 변화에 대응하여 전압을 조정하는 방식 등이 사용되고 있다.

이 외에 전압강하를 경감하는 방법으로 다음과 같은 것이 있다.

① 전기차의 역률을 개선하는 방법

② 변전소에서 병렬콘덴서를 부하와 병렬로 접속하고 무효전력을 공급하여 부하의 역률을 개선하는 방법

이 방법에서는 변동이 격심한 전철부하의 경부하 또는 무부하시에 과전압으로 되지 않도록 부하의 변동에 대응하여 콘덴서의 용량을 변경시켜야 하며, 설비가 복잡하게 된다.

③ 동기조상기를 설치하는 방법

병렬콘덴서와 동일한 원리이며, 공급하는 무효전력을 부하의 변화에 대응하여 자동적으로 가감하므로 병렬콘덴서보다 유리하지만 설비가 복잡하게 된다.

④ 동축케이블을 급전선으로 사용하는 방법

동축케이블의 외부도체를 부급전선, 내부도체를 정급전선으로 하고 적절한 간격으로 각각 트롤리선 및 레일과 접속하는 방식이다. 동축케이블의 저임피던스와 도체간의 밀결합을 이용한 귀선전류의 흡상효과에 의해서 전압강하 및 통신유도장해를 경감시킬 수 있다. ([그림 9.10] 참조)

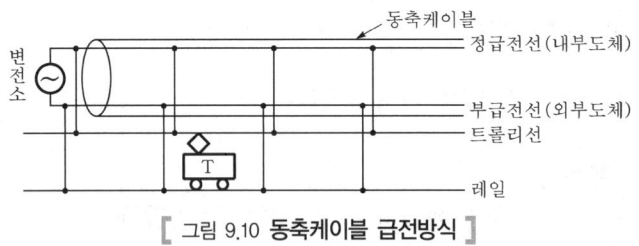

[그림 9.10 **동축케이블 급전방식**]

3 직렬콘덴서 회로

직렬콘덴서 방식은 흡상변압기의 2차측에서 부급전선에 직렬로 콘덴서를 설치하고 선로 리액턴스분을 보상하여 전압강하를 경감시키는 방식이다.

이 방식은 부하의 변동에 대해서 자동적으로 즉시 응동하고 설비가 간단하여 BT 급전 방식 구간에 널리 사용되고 있다. 이 방식의 실제 사용 예에서는 회로리액턴스의 약 40% 정도가 보상되고 있다. 급전용 변압기의 임피던스를 보상하기 위하여 직렬콘덴서를 변전소에 설치하는 경우도 있다.

[그림 9.11]에 직렬콘덴서에 의한 전압보상도를 보인다.

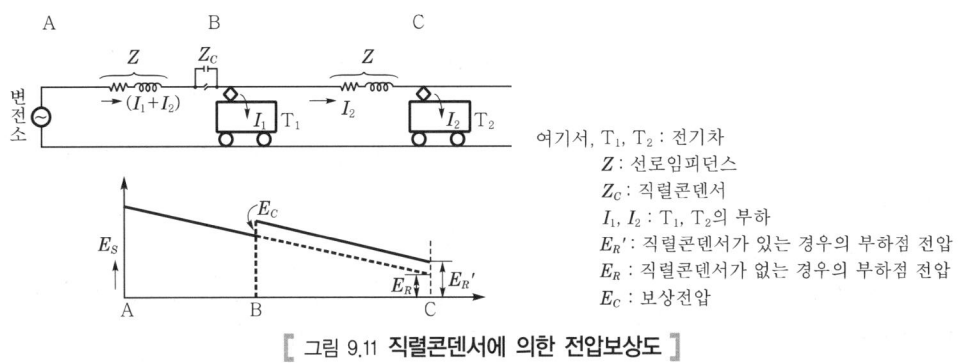

여기서, T_1, T_2 : 전기차
Z : 선로임피던스
Z_C : 직렬콘덴서
I_1, I_2 : T_1, T_2의 부하
$E_R{}'$: 직렬콘덴서가 있는 경우의 부하점 전압
E_R : 직렬콘덴서가 없는 경우의 부하점 전압
E_C : 보상전압

[그림 9.11 **직렬콘덴서에 의한 전압보상도**]

[표 9.5]는 교류 20kV 전차선로에 사용되는 직렬콘덴서의 임피던스(ohm)값과 부하전류 1A당의 보상전압의 개략치를 보이고 있다.

┃ 표 9.5 **직렬콘덴서 보상전압의 개략치(1A당)** ┃

임피던스값 (ohm) 역률	3.3Ω	5Ω	6.6Ω
0.75	2.18V	3.30V	4.36V
0.80	1.98V	3.00V	3.96V
0.85	1.75V	2.65V	3.50V

직렬콘덴서는 전압강하보상 이외에 변전소 수전단의 전압변동률을 경감하고 역률이나 3상불평형을 개선하는 목적으로도 이용된다. 콘덴서를 1개소에 집중설치하면 통과하는 전기차에 과대한 변동을 줄 우려가 있다. 일반적으로 트롤리선에 삽입하는 임피던스(ohm)값은 1개소에서 최대 50Ω 정도로 분산하여 설치된다. 전차선로에 지락사고가 발생하면 대전류가 흐르고 콘덴서 단자 사이에 과전압이 가해진다. 그러므로 한류코일 및 방전갭이 설치된다. ([그림 9.12] 참조)

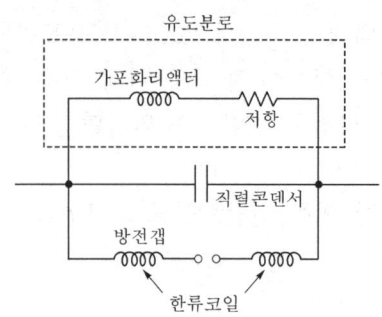

[그림 9.12 **직렬콘덴서의 보호설비**]

　선로리액턴스를 직렬콘덴서로 보상하는 회로에서는 콘덴서의 용량에 따라 회로에 접속되어 있는 전기차의 변압기가 무부하 또는 경부하로 되는 경우에 직렬공진을 야기하기 쉽다.

　즉, 전원전압의 변동이나 회로의 개폐에 의해 회로에 철공진이 발생하면 저주파 진동전류가 흐른다. 이 결과, 직렬콘덴서가 회로에 분산되어 삽입되어 있으면 각 콘덴서의 과대단자전압이 누적되고 회로에 이상전압으로 나타나므로 절연파괴 및 장해를 유발한다. 그러므로 콘덴서의 용량과 위치는 적절하게 선정되어야 한다. 그리고 가포화 리액터 (reactor)를 가지는 유도분로를 설치하여 분수주파수 진동의 발생을 억제하는 방식도 있다. ([그림 9.12] 참조)

４ 단권변압기(AT) 회로

　단권변압기는 통신유도장해를 경감하고 전압강하의 경감에도 효과가 크다.

　[그림 9.13]에 단권변압기(권수비 1 : 1)의 회로전류 분포를 보인다. 전기차의 부하전류는 변전소 S 및 전기차 양단의 단권변압기 AT_1 및 AT_2에 의해 대부분이 공급된다.

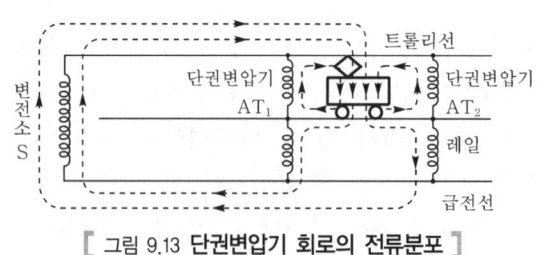

[그림 9.13 **단권변압기 회로의 전류분포**]

　그러므로 변전소에서 단권변압기 AT_1까지는 전기차 운전전압의 2배로 공급되고 전압

강하가 작아진다. 그리고 AT_1과 AT_2는 전기차에 병렬로 급전하게 되며 그 사이의 전압 강하가 경감된다.

5 자동전압보상장치

AT 급전방식에서는 직렬콘덴서에 의한 전압강하 보상방법을 적용하는 경우에 트롤리 선 및 급전선의 양쪽에 모두 필요하므로 소요수량이 많고 이상현상이 발생하기 쉽다. 그 러므로 이 급전방식에서는 직렬콘덴서를 사용하여 효과적으로 전압보상을 수행할 수가 없다.

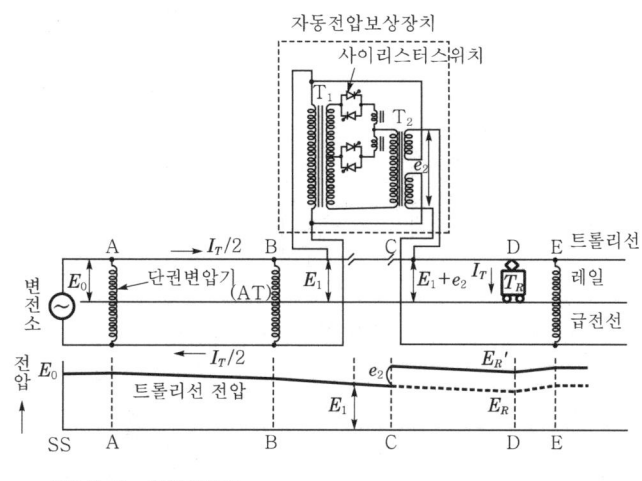

여기서, T_1 : 입력변압기
T_2 : 승압변압기
E_R : 자동전압보상장치가 없는 경우의 부하점 트롤리선 전압
E_R' : 자동전압보상장치가 있는 경우의 부하점 트롤리선 전압
⟋⟋⟋ : 무가압섹션

[그림 9.14 단권변압기(AT) 급전구간의 자동전압보상장치 및 전압보상특성]

따라서 AT 급전방식 구간에서는 [그림 9.14]와 같이 트롤리선의 원래전압 E_1에 승압 변압기의 보상전압 e_2를 가하는 자동전압보상장치가 사용된다. 탭(tap)절환에는 사이리 스터스위치(thyristor switch)를 사용하고 전압 E_1과 부하전류의 변동에 대응하여 자동 적으로 무아크(arc)절환을 수행한다.

보상전압을 인출하는 단자 사이에는 무가압섹션이 설치된다. [그림 9.14]의 경우, 급 전구분소에 설치된 이상구분용 무가압섹션이 전압보상용 섹션으로 사용되고, 연장급전 시에는 자동적으로 보상장치가 투입된다.

6 전압강하의 계산

(1) 부하의 상정

전기철도 회로의 전압강하를 구하기 위해서는 전차선로에 분포되어 있는 전기차의 위치와 출력을 알아야 한다. 그러므로 전기차의 운전 다이어그램과 전류·거리특성곡선을 이용하여 전압강하가 최대로 예상되는 시간을 선정하고 이 시간에서의 부하분포와 크기를 구한다.

(2) 직류급전회로의 전압강하

전기차의 운전 다이어그램으로부터 구한 부하의 분포와 크기가 [그림 9.15]와 같은 경우에 임의의 지점에 있어서 선로 전류 및 전압은 다음과 같이 구할 수 있다.

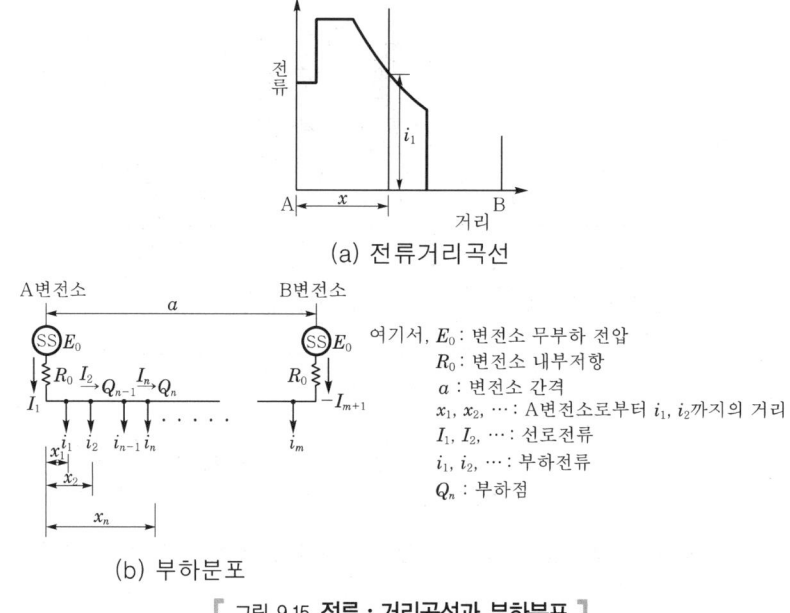

(a) 전류거리곡선

(b) 부하분포

여기서, E_0 : 변전소 무부하 전압
R_0 : 변전소 내부저항
a : 변전소 간격
$x_1, x_2, \cdots$: A변전소로부터 i_1, i_2까지의 거리
$I_1, I_2, \cdots$: 선로전류
$i_1, i_2, \cdots$: 부하전류
Q_n : 부하점

[그림 9.15 **전류·거리곡선과 부하분포**]

[그림 9.15](b)에서 A변전소에서 공급되는 전류 I_1은 변전소의 내부저항 R_0를 무시하면 다음 식과 같이 된다.

$$I_1 = \frac{a-x_1}{a}i_1 + \frac{a-x_2}{a}i_2 + \cdots + \frac{a-x_{n-1}}{a}i_{n-1} + \frac{a-x_n}{a}i_n + \cdots + \frac{a-x_m}{a}i_m$$

$$= i_1 + i_2 + \cdots + i_{n-1} + i_n + \cdots + i_m - \frac{1}{a}(x_1 i_1 + x_2 i_2 + \cdots + x_{n-i} i_{n-1} + x_n i_n + \cdots + x_m i_m)$$

$$= \sum_{j=1}^{m} i_j - \frac{1}{a}\sum_{j=1}^{m} x_j i_j \qquad\qquad (9.9)$$

B변전소에서 공급되는 전류 I_{m+1}은 다음 식으로 된다.

$$I_{m+1} = \sum_{j=1}^{m} i_j - I_1 = \frac{1}{a}\sum_{j=1}^{m} x_j i_j \qquad\qquad (9.10)$$

그리고 전차선로상 임의의 구간 $Q_{n-1} - Q_n$을 흐르는 전류 I_n은 다음과 같다.

$$I_n = \sum_{j=n}^{m} i_j - \frac{1}{a}\sum_{j=1}^{m} x_j i_j \qquad\qquad (9.11)$$

A변전소에서 Q_n지점까지의 전차선 전압강하 ΔV는 다음 식으로 표시된다.

$$\begin{aligned}
\Delta V &= I_1 x_1 r + I_2(x_2 - x_1)r + \cdots + I_{n-1}(x_{n-1}-x_{n-2})r + I_n(x_n - x_{n-1})r \\
&= r(I_1 x_1 + I_2 x_2 + \cdots + I_{n-1}x_{n-1} + I_n x_n) \\
&\quad - r(I_2 x_1 + I_3 x_2 + \cdots + I_{n-1}x_{n-2} + I_n x_{n-1}) \\
&= r\left(\sum_{j=1}^{n} I_j x_j - \sum_{j=1}^{n-1} I_{j+1}\cdot x_j\right) \qquad\qquad (9.12)
\end{aligned}$$

그러므로 Q_n지점의 전압은 다음과 같다.

$$E_n = E_0 - \Delta V \qquad\qquad (9.13)$$

전압강하가 최대로 되는 지점은 변전소 사이의 중앙지점으로 전기차가 최대부하를 취하고 있는 경우가 된다.

[그림 9.16]과 같이 중앙지점에 있는 전기차 이외의 부하는 대칭으로 균등하게 분포되어 있는 경우에는 [그림 9.17]과 같이 표시된다.

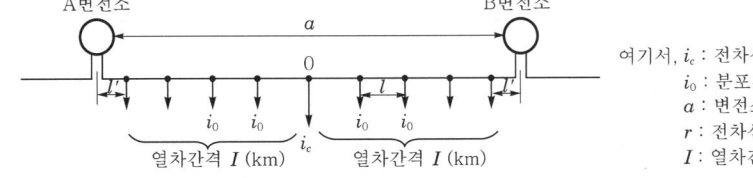

여기서, i_c : 전차선로 중앙에 있는 열차의 전류(A)
i_0 : 분포된 열차의 전류(동등한 것으로 함)
a : 변전소 간격(km)
r : 전차선로의 단위길이의 저항(Ω/km)
I : 열차간격(균등한 것으로 함)(km)

[그림 9.16 **직류전철의 상정부하분포**]

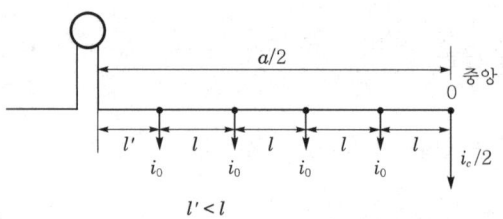

[그림 9.17 **분포부하의 등가회로**]

변전소에서 중앙지점까지 전기차 수량을 중앙지점에 있는 것을 제외하고 n으로 두면 다음과 같다.

$$nl + l' = \frac{a}{2} \quad \text{(9.14)}$$

변전소에서 중앙지점까지의 전압강하 ΔV는 다음과 같이 표시된다.

$$
\begin{aligned}
\Delta V &= \left(ni_0 + \frac{i_c}{2}\right)rl' + \left\{(n-1)i_0 + \frac{i_c}{2}\right\}rl + \cdots + \left(i_0 + \frac{i_c}{2}\right)rl + \frac{i_c}{2}rl \\
&= nrl'i_0 + \frac{ri_c}{2}(l' + nl) + \{1 + 2 + 3 + \cdots + (n-1)\}rli_0 \\
&= nrl'i_0 + \frac{ar}{4}i_c + \frac{n(n-1)}{2}rli_0 \quad \text{(9.15)}
\end{aligned}
$$

$l' = l$이라 두면 $(n+1)l = a/2$이므로 다음 식으로 된다.

$$\Delta V = \frac{ar}{4}\left\{\left(\frac{a}{2l} - 1\right)i_0 + i_c\right\} \quad \text{(9.16)}$$

[그림 9.16]에서 A, B 변전소 사이에 균등한 부하 i_0가 등간격 l로 n개 존재하는 경우에 $(n+1)l = a$로 된다. 전부하 전류가 A, B 사이에 균일하게 분포되어 있는 것으로 간주하면 단위길이당의 부하전류는 다음과 같이 된다.

$$\frac{ni_0}{a} = \frac{i_0}{a}\left(\frac{a}{l} - 1\right)$$

따라서 변전소 사이의 중앙지점까지의 전압강하는 다음 식으로 표현된다.

$$\Delta V = \int_0^{\frac{a}{2}} r\frac{i_0}{a}\left(\frac{a}{l} - 1\right)x\,dx = \frac{ar}{8}\left(\frac{a}{l} - 1\right)i_0 \quad \text{(9.17)}$$

그리고 변전소 사이의 중앙지점에 i_c인 부하가 있을 때는 다음과 같다.

$$\Delta V = \frac{ar}{8}\left(\frac{a}{l}-1\right)i_0 + \frac{ar}{4}i_c \quad \cdots\cdots\cdots\cdots\cdots\cdots\cdots\cdots\cdots\cdots\cdots\cdots\cdots\cdots\cdots (9.18)$$

(3) 교류급전회로의 전압강하

교류급전회로의 전압강하를 계산하기 위해서는 먼저 운전 다이어그램에서 부하의 분포와 크기를 구한다.

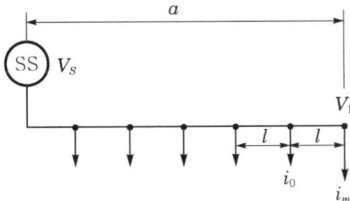

[그림 9.18 **교류전철의 상정부하분포**]

[그림 9.18]에서 말단의 전기차가 기동최대부하 i_m을 취하고 다른 $(n-1)$개의 전기차는 등간격 l로 부하 i_0를 취하는 것으로 한다.

전기차 역률은 모든 부하점에서 동일한 것으로 하고 단위길이당 선로임피던스를 z, 말단전압을 V_1으로 하면 송전단 전압 V_S는 다음과 같이 된다.

$$\begin{aligned}
\dot{V}_S &= \dot{V}_1 + z\dot{i}_0\{l + 2l + \cdots + (n-1)l\} + z\dot{i}_m nl \\
&= \dot{V}_1 + z\dot{i}_0\frac{n(n-1)}{2} + z\dot{i}_m nl
\end{aligned}$$

그리고 $nl = a$이므로 $n = \dfrac{a}{l}$로 두면, $\dot{V}_S$는 다음과 같이 된다.

$$\dot{V}_S = \dot{V}_1 + z\left\{a\dot{i}_m + \frac{a\dot{i}_0}{2}\left(\frac{a}{l}-1\right)\right\}$$

또한, $\dot{i}_m = i_m(\cos\theta - j\sin\theta)$, $i_0 = i(\cos\theta - j\sin\theta)$, $z = r + jx$로 두면 다음 식으로 된다.

$$\dot{V}_S = \dot{V}_1 + (r+jx)(\cos\theta - j\sin\theta)\left\{ai_m\frac{ai_0}{2}\left(\frac{a}{l}-1\right)\right\} \quad \cdots\cdots\cdots\cdots\cdots\cdots (9.19)$$

261

$$= \dot{V}_1 + \left\{ ai_m + \frac{ai_0}{2}\left(\frac{a}{l}-1\right)\right\}\{(r\cos\theta + x\sin\theta) + j(x\cos\theta - r\sin\theta)\} \cdots (9.20)$$

위의 식에서 허수 항은 실수부에 비해서 작아서 무시할 수 있으므로 다음 식으로 된다.

$$V_S \simeq V_1 + (r\cos\theta + x\sin\theta)\left\{ ai_m + \frac{ai_0}{2}\left(\frac{a}{l}-1\right)\right\} \cdots\cdots (9.21)$$

따라서 전압강하 ΔV는 $R_e = (r\cos\theta + x\sin\theta)$로 하여 다음 식과 같이 된다.

$$\Delta V \simeq V_S - V_1 = R_e\left\{ ai_m + \frac{ai_0}{2}\left(\frac{a}{l}-1\right)\right\} \cdots\cdots (9.22)$$

전압강하의 개략치를 구하는 데에는 실용상 $i_0 = i_m/2$로 두면 다음 식이 얻어진다.

$$\Delta V \simeq R_e\left\{ ai_m + \frac{ai_m}{4}\left(\frac{a}{l}-1\right)\right\} \cdots\cdots (9.23)$$

직렬콘덴서가 있는 경우는 급전회로에 삽입된 콘덴서의 옴(ohm)수를 x_c라고 하면, 선로의 전체 임피던스는 $ar + j(ax - x_c)$이므로 다음 식으로 된다.

$$\Delta V \simeq \{ra\cos\theta + (ax - x_c)\sin\theta\}\left\{ i_m + \frac{i_0}{2}\left(\frac{a}{l}-1\right)\right\} \cdots\cdots (9.24)$$

7 급전구분소의 전압강하 경감효과

직류급전회로에서 [그림 9.19]와 같이 급전구분소를 설치하는 경우의 전압강하 경감 효과를 구하면 다음과 같다.

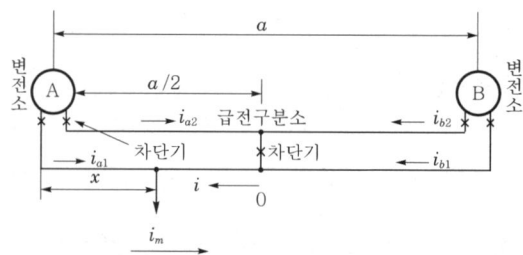

[그림 9.19 **직류급전회로의 개략도(복선구간)**]

[그림 9.18]에서 최대전류 i_m을 취하는 전기차가 A변전소에서 B변전소를 향해서 운전되는 경우를 생각한다.

(1) 급전구분소가 없는 경우

최대전압강하는 변전소 사이 중앙의 0지점에서 발생하고 그 값은 다음과 같다.

$$\Delta V_{1m} = \frac{a}{4} \cdot r \cdot i_m \quad\text{..} (9.25)$$

(2) 급전구분소가 있는 경우

[그림 9.19]의 A변전소로부터 임의의 거리 x까지의 전압강하 V_x는 다음과 같이 구한다.

A, B 변전소의 내부저항을 무시하고 급전전압이 동일하다고 보면 다음과 같다.

$$\begin{aligned}
&i_{b1} = i_{b2} = i_{a2}, \ I = 3i_{a2} \\
&i_m = i_{a1} + i = i_{a1} + 3i_{a2} \\
&i_{a2} = (i_m - i_{a1})/3 \quad\text{..} (9.26)
\end{aligned}$$

그리고 변전소에서 전기차 위치까지의 각 전차선로의 전압강하는 다음과 같이 된다.

$$\begin{aligned}
xri_{a1} &= \frac{1}{2}ari_{a2} + \left(\frac{a}{2} - x\right)ri \\
&= ri_{a2}(2a - 3x) \\
&= r(i_m - i_{a1})\left(\frac{2}{3}a - x\right) \\
xi_{a1} &= \left(\frac{2}{3}a - x\right)i_m - \frac{2}{3} - ai_{a1} + xi_{a1} \\
\frac{2}{3}ai_{a1} &= \left(\frac{2}{3}a - x\right)i_m \\
\therefore \ i_{a1} &= \left(1 - \frac{3x}{2a}\right)i_m \quad\text{................................} (9.27)
\end{aligned}$$

따라서 V_x는 다음 식에 의해서 구할 수 있다.

$$V_x = xri_{a1} = i_m r\left(x - \frac{3x^2}{2a}\right) \quad\text{.......................} (9.28)$$

V_x가 최대로 되는 지점은 다음 식으로 표시된다.

$$\frac{dV_x}{dx} = i_m r\left(1 - \frac{3x}{a}\right) \quad\text{(9.29)}$$

$\dfrac{dV_x}{dx} = 0$으로 두면 다음과 같이 된다.

$$x = \frac{1}{3}a \quad\text{(9.30)}$$

최대전압강하는 다음과 같다.

$$V_2 = \frac{a}{6} \cdot r \cdot i_m \quad\text{(9.31)}$$

즉, 급전구분소를 설치하여 상하선을 접속하면 [그림 9.20]과 같은 전압강하곡선으로 된다. 그리고 최대전압강하가 발생하는 지점은 변전소로부터 변전소 간격의 1/3지점으로 그 값은 급전구분소가 없는 경우의 2/3로 된다.

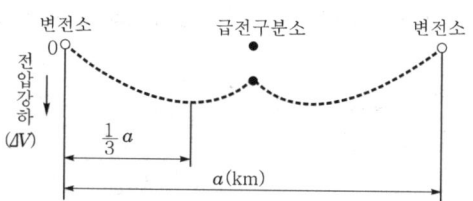

[그림 9.20 **복선구간에 급전구분소를 설치한 경우의 선로전압분포**]

05 ▷ 급전회로의 보호

1 급전회로 보호의 개요

전기철도의 급전회로에 접지사고 등이 발생하여 사고전류가 흐르는 경우에는 이것을 확실하게 선택차단하여 사고의 확대를 방지하고 전기차 및 지상설비를 보호해야 한다. 그리고 전기철도의 부하는 격심한 변동부하이므로 상시의 운전전류로 오동작하지 않도록 충분한 선택능력을 가져야 한다.

교류전기철도 급전회로의 보호는 일반전력계통의 경우와 본질적으로 동일하다. 직류전기철도에서는 부하전류가 크고 일반적으로 병렬급전을 수행하므로 사고전류의 선택차단이 곤란하여 다소 특수한 방식을 취한다.

2 직류급전회로의 보호

직류전기철도에서는 고장발생시의 보호장치로 고속도차단기를 사용하고 있다. 고속도차단기는 일반 교류회로에 사용되는 계전기와 차단기를 일체로 한 구조로 되어 있고, 차단능력과 사고전류에 대한 선택성이 부여되어 있다.

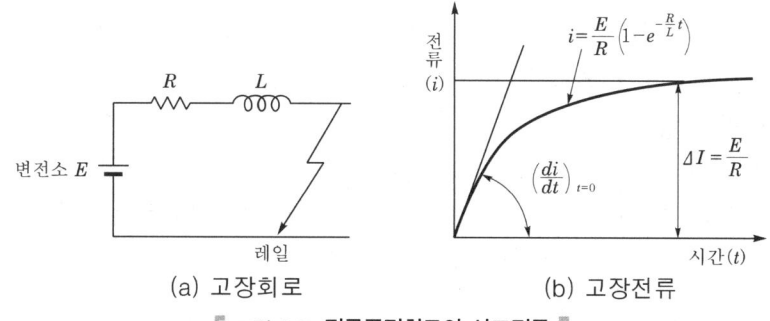

(a) 고장회로　　　　　　(b) 고장전류

[그림 9.21 **직류급전회로의 사고전류**]

일반적으로 [그림 9.21](a)와 같은 직류회로에 지락사고가 발생한 경우, 사고전류의 변화는 (b)와 같이 된다. 사고발생시의 전류변화 $(di/dt)_{t=0}$는 보통의 운전전류에 비해서 대단히 급준하며 회로의 L값에 제한을 받아 유한한 값으로 된다.

고속도차단기는 전류의 크기와 고장전류의 $(di/dt)_{t=0}$가 커서 급준하게 입상하는 것을 이용하여 운전전류와 사고전류를 판별하는 것이다. 사고점이 변전소로부터 원거리에 있는 경우나 불완전한 접지사고 등의 경우에는 고장전류가 작으므로 선택차단이 곤란하다. 고속도차단기의 선택률은 $(di/dt)_{t=0}$가 큰 경우에는 50% 정도로 된다.

[그림 9.22]는 고속도차단기의 선택특성의 예를 보이고 있다. 여기서 조정치곡선과 사고전류곡선과의 교점이 고속도차단기의 선택특성만에 의한 선택차단의 한계가 된다.

수송량의 증대에 따라 부하전류 및 기동전류가 커지면 고속도차단기의 접촉자 전류용량을 크게 해야 하며 구조적으로 선택성이 낮아진다. 그리고 사고전류와 운전전류가 근접하게 되므로 차단기 자체의 선택성만으로는 사고전류의 선택이 곤란하게 되어 다른 검출방법을 사용하여 선택성능을 보완해야 한다.

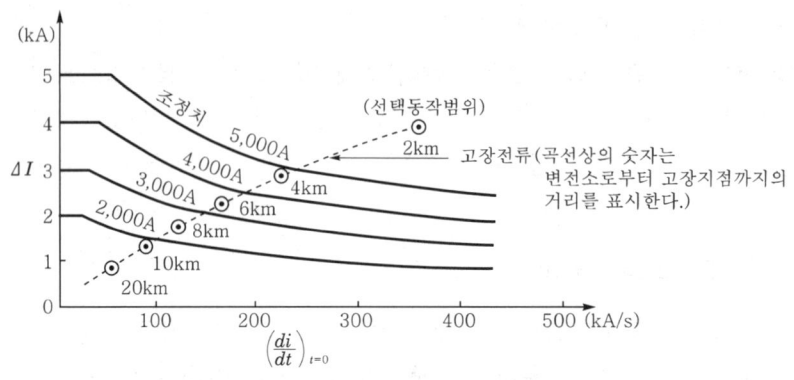

[그림 9.22 **고속도차단기의 선택특성**]

검출방법으로는 전류변화율 $(di/dt)_{t=0}$를 이용하는 방법, 아크의 고주파진동을 이용하는 방법 등이 일부 사용되고 있으며, 근래에는 ΔI 형식이 개발되어 연락차단방식과 조합되어 널리 사용되고 있다.

이와 같이 부하전류의 증가에 따라 직류급전회로의 보호방식으로 종래 사고전류의 선택차단 목적으로 사용되는 고속도차단기는 대전류를 한류차단하는 보호장치로 사용되고 고장선택을 위해서는 ΔI형 검출장치 등 별도의 검출장치를 부가하는 방식이 널리 사용되고 있다.

3 직류급전회로의 고장선택성

직류급전회로의 고장선택성능을 향상시키는 방법으로 다음과 같은 것이 있다.

(1) 고장검출장치를 부가하는 방법
고장검출장치에는 다음의 주요 방식이 있다.
  ① ΔI형 고장검출장치
    ΔI형 고장검출장치는 부하전류의 대소에 관계없이 전류의 증가분 ΔI만을 검출하고 이것이 설정치를 초과한 경우에 동작하여 차단기를 개방시킨다. 즉, 운전전류는 일반적으로 전기차의 노치(notch) 취급과 동시에 단계적으로 증가하며 사고전류는 순시에 큰 전류증가를 나타내는 것을 이용한 것이다.
    ΔI형 고장검출장치에서는 급전전류의 ΔI만을 기준으로 설정치를 결정할 수 있고 고속도차단기만의 경우에 비해서 고장전류의 검출이 매우 용이하여 현재 널리 사용되고 있다.
    [그림 9.23]은 ΔI형 고장검출장치의 선택특성을 예시한 것이다.

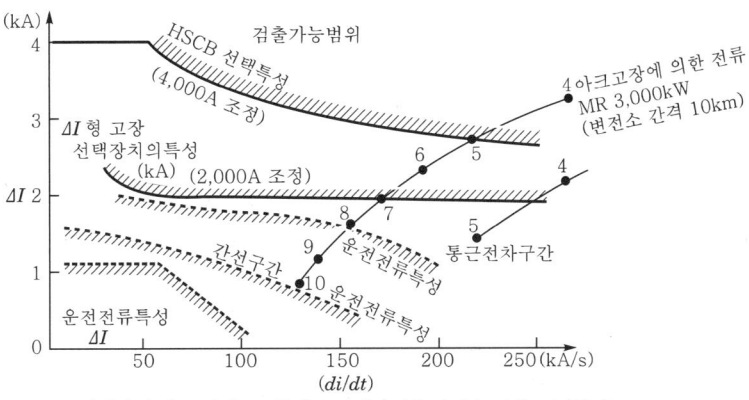

[그림 9.23 ΔI 형 고장검출장치의 특성]

[그림 9.24](a)는 ΔI 형 고장검출장치의 결선을 보이고 있다.

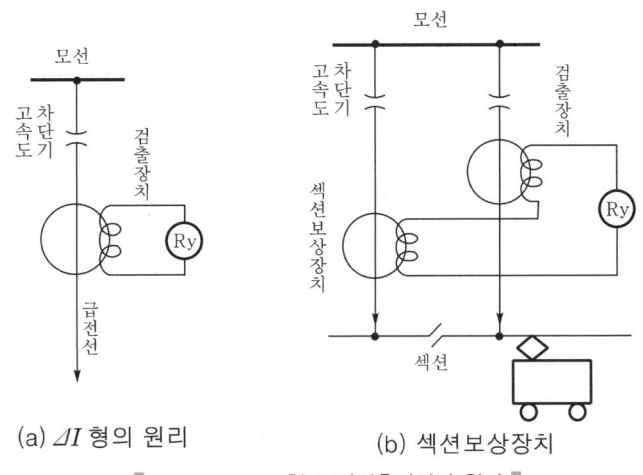

(a) ΔI 형의 원리　　　(b) 섹션보상장치

[그림 9.24 ΔI 형 고장검출장치의 원리]

이 경우 변전소 직전의 섹션을 전기차의 팬터그래프가 단락개방하면 급전선 전
류가 급변하여 선택장치가 오동작할 우려가 있다. 그러므로 [그림 9.24](b)와 같
이 섹션개소에서 대응하는 상대측 급전선에 변류기를 설치하고 각각의 유기전압
을 소멸시키도록 하여 오동작을 방지하는 섹션보상장치를 설치한다.

② 아크(arc)진동형 고장검출장치

사고시에 아크에 의해 발생하는 고주파진동을 감지하여 고장전류를 검출하는 방
식이다.

팬터그래프의 이선이나 차단기의 동작 등에 의해서 발생하는 아크에 의해서 오동작할 우려가 있고, 사고 종류에 따라서는 아크진동을 발생하지 않는 경우가 있으므로 거의 사용되지 않고 있다.

③ 전압강하방식

사고점의 전압이 [그림 9.25]와 같이 변화하는 것을 이용하여 그 초기의 급격한 전압강하 ΔE와 고장전류 ΔI를 이용하여 고장검출을 수행하는 것이다.

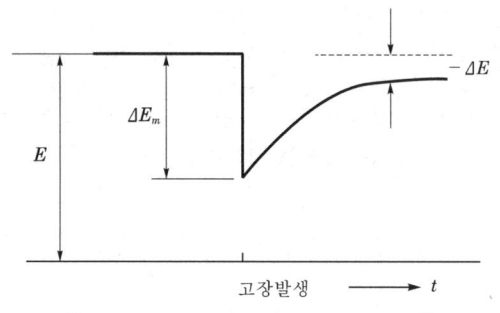

[그림 9.25 **고장점의 전차선 전압강하**]

연락차단을 수행하여도 변전소 간격이 긴 경우나 부하전류가 극히 큰 경우에는 검출이 곤란하므로 이러한 악조건의 사고에도 보호하기 위하여 개발된 것이다. 중간검출방식으로도 불리며 급전 타이포스트(tie post)에 사용되고 있다.

(2) 연락차단방식

병렬급전하는 양측 변전소의 고속도차단기 상호간에 전기적인 연동장치를 설치하고 한쪽의 고속도차단기 또는 고장검출장치가 동작하면 자동적으로 상대측의 차단기를 연동시켜 차단하는 방식이다.

고속도차단기나 ΔI형 등의 검출장치로 감지할 수 없는 원거리의 고장에도 상대측 변전소에서 검출이 가능한 경우에 연락차단방식을 사용하여 급전구간의 보호를 완전하게 수행할 수 있다. 이 방식은 ΔI형 고장검출장치과 조합되어 널리 사용되고 있다.

(3) 변전소 사이의 중간에 고속도차단기를 설치하는 방식

변전소 사이의 선로중간에 급전구분소를 설치하고 고속도차단기를 설치하면 그 차단기의 설정치를 낮출 수 있으므로 선택성이 향상된다.

이상의 각종 방법은 단독사용 또는 조합사용하여 급전회로의 종합적인 선택성을 향상시킬 수 있다.

4 직류급전회로의 자동재폐로

변전소에서 감지되는 고장 중에는 전기차 주전동기의 경미한 플래시오버(flash-over)와 같이 일시적으로 단시간에 회복되는 것이 매우 많다. 그러므로 최근에는 변전소에서 고장을 차단하고 일정시간후에 고속도차단기를 투입하는 자동재폐로방식이 사용되고 있다. 일반적으로 사용되고 있는 자동재폐로방식은 다음과 같다.

자동재폐로장치는 ΔI형 고장검출장치 및 고속도차단기를 조합하여 구성된다. 병렬급전하고 있는 인접 양 변전소 중 어느 한쪽에서 고장을 감지하면 해당 변전소의 고속도차단기가 동작하고 대향 변전소의 고속도차단기가 연락차단되며 전차선이 무가압으로 된다. 전차선 무가압후 해당 구간의 전기차는 모두 저전압계전기에 의해서 노치오프(notch off)로 된다.

그리고 어느 한쪽의 변전소에서 일정시간 후에 ΔI형 고장검출장치의 조정치를 내려서 검출감도가 자동적으로 올라가면 고속도차단기가 자동투입되고 이상이 없으면 대향 변전소의 고속도차단기도 투입된다. 재투입 완료후에 ΔI형 고장검출장치의 조정치는 자동으로 복귀된다. 자동재폐로 시간은 전기차의 잔류전압 등을 고려하여 약 30초로 하고 있다.

5 교류급전회로의 보호

교류급전회로는 일반적으로 단독급전방식을 수행하고 급전거리가 길다. 보호방식으로는 변전소 또는 급전구분소에 보호계전기를 설치하여 선택차단을 수행한다. 교류급전회로는 직류에 비해서 전압이 높고 전류가 작으므로 사고의 선택차단이 용이하다.

급전거리가 짧은 경우에는 과전류계전기를 사용하는 경우가 많으며 급전거리가 길면 부하전류가 증가하여 사고전류의 선택이 곤란하므로 거리계전기를 사용하고 있다. 인접 변전소의 사고시에는 중간의 급전구분소를 통하여 급전이 연장되고 급전거리가 길어지므로 구분소에도 거리계전기를 설치하는 경우가 있다. 거리계전기는 선로임피던스가 거리에 비례하므로 계전기 설치지점에서 선로임피던스를 측정하고 그 값이 보호구간의 거리 이내에 상당하면 고장으로 판단하여 차단기를 개방시킨다.

교류급전회로의 고장선택은 선로임피던스의 대비에 의한 방식 이외에 위상차에 의해서도 판별이 가능하므로 거리계전기에서는 임피던스 이외에 위상차각도 검출하도록 하고 있다.

[그림 9.26]은 평형방식 거리계전기의 동작원리도이며, [그림 9.27]에 동작특성 예를 보인다.

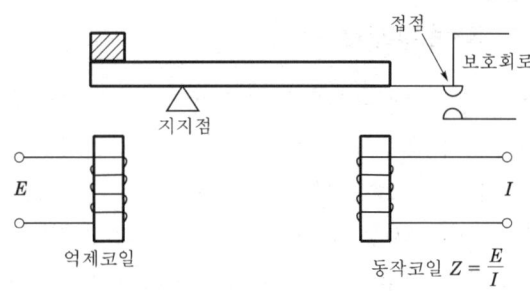

[그림 9.26 **평형방식 거리계전기의 동작원리도**]

거리계전기 이외에 유도형, 트랜지스터형 계전기가 사용되고 있으며, 그 특성곡선도 원형, 타원형, 방형(사각형) 및 조합형 등이 있다. 최근에는 방형(사각형) 특성의 것이 많이 사용되고 있다.

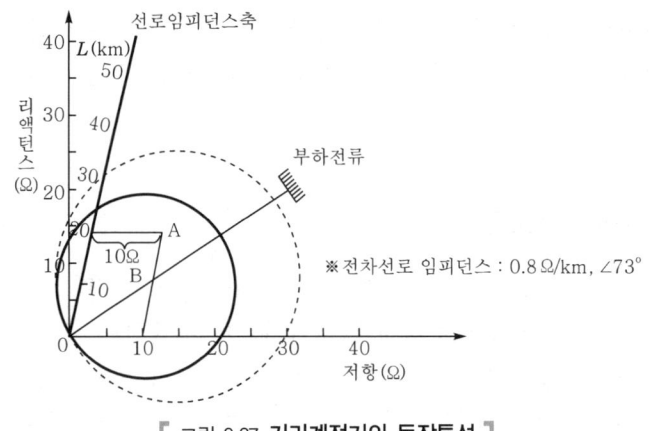

[그림 9.27 **거리계전기의 동작특성**]

사고가 큰 임피던스를 동반하는 경우에 거리계전기가 동작하지 않는 경우가 있다. 그러므로 일반적으로 교류전차선로에서는 애자의 금구를 지지물로부터 절연하여 부급전선에 접속하거나 지지물이나 애자금구를 연접하여 접지시키고 방전갭을 개재하여 부급전선에 접속하여 사고전류의 선택차단을 확실하게 수행하도록 하고 있다.

6 교류급전회로의 고속도재폐로

애자의 플래시오버(flash-over) 사고시에 고장구간을 신속하게 차단하면 아크가 소멸되어 재차 절연을 회복하는 경우가 많다.

이 경우에 재급전하여 열차운전에 주는 영향을 줄일 수가 있다. 그러므로 교류급전회

로에서는 고속도재폐로방식을 사용하고 있으며, 재폐로 시간은 일반적으로 0.5초를 취하고 있다.

06 전차선로의 용량

1 전차선로의 용량 선정

전차선로의 급전선, 트롤리선 등 나전선의 온도상승 열시정수는 비교적 작으며 5~10분 정도이다. 그리고 일반적으로 전기차 부하는 수십초~수분의 단시간 계속되는 변동부하이므로 이에 의한 전선의 온도상승 추정은 매우 곤란하여 실제적으로는 전류의 시간적 변화에 대해서 수치계산을 수행하고 있다.

교류전차선로에서 부하전류는 최대 500A 정도이므로 전차선로의 용량은 별로 문제가 되지 않고 대부분의 경우는 전압강하가 문제로 된다. 직류전차선로에서는 수천A의 전류가 5~6분간 계속되는 경우도 있어 전차선로의 용량이 문제되는 경우가 있다. 그러나 직류구간에서도 급전선에 대해서는 전압강하를 기준으로 그 단면적이 결정되면 급전선 자체의 온도상승이 문제로 되는 경우는 드물다.

일반적으로 대용량 전기차가 고빈도로 운전되는 경우에는 트롤리선의 온도상승이 문제로 된다. 트롤리선의 온도가 일반적인 한도인 90~100℃를 초과하면 소손단선의 위험이 발생하고 대용량, 고빈도의 운전구간에서는 트롤리선의 마모가 촉진되어 문제가 크게 된다. 그러므로 이 경우에는 트롤리선을 2조 병설하는 등의 대책이 취해진다.

트롤리선의 온도상승은 단면적, 팬터그래프의 집전전류, 팬터그래프의 수량 및 간격, 전기차의 속도, 급전분기선의 간격, 트롤리선과 팬터그래프 접촉판과의 접촉상태 등에 따라 다르며 대단히 복잡한 경과를 거치게 된다. 그러므로 실제적으로 정상전류로 취급하지 않고 간헐 3각파전류로 계산되고 있다.

2 나전선의 온도상승 계산

(1) 일정전류에 의한 온도상승

급전선, 트롤리선의 나전선에 대해서 온도상승을 고려하는 경우에 [그림 9.26]과 같은 등가회로로 표시된다. 나전선에서 전류통전에 의해 발생된 열량은 직접 표면으로부터 대기중으로 방산되므로 방열등가회로는 간단하게 된다.

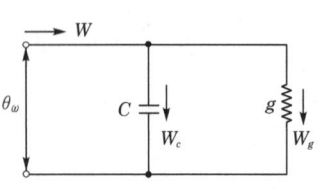

여기서, θ_w : 온도상승($^\circ$C)

W : 발생열량($I^2 r(1+\alpha\theta)$)(W)

W_c : 손실에너지(W)

g : 열방산율(W/$^\circ$C)

W_g : 온도상승으로 되는 에너지(W)

α : 저항의 온도계수

c : 전선열용량(cal/$^\circ$C)

I_0 : 전류(A)

r : 도체저항(Ω)

[그림 9.28 **온도상승의 등가회로**]

온도상승이 큰 경우에는 도체저항 및 열저항이 일정하지 않으며 온도의 함수로 간주해야 한다. [그림 9.28]에서 일정전류 I를 통전 시작하여 t초 후 전선의 온도상승을 θ_w로 하면 다음 식이 성립한다.

$$W_g = \theta_w \cdot g \quad \text{(9.32)}$$

$$W_c = c\frac{d\theta_w}{dt} \quad \text{(9.33)}$$

그러므로 발생열은 다음과 같이 된다.

$$W = W_c + W_g = c\frac{d\theta_w}{dt} + \theta_w \cdot g \quad \text{(9.34)}$$

$$\therefore I_0^2 r(1+\alpha\theta_w) = \theta_w \cdot g + c\frac{d\theta_w}{dt} \quad \text{(9.35)}$$

그리고 $r(1+\alpha\theta_w) = r_\theta$로 두고 상기의 식을 풀면 다음과 같이 된다.

$$\theta_w = \frac{I_0^2 r_\theta}{g}\left(1 - e^{-\frac{g}{c}t}\right) \quad \text{(9.36)}$$

▌ 표 9.6 **전차선로의 안전전류** ▌

전차선의 종류		허용전류 (마모후)(A)	전차선의 종류		허용전류 (마모후)(A)
조가선(mm^2)	트롤리선(mm^2)		조가선(mm^2)	트롤리선(mm^2)	
CdCu 60	Cu 110(67.6)	610	St 90	Cu 85(55.7)	300
St 90	Cu 110(67.6)	350	St 55	Cu 70(45.0)	270

[주] 1. CdCu : 카드뮴 동연선

　　　Cu : 홈부 경동 트롤리선

　　　St : 아연도금 강연선

　　2. (　　)는 허용한도까지 마모후의 단면적임.

272

(2) 3각파전류에 의한 온도상승

직류전기철도의 트롤리선에 대해서는 급전분기선과 트롤리선의 접속점 부근에 흐르는 전류를 3각파로 간주할 수 있다. [그림 9.29]는 직류전기철도 전차선의 일부분으로 어느 임의의 급전분기선 부근을 확대한 것이다.

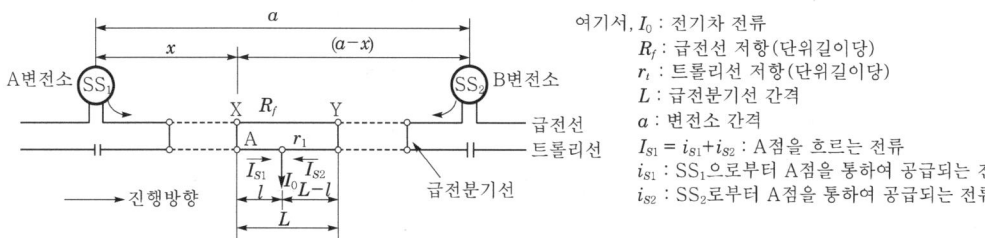

여기서, I_0 : 전기차 전류
R_f : 급전선 저항(단위길이당)
r_t : 트롤리선 저항(단위길이당)
L : 급전분기선 간격
a : 변전소 간격
$I_{S1} = i_{S1} + i_{S2}$: A점을 흐르는 전류
i_{S1} : SS₁으로부터 A점을 통하여 공급되는 전류
i_{S2} : SS₂로부터 A점을 통하여 공급되는 전류

[그림 9.29 **급전분기선 부근의 전류분포**]

지금 부하전류 I_0의 전기차가 급전분기선 사이 X-Y를 통과하는 경우에 A점을 흐르는 전류를 구한다. 전기차의 팬터그래프가 급전분기선 X에 진입하여 Y를 나가는 사이에 A점을 통하여 전기차에 공급되는 양 변전소 전류의 합은 변전소 사이에 다른 전기차가 없는 경우에는 다음과 같이 된다.

$$i_{S1} = I_0 \cdot \frac{a - x - l}{a} \cdot \frac{LR_f + (L - l)r_t}{LR_f + Lr_t} \quad \text{(9.37)}$$

$$i_{S2} = I_0 \cdot \frac{x + l}{a} \cdot \frac{(L - l)r_t}{LR_f + Lr_t} \quad \text{(9.38)}$$

$$I_{S1} = i_{S1} + i_{S2} \quad \text{(9.39)}$$

$$k = \frac{r_t}{R_f + r_t}, \quad 1 - k = \frac{R_f}{R_f + r_t}$$

여기서, $x \gg l$로 두면 다음과 같이 된다.

$$I_{S1} \simeq I_0(1 - k)\left(1 - \frac{x}{a}\right) + I_0 k\left(1 - \frac{l}{L}\right) \quad \text{(9.40)}$$

이 전류의 형태는 다음과 같다.
$I \simeq 0$ 즉, x점 부근에서는,

$$I_{S1}' \simeq I_0\left\{1 - (1 - k)\frac{x}{a}\right\} \quad \text{(9.41)}$$

$I \simeq L$ 즉, Y점 부근에서는,

$$I_{S1}'' \simeq I_0(1-k)\left(1-\frac{x}{a}\right) \quad \cdots\cdots\cdots\cdots\cdots\cdots\cdots\cdots\cdots\cdots\cdots\cdots\cdots\cdots\cdots\cdots \text{(9.42)}$$

상기의 전류파형을 도시하면 [그림 9.30](a)와 같은 파형으로 된다.

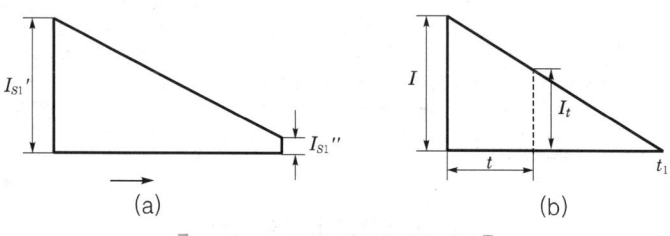

[그림 9.30 **트롤리선의 전류파형**]

$I_{S1}' = I$, $I_{S1}'' = 0$으로 하면 [그림 9.30](b)의 3각파전류에 의한 온도상승은 다음 식으로 된다.

$$I_t = I\left(1-\frac{t}{t_1}\right) \quad \cdots\cdots\cdots\cdots\cdots\cdots\cdots\cdots\cdots\cdots\cdots\cdots\cdots\cdots\cdots\cdots\cdots\cdots\cdots \text{(9.43)}$$

식 (9.35)의 I_0 대신에 I_t를 대입하면 다음과 같이 된다.

$$I^2r\left(1-\frac{t}{t_1}\right)^2(1+\alpha\theta_\omega) = \theta_\omega \cdot g + c\frac{d\theta_\omega}{dt} \quad \cdots\cdots\cdots\cdots\cdots\cdots\cdots \text{(9.44)}$$

α는 작으므로 $\alpha = 0$으로 두면 다음과 같다.

$$c\frac{d\theta_\omega}{dt} + \theta_\omega \cdot g = I^2r\left(1-\frac{t}{t_1}\right)^2 \quad \cdots\cdots\cdots\cdots\cdots\cdots\cdots\cdots\cdots\cdots\cdots \text{(9.45)}$$

식 (9.45)의 특수해는 다음으로 된다.

$$\theta_\omega = C_1 e^{-\frac{g}{c}t} \quad \cdots\cdots\cdots\cdots\cdots\cdots\cdots\cdots\cdots\cdots\cdots\cdots\cdots\cdots\cdots\cdots\cdots\cdots\cdots \text{(9.46)}$$

C_1을 t의 함수로 미분을 구하고 식 (9.45)에 대입하면 다음 식으로 된다.

$$c\frac{dC_1}{dt} \cdot e^{-\frac{g}{c}t} = I^2r\left(1-\frac{t}{t_1}\right)^2 \quad \cdots\cdots\cdots\cdots\cdots\cdots\cdots\cdots\cdots\cdots\cdots\cdots \text{(9.47)}$$

전류의 지속시간 t가 짧은 경우에 $e^{-\frac{g}{c}t} \simeq 1 + \frac{g}{c}t$로 되고 식 (9.47)에서 C_1을 구하여 식 (9.46)에 대입하면 다음 식이 성립한다.

$$\theta_\omega \simeq \frac{I^2 r}{c} \cdot \left(t - \frac{t^2}{t_1} + \frac{g}{2c} \cdot t^2 + \frac{t^3}{3t_1^2} - \frac{2}{3} \cdot \frac{g}{ct_1} \cdot t^3 + \frac{g}{4ct_1^2} \cdot t^4 \right) \cdot e^{-\frac{g}{c}t}$$

3각파전류에 의한 온도상승의 최대치는 $t = t_1$으로 하여 다음 식을 얻는다.

$$\theta_{\omega \max} \simeq \frac{I^2 r}{c} \cdot \left(\frac{t_1}{3} + \frac{g t_1^2}{12c} \right) \cdot e^{-\frac{g}{c} t_1} \quad \cdots\cdots\cdots\cdots\cdots\cdots\cdots\cdots\cdots (9.48)$$

실제로 전기차는 일정간격을 가지고 연속하여 통과하므로 A점 부근의 전류는 어느 일정시격을 가지며, [그림 9.31]과 같은 반복 3각파전류로 된다.

(3) 반복 3각파전류에 의한 온도상승

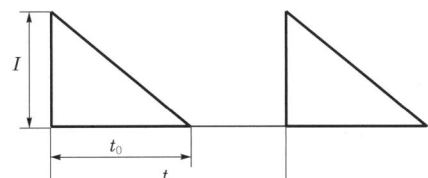

여기서, t_0 : X-Y 간격을 전기차가 통과하는 시간(통과시간)
t_s : 전기차의 운전간격

[그림 9.31 **반복 3각파전류**]

이 지점의 온도상승 계산은 무한으로 반복이 계속되는 것이므로 다음의 식 (9.49)에 의해서 구할 수 있다.

$$\theta_\omega \simeq \frac{I^2 r}{c} \cdot \left(\frac{1}{3} t_0 + \frac{g}{12c} t_0^2 \right) \cdot \frac{e^{-\frac{g}{c} t_0}}{1 - e^{-\frac{g}{c} t_s}} \quad \cdots\cdots\cdots\cdots\cdots (9.49)$$

급전분기선 간격 X-Y가 짧고 즉, t_0가 극히 작아서 $\frac{c}{g} \gg t_0$로 되는 경우의 온도상승은 다음 식으로 구한다.

$$\theta_\omega \simeq \frac{I^2 r}{3c} \cdot \frac{t_0}{1 - e^{-\frac{g}{c} t_s}} \quad \cdots\cdots\cdots\cdots\cdots\cdots\cdots\cdots\cdots\cdots (9.50)$$

(4) 변동전류에 의한 온도상승

전차선로의 급전전류는 직류구간, 교류구간 모두 변동이 격심하고 전선의 열시정수가
작은 경우로 온도상승은 다음과 같이 구할 수 있다.

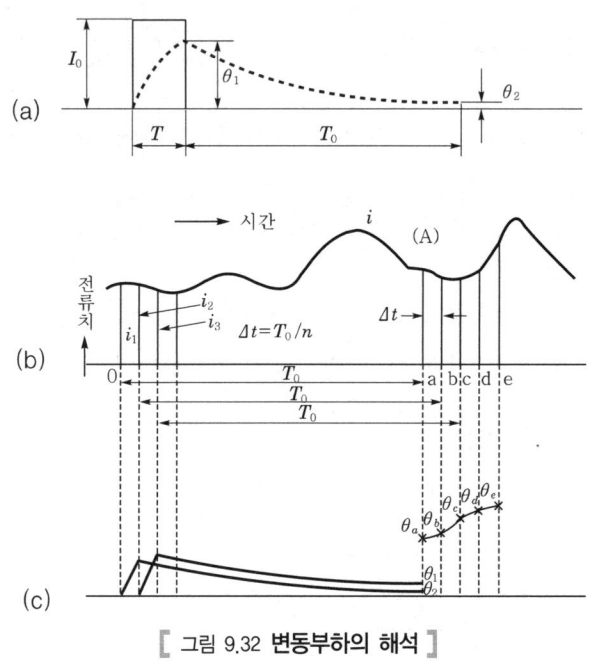

[그림 9.32 **변동부하의 해석**]

나전선에 [그림 9.32](a)와 같이 I_0로 되는 일정전류가 T시간 지속하여 흐르는 경우
에 전선의 온도상승은 식 (9.36)에 의해 다음과 같이 된다.

$$\alpha = \frac{g}{c}, \; k = \frac{r_0}{g}$$

$$\therefore \; \theta_1 = kI_0^2(1 - e^{-\alpha T}) \quad\text{......................................} (9.51)$$

$T \ll T_0$로 두면 T_0초 후의 전선온도는 냉각되어 다음과 같이 된다.

$$\theta_2 = \theta_1 e^{-\alpha T_0} = kI_0^2(1 - e^{-\alpha T})e^{-\alpha T_0} \quad\text{......................................} (9.52)$$

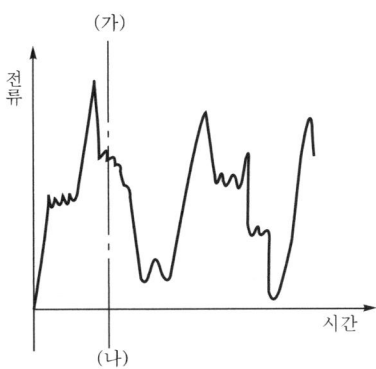

(가)

전류

시간

(나)

[그림 9.33 **변전소의 급전선 전류파형**]

지금 [그림 9.33]과 같은 변동전류를 [그림 9.32](b)와 같이 미소구간 Δt만큼의 단속형 전류의 연속으로 생각하고 통전후 T_0초 연속된 변동전류에 의한 그 시점 (A)의 온도상승 θ_a는 [그림 9.32](c)의 i_1, i_2, $\cdots$에 의한 온도상승 θ_1, θ_2 $\cdots$, θ_n의 합으로 되어 다음의 방법으로 구할 수 있다.

i_1, i_2, $\cdots$, i_n이 Δt초 통전하여 T_0초 후의 전선의 온도상승 θ_1, θ_2, $\cdots$, θ_n은 다음 식과 같이 된다.

$$\left.\begin{array}{l} \theta_1 = ki_1^{\,2}(1-e^{-\alpha\Delta t})e^{-\alpha(n-1)\Delta t} \\ \theta_2 = ki_2^{\,2}(1-e^{-\alpha\Delta t})e^{-\alpha(n-2)\Delta t} \\ \theta_n = ki_n^{\,2}(1-e^{-\alpha\Delta t})e^{-\alpha(n-n-1)\Delta t} \end{array}\right\} \quad \cdots\cdots\cdots\cdots\cdots\cdots\cdots (9.53)$$

T_0의 시간대에 흐르는 전류에 의한 전선의 온도상승은 다음과 같다.

$$\begin{aligned} \theta_a &= \theta_1 + \theta_2 + \theta_3 + \cdots + \theta_n \\ &= k(1-e^{-\alpha t})(i_1^{\,2}e^{-\alpha(n-1)\Delta t}+i_2^{\,2}e^{-\alpha(n-2)\Delta t}+\cdots+i_n^{\,2}e^{-\alpha(n-n-1)\Delta t}) \\ &= k(1-e^{-\alpha t})\sum_{j=1}^{n}i_j^{\,2}e^{-\alpha(n-j)\Delta t} \quad \cdots\cdots\cdots\cdots\cdots (9.54) \end{aligned}$$

$\Delta t = T_0/n$에서 n을 비교적 크게 두면 다음과 같이 된다.

$$e^{-\alpha\cdot\Delta t} = 1 - \frac{\alpha\Delta t}{1!} + \frac{(\alpha\Delta t)^2}{2!} - \frac{(\alpha\Delta t)^3}{3!} + \cdots \simeq 1 - \alpha\Delta t \quad \cdots\cdots\cdots\cdots (9.55)$$

277

따라서

$$1 - e^{-\alpha \Delta t} \simeq \alpha \Delta t$$

그러므로

$$\theta_\alpha = k\alpha \Delta t \sum_{j=1}^{n} i_j^2 e^{-\alpha(n-j)\Delta t} \quad \cdots\cdots\cdots\cdots\cdots\cdots\cdots\cdots\cdots\cdots\cdots\cdots\cdots\cdots \quad (9.56)$$

지속변동전류를 일정시간대 T_0만큼 순차적으로 이동하는 경우에 [그림 9.32](c)와 같이 θ_b, θ_c, θ_d, …를 구하는 것이 가능하다.

이상과 같이 전차선에 흐르는 전류의 파형을 알면 그 전선의 온도상승은 용이하게 구할 수 있다. 그러나 전기철도 부하전류는 매일 동일한 열차운행도표(다이어그램)대로 운전되고 있어도 운전사의 노치(notch) 취급 등에 따라서 전차선에 흐르는 전류는 서로 다르므로 적정한 전차선 온도상승의 추측은 곤란하다.

따라서 이와 같이 변동하는 전기철도 부하에 의한 전선의 온도상승은 많은 통계적인 실측자료에 의해 확률적으로 구하는 것이 가장 합리적이 된다. 일반적으로 이 방법에 의해 전기철도 변동부하에 의한 전차선의 온도상승 즉, 소요전류 용량의 해석이 수행되고 있다.

07 절연협조

1 절연협조의 개요

전기철도의 급전회로는 변전소, 전차선로, 전기차로 구성되고 이들은 상시의 급전전압과 각종 이상전압에 노출되어 있다. 일반전력계통과 동일하게 급전회로 각 부분의 절연특성을 적절하게 선정하여 협조가 유지되도록 하고 절연사고를 가장 손실이 적은 장소로 한정해야 한다.

그러나 전기철도는 입지조건의 특수성 때문에 그 계통구성이 일반전력계통과 많이 다르므로 각 요소의 절연을 합리적으로 배치하여 협조를 유지하는 것이 용이하지는 않다.

전기철도에서 절연협조는 변전소, 전차선로, 전기차의 3개 요소의 절연협조로 대별되고 이들 상호간의 협조는 주로 피뢰기에 의해서 연계된다.

그리고 절연협조의 기본방식은 직류 1,500V, 단상교류 25kV 상용주파수 방식 등 전기철도 방식에 따라 다소 구성이 다르게 된다.

2 직류급전회로의 절연협조

직류급전회로는 비교적 절연강도가 약한 직류변성기기를 포함하고 피뢰기에 의한 직류의 속류차단이 곤란하므로 절연협조의 구성이 용이하지 않다. ([그림 9.34] 참조)

(1) 변전소의 절연협조

일반적으로 변전소의 절연협조는 피뢰기의 보호특성을 기준으로 결정된다.

정류기의 양극측에는 정류기용 변압기의 1차측에서 침입하는 이상전압 및 정류기에서 발생하는 내부이상전압을 제한하기 위해 피뢰기가 설치되고 급전선 인출구에는 외부선로에서 침입하는 뇌격서지(surge) 등의 이상전압을 제한하기 위한 피뢰기가 설치된다. 변전소의 기기는 이러한 피뢰기와 협조가 유지되도록 절연강도가 결정된다. 피뢰기의 접지저항치는 가능한 한 작아야 하며, 일반기기의 접지와 연접접지한다.

(2) 전차선로의 절연협조

전차선로에는 전기차 팬터그래프의 이선, 섹션통과 등의 전류차단현상에 의해서 표준전압의 3~4배 정도의 내부이상전압이 가해진다. 이러한 내부이상전압은 선로의 절연강도에 비하면 별 문제가 없다. 뇌격에 대해서는 변전소용 피뢰기보다 제한전압이 높은 피뢰기를 선로에 분산 설치하고 변전소 부근은 간격을 단축하여 설치한다. 선로 중간의 피뢰기 간격은 약 500m 정도가 표준이며, 뇌격빈도의 다소에 의거하여 신축성을 주고 있다.

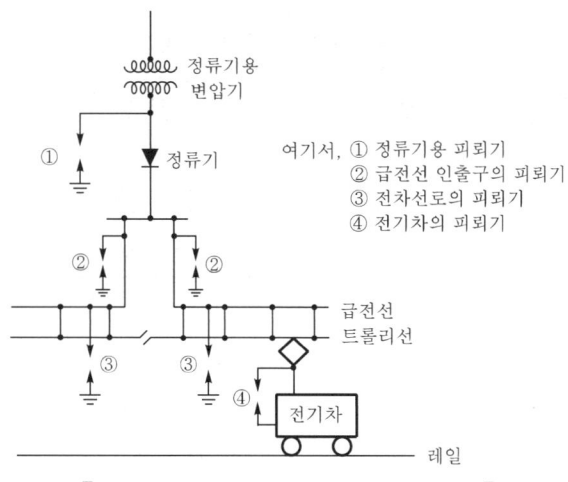

[그림 9.34 **절연협조의 구성(직류급전회로)**]

전차선로의 애자에 의한 절연강도는 전체 계통면에서 협조가 유지되도록 해야 한다. 일반적으로 절연강도보다 오히려 배연, 염진 등에 의한 오손이나 열화, 플래시오버 (flash-over) 등에 대한 사고방지, 청소작업의 경감 등의 입장에서 결정되는 것이 많다.

[그림 9.35]는 직류 1,500V 구간에서 변전소의 주기기 및 전차선로의 충격절연강도와 피뢰기의 충격방전개시전압의 예를 보인다.

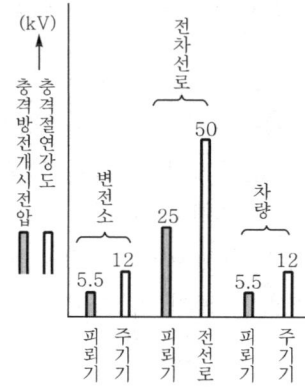

[그림 9.35 **전철급전회로의 절연강도(직류 1,500V 방식)**]

(3) 전기차의 절연협조

전기차에서는 집전장치와 차체의 사이에 변전소의 경우와 동일한 피뢰기를 설치하고 그 절연강도도 변전소의 경우와 동일하게 하고 있다.

[표 9.7]은 전기차, 변전소 및 전차선로의 피뢰기 특성을 비교한 것으로 전기차와 변전소는 동일한 특성으로 되어 있다.

▮ 표 9.7 **직류 1,500V 전기철도용 피뢰기의 특성** ▮

항목 / 적용		변전소	전차선로	차량
정격전압(V)		2,100	2,100	2,100
동작 개시전압(V)		2,600 이상	9,000 이상	2,600 이상
임펄스 내전압(V)		45,000	50,000	25,000
제한전압 (V)	2,000A	4,500 이하	-	4,500 이하
	3,000A	-	25,000 이하	-
	5,000A	5,000 이하	28,000 이하	5,000 이하

3 교류급전회로의 절연협조

교류급전회로는 1선 직접접지회로이고 대지전압과 동일한 공칭전압의 3상상간전압이 그대로 가해진다. 그러므로 대지절연은 3상전력계통에 비해서 $\sqrt{3}$ 배의 전압을 부담하게 된다. 그러나 단상직접접지로 되어 일반송전선과 같이 대지전압이 이상상승하는 경우는 적다. 그리고 전기차의 피뢰기 보호범위는 소범위로 한정되고 직접접지가 완전하게 시행되어 있으므로 충분히 그 보호효과를 기대할 수 있다.

그러므로 교류급전회로에서는 동일한 공칭전압의 3상송전선(고저항접지)과 동일한 정도의 절연레벨을 가지도록 하고 있다. 변전소, 전차선로 및 전기차의 절연협조는 직류의 경우와 동일하게 피뢰기에 의해서 협조를 취하고 있다.

[표 9.8]은 변전소, 전차선로 및 전기차의 피뢰기에 대한 특성을 비교한 것이다.

┃ 표 9.8 교류 25kV 전기철도용 피뢰기의 특성 ┃

항 목	적 용	변전소	전차선로	전기차
정격전압(kV)		42	42	42
동작 개시전압(kV)		60	60	57 이상
내전압(kV)	교류	70	70	70
	임펄스	200	200	200
제한전압(kV)	2kA	128	128	100 이하
	5kA	140	140	110 이하

[그림 9.35](b)는 교류 20kV 구간에서 변전소와 전차선로의 충격절연강도와 피뢰기의 충격방전개시전압의 예를 보이고 있다.

전차선로용 애자의 절연강도는 직류의 경우와 동일하게 염해 등의 오손조건에 의해서 결정되고, 절연협조는 흡상변압기 또는 단권변압기 등에 설치되는 피뢰기에 의한다.

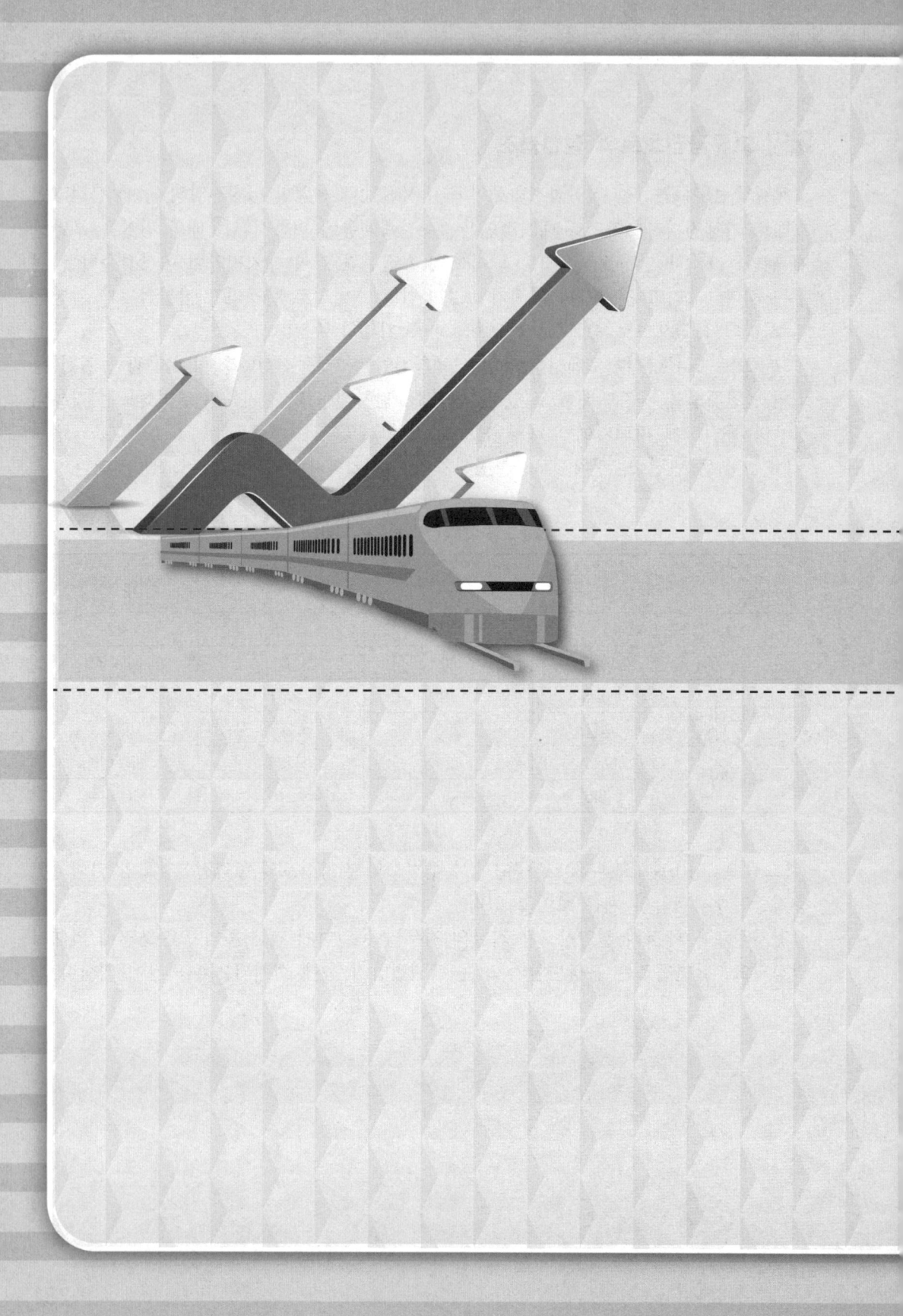

전기철도의 변전소

CHAPTER 10 전기철도의 변전소

01 전철 변전소의 종류

1 제어방식에 의한 분류

전기철도의 변전소는 제어방식에 따라서 수동식, 반자동식, 자동식, 원방감시제어식으로 대별된다.

(1) 수동변전소

변성기기의 기동, 운전, 정지 등 운전상의 모든 조작을 수동으로 수행하는 변전소이다.

(2) 반자동변전소

변성기기의 기동, 운전, 정지 등의 기기조작은 전기적 연동에 의하여 필요한 단계까지 자동적으로 수행하고, 변성기기 운전수량의 증감이나 절환 등은 부하상태에 대응하여 수동으로 수행한다.

운전조작상의 인위적 오조작을 피하고 운전인력의 절감을 목적으로 한 방식으로 전자동식에 비해서 설비가 간단하다. 이 방식은 대용량 변전소에서 부하상태가 복잡한 경우에 적합하다.

(3) 자동변전소

변성기기의 기동, 운전, 정지는 부하증감에 대응한 운전수량의 증감, 사고차단후의 재폐로 등의 전 조작을 자동적으로 수행하는 방식이다.

자동조작방식에는 다음과 같은 방식이 있다.

① 부하가 증감하여 급전선 전압이 변하면 이에 대응하여 운전수량을 자동적으로 증감시키는 방식

② 실시간 제어스위치(real time control switch)에 의해 지정된 시간에 필요한 대수만 자동적으로 기동 또는 정지시키는 방식

자동식은 수동식, 반자동식에 비해서 인건비는 절감되지만 고신뢰도의 자동조작장치

가 필요하고 설비가 복잡하다. 이 방식은 부하상태가 복잡한 경우에는 부적합하여 주요 변전소나 대용량 변전소에는 잘 사용되지 않고 있다.

(4) 원방감시제어 변전소

원격변전소 또는 주변전소에서 변전소의 운전상태, 사고발생상태 등을 전적으로 감시하고 피제어변전소의 운전조작 등은 원격변전소(주변전소)에 의해 수행된다.

변전소의 운전원은 필요 없으며, 자동식은 한정된 범위 내의 자동조작을 수행하지만 이 방식에서는 인위적인 판단을 기기의 운전에 가하는 것이 가능하다. 그러므로 운전조작의 신뢰도가 높고 다수의 변전소가 있는 경우에 1개소에서 집중제어하므로 설비의 운용효율을 높일 수 있다.

이 방식은 인건비의 절감이 크므로 일반적으로 주요간선의 다수변전소를 원격집중제어하는 경우에 널리 사용되고 있다. 그러나 제어장치가 필요하므로 소수의 제어회로를 사용하여 다수의 제어를 수행할 수 있는 방식이 지속적으로 개발 진행되고 있다.

2 변전소 형식에 의한 분류

(1) 단위변전소

종래의 전기철도에서는 변전소 간격을 15~20km 정도로 하고 변성기기는 예비기를 고려하여 2대 이상 설치하였다. 이에 대해서 변성기기를 1대만 설치하여 예비기를 생략한 소용량의 변전소를 약 10km 간격으로 배치하고 그 용량과 간격을 적절히 선정하여 변전소의 고장이나 점검시에 1개의 변전소를 정지하여도 운전에 지장이 없도록 하여 변전소 단위로 사용되는 변전소이다.

이 방식은 변성기기와 원방제어기술의 발달에 따라 변전소의 무인운전이 가능하게 되어 실현된 것으로 주변전소에서 집중원방감시제어가 수행되고 단위변전소는 무인변전소로 운용된다.

이 단위변전소 방식의 특성은 다음과 같다.

① 변성기기는 단기 대용량으로 되고, 수전설비 및 부속설비가 간략화되며, 건설비가 절감된다.
② 무인화이므로 인건비가 절감된다.
③ 변전소 간격이 짧고, 상시 전압강하가 작다.
④ 열차운전에 큰 지장을 주지 않고, 변전소를 정지하여 점검할 수 있다. 이 방식에서는 1개의 변전소가 사고로 정지되어도 열차운전에 큰 지장이 없다.

(2) 이동변전소

변전설비를 화차 또는 트레일러(trailer)에 적재하여 이동이 가능한 방식이다. 상설변전소의 사고 또는 공사시에 투입 사용하여 상설변전소의 예비기기를 절감할 수 있고, 기기의 이용률이 향상된다. 그리고 계절에 의해 부하가 급증하는 선로구간에서는 중부하시에만 이동변전소를 투입 사용하여 변전소의 상설운용을 줄일 수가 있다.

화차에 적재하는 방식은 궤도에 의해 제한을 받고 인입선이 없는 곳은 이용할 수 없으며 트럭에 적재하는 방식은 인입선에 의한 제한이 없다.

(3) 지하변전소

도시 내의 전기철도에서는 용지때문에 변전소를 지하에 설치하는 경우가 많다. 지하변전소는 건설시에 다음과 같은 점이 고려되어야 한다.

① 변전소의 폭 및 높이가 제한되므로 변성기기의 치수, 배치를 충분히 고려해야 한다.
② 변성기기의 반출입구를 고려해야 한다.
③ 설치장소가 협소하므로 소화설비를 완비해야 하고, 주요기기의 냉각에 강제통풍을 사용하는 경우에는 전기차 운행에 의한 터널 내의 철분이 침입하지 않도록 주의해야 한다.
④ 습기 및 전기차에 의한 진동 등에 대해서 기기, 전선, 배전반 등에 보호장치를 설치해야 한다.

(4) 옥외변전소

종래의 직류변전소는 변성기기를 건축물 내부에 수용하는 옥내변전소가 많았으나, 최근에는 변성기기가 진보되어 소형 경량화되고 건축물의 건설비 절감을 위하여 반(cubicle) 내에 변성기기를 수납하여 옥외에 설치하는 옥외변전소가 많다. 이 경우에 반의 구조는 방수(防水), 방한(防寒), 방서(防暑)를 충분히 고려하여야 한다.

(5) 전력회생변전소

전력회생을 수행하기 위하여 설치되는 변전소이다. 이 변전소는 전차선로에 전력을 공급하고 필요시 전력을 회생하여 전원측에 반환하는 특성이 있다.

02 전철 변전소의 구성

1 직류변전소의 구성

일반적으로 직류전기철도 변전소는 송전선에서 3상교류 특별고압전력을 수전하고 변압기에 의해서 적절한 전압으로 강압하여 정류기 등의 변성기기에 의해서 직류전력으로 변환하여 전차선로에 급전한다.

직류변전소의 주회로는 [그림 10.1]과 같이 수전용기기, 직류변성기기, 급전용기기로 구성된다.

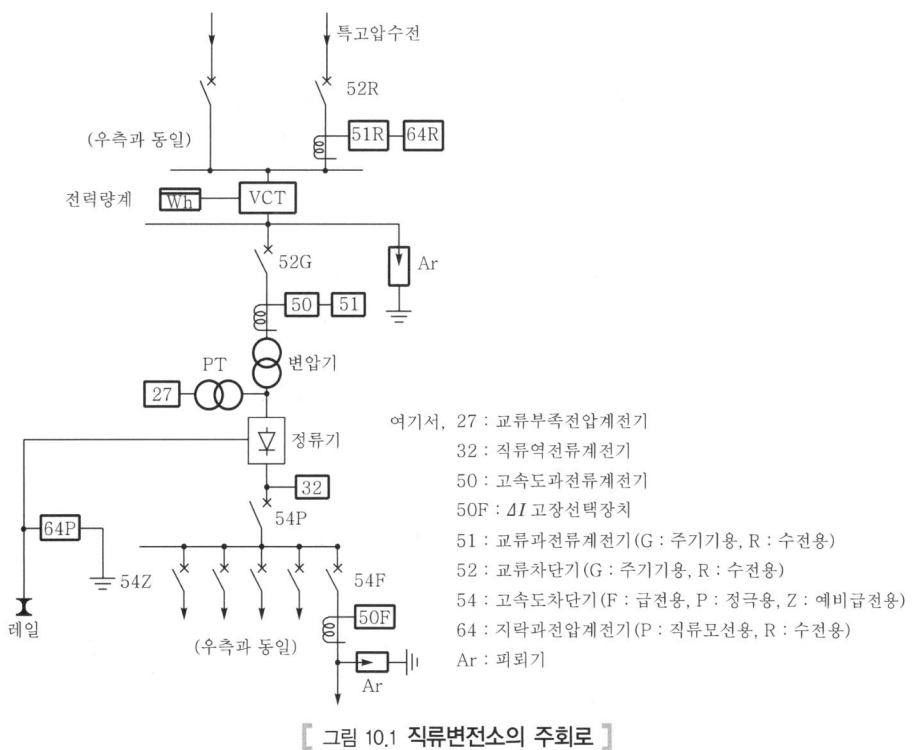

여기서, 27 : 교류부족전압계전기
32 : 직류역전류계전기
50 : 고속도과전류계전기
50F : ΔI 고장선택장치
51 : 교류과전류계전기(G : 주기기용, R : 수전용)
52 : 교류차단기(G : 주기기용, R : 수전용)
54 : 고속도차단기(F : 급전용, P : 정극용, Z : 예비급전용)
64 : 지락과전압계전기(P : 직류모선용, R : 수전용)
Ar : 피뢰기

[그림 10.1 **직류변전소의 주회로**]

이 외에 소내용 기기, 신호, 조명전열, 고압배전용의 기기가 설치된다.

정류기용 변압기의 직전에 수전용 변압기를 설치하여 수전전압으로부터 2단계로 구성하는 경우와 정류기용 변압기만의 1단계로 구성하는 경우가 있다.

2 교류변전소의 구성

상용주파 단상교류급전용 변전소는 송전선으로부터 수전하고 [그림 10.2]와 같이 단상 변압기, V결선 변압기, 스코트(scott)결선 변압기 등의 급전용 변압기에 의해서 트롤리선 전압으로 강압하고, 단상교류전력을 전차선로에 직접 급전한다.

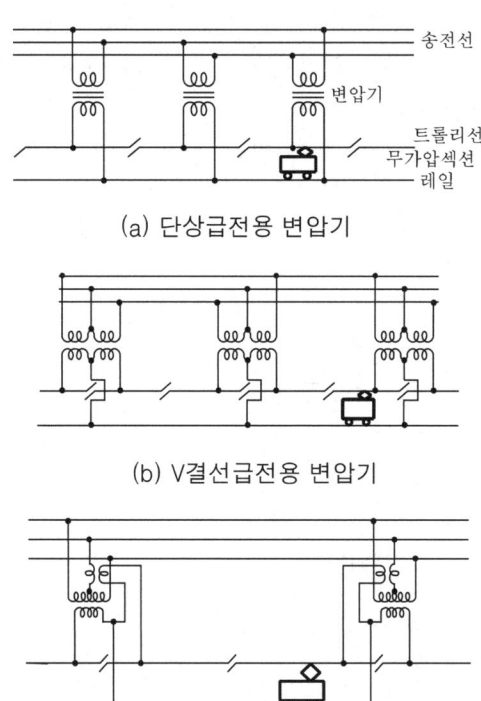

(a) 단상급전용 변압기

(b) V결선급전용 변압기

(c) 스코트(T)결선급전용 변압기

[그림 10.2 **급전용 변압기의 결선**]

특수주파수(25Hz, $16\frac{2}{3}\text{Hz}$ 등)를 사용하는 경우에는 전용의 발전소를 운용하거나 변전소에 주파수 변환기가 설치된다.

일반적으로 상용주파 단상교류 25kV를 사용하고 있으며, 주회로의 예를 [그림 10.3]에 보인다.

288

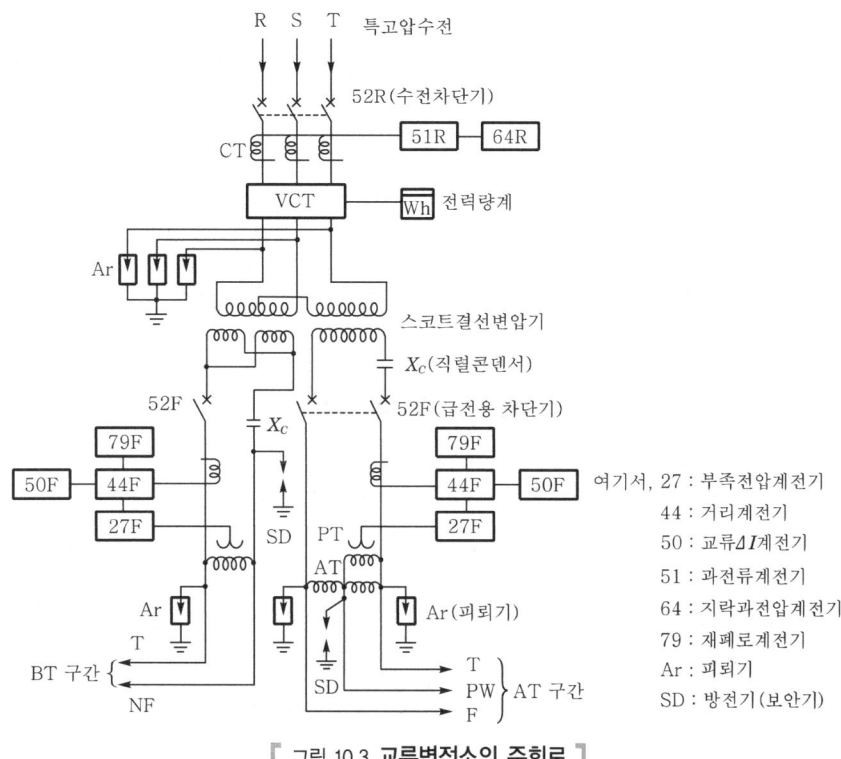

[그림 10.3 **교류변전소의 주회로**]

수전용, 급전용 및 소내용 주요기기로 구성된다.

급전용 변압기는 1단 계통이 많고 드물게는 2단 계통이 사용된다. 교류급전용 변전소에는 직류변성기기가 필요 없어 설비가 간단하다.

03 전철 변전소의 배치

1 전철 변전소의 부하특성

직류변전소는 일반적으로 [그림 10.4]와 같이 양측의 2개 변전소로부터 병렬로 급전된다. 이 2개 변전소 사이의 선로정수가 동일하면 각 변전소의 분담전류는 전기차의 위치에 따라서 결정되며 다음 식으로 표시된다.

$$A변전소 : i_1 = I \cdot (D-x)/D(A) \cdots\cdots\cdots\cdots\cdots\cdots (10.1)$$

$$B변전소 : i_2 = I \cdot x/D(A) \cdots\cdots\cdots\cdots\cdots\cdots (10.2)$$

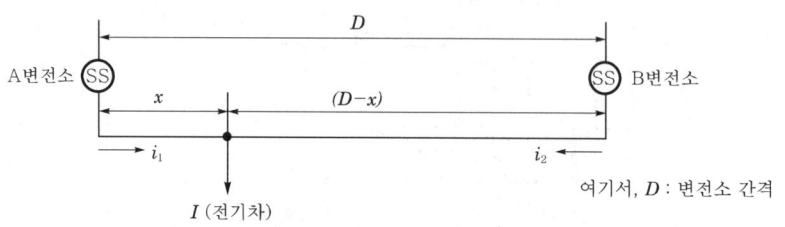

[그림 10.4 **전기차의 부하분담**]

그리고 전기차는 기동, 가속, 역행, 타행을 수행하므로 그 전류파형은 [그림 10.5]와 같이 변동이 격심하다.

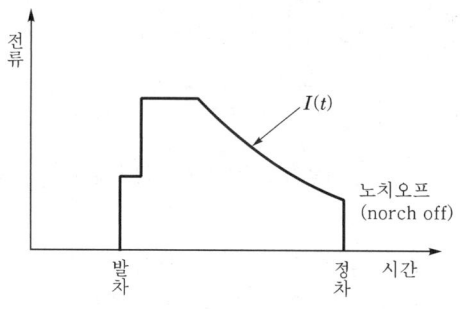

[그림 10.5 **전기차의 전류파형**]

또한, 전기차 전류의 크기는 선로의 상태, 전기차의 출력 및 특성, 열차운행도표, 급전회로의 구성 등에 따라서 변한다. 변전소 부하는 이러한 전기차 부하의 합성분이므로 [그림 10.6]에서와 같이 변동이 매우 극심한 특성을 가진다.

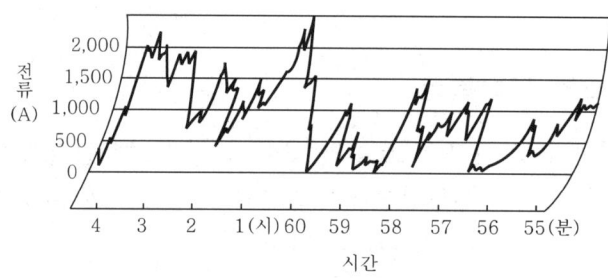

[그림 10.6 **변전소의 부하전류곡선**]

변전소의 일부하율은 다음과 같이 정의된다.

$$일부하율 = \frac{1일중의\ 1시간\ 평균출력}{1일중의\ 1시간\ 최대출력}$$

변전소 일부하율은 노면전차에서 약 40~70%, 교외철도에서 약 25~50%, 간선철도에서는 약 60~80% 정도이다.

그러나 일정구간의 운전조건이 지정되면 상기의 변동인자는 거의 일정한 것으로 간주할 수 있다. 전기차는 인위적으로 운전되므로 동일한 열차운행도표로 운전되어도 실제로는 매일의 변전소 부하가 다소 다르다.

이와 같이 많은 변동인자를 가지는 부하의 특성을 취급하기 위해서는 통계적 또는 확률적으로 문제를 처리하는 편이 적합하다. 일반적으로 일정시간 내에 변전소 부하가 일정한 전류대를 유지하는 확률은 [그림 10.7]과 같은 정규분포로 된다.

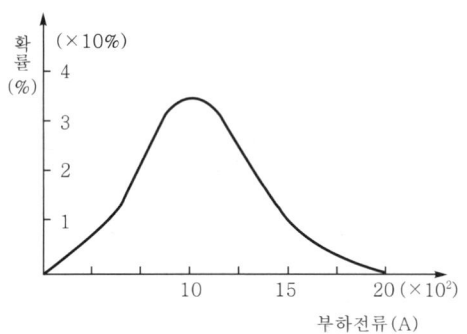

[그림 10.7 **변전소 부하전류의 분포**]

그리고 매시간의 1시간출력과 순시최대출력은 매일 다르지만 일정기간 내의 평균을 취하면 양자의 사이에는 근사적으로 다음의 관계식이 성립한다.

$$z = y + c\sqrt{y} \quad \cdots\cdots\cdots\cdots\cdots\cdots\cdots\cdots\cdots\cdots\cdots\cdots\cdots\cdots\cdots\cdots\cdots\cdots \quad (10.3)$$

여기서, z : 순시최대출력(kW)

　　　　y : 1시간출력(kW)

　　　　c : 선로구간에 의해 결정되는 정수

2 직류변전소의 용량

변전소의 용량은 예비용량을 제외하고 일반적으로 1시간최대출력 또는 순시최대출력을 기초로 결정된다.

(1) 1시간출력

1시간출력은 변전소의 간격, 전기차의 특성, 선로상태 및 운전 다이어그램으로부터 상정부하곡선을 구하고 이것을 이용하여 산출할 수 있다.

① 전력·시간곡선에 의한 산출

열차운행도표에서 일정시간에 변전소의 급전구간 내에 있는 열차수량을 구한다. 그리고 전기차의 전력·시간곡선상에서 그 시간대의 각 전기차의 소요전력을 구하여 일정시간의 합계소요전력을 산출한다. 동일하게 수행하여 1일중의 각 시간에 대해 계산하면 부하곡선이 구해진다.

여기에 전기차의 보조기기에 소요되는 전력과 급전회로중의 전력손실을 가산하여 [그림 10.8]과 같은 변전소 부하곡선이 구해진다.

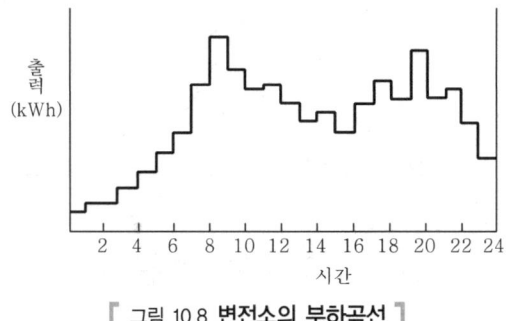

[그림 10.8 **변전소의 부하곡선**]

이에 의해서 1시간최대출력과 발생시간 및 1시간평균출력을 알 수 있다.

② 전력소비율에 의한 산출

전력소비율을 이용하는 방법으로 변전소 부하의 개략치를 구하는 데에 간단하고 편리하다. 1t·km당 또는 1car·km당의 전력소비량을 전력소비율 또는 비율전력소비량이라 한다. 전력소비율은 속도, 가속도, 역간거리, 선로조건 등에 의해서 크게 변한다. 전력소비율의 개략치를 [표 10.1]에 보인다.

표 10.1 **전력소비율**	
전기철도의 종류	전력소비율(Wh/t · km)
노면전차	40~90
시내 고속철도	50~100
교외철도	25~70
전기기관차 열차 여객열차 화물열차	 15~35 10~30
전동열차	25~35

전력소비율을 구하는 방법에는 다음과 같은 것이 있다.

㉠ 전기차의 전력·시간곡선을 열차 종류마다 작성하고 이에 의해 산출하는 방법

㉡ 유사 선로구간의 사용실적으로부터 추정하는 방법

㉢ 동력에너지의 소비량으로부터 에너지를 환산하는 방법

이와 같이 하여 구한 전력소비율에 일정시간중 변전소 급전구간을 주행하는 열차의 중량 또는 차량의 수량을 곱하고 다시 주행거리를 곱하면 일정시간중의 평균전력이 구해진다.

③ 변전소 부하의 산출

열차운행도표 [그림 10.9]에서 일정시간대에서 급전구간의 열차 종류별로 주행거리를 구한다. 그리고 열차의 견인중량, 주행거리, 전력소비율이 [표 10.2]와 같다고 하면 다음 식에 의해서 변전소 부하가 산출된다.

$$P_S = w_1 W_1 a + (w_2 W_2 + w_3 W_3 + w_4 W_4)D + w_5 W_5 b \quad \cdots\cdots\cdots\cdots\cdots\cdots\cdots\cdots\cdots\cdots (10.4)$$

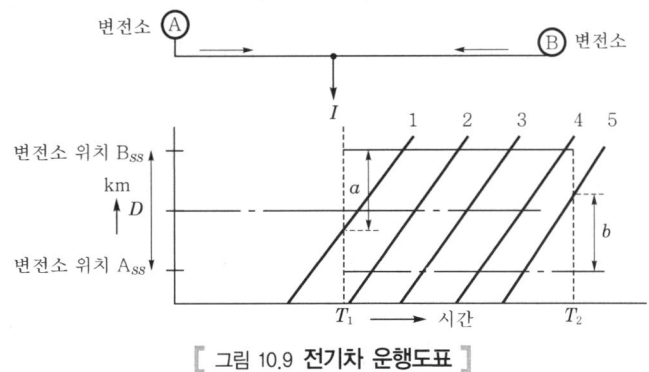

[그림 10.9 **전기차 운행도표**]

표 10.2 변전소 부하의 계산정수

열차명	견인중량	주행거리	전력소비율
1	W_1	a	w_1
2	W_2	D	w_2
3	W_3	D	w_3
4	W_4	D	w_4
5	W_5	b	w_5

동일하게 수행하여 1일중의 각 시간대에 대해서 계산하면 [그림 10.9]와 동일한 부하곡선이 얻어지며 열차밀도가 최대로 되는 시간대에 대해서 구하면 최대부하가 된다.

(2) 순시최대출력

순시최대출력은 식 (10.3)을 이용하여 유사선로구간의 실적에서 c의 값을 적절하게 선정하여 구하는 방법과 변전소 급전구간의 각 열차의 운전전류를 열차운행도표에 의하여 각 순시마다 집계하고 그 최대치를 취하는 방법이 있다.

(3) 변전소 용량

이상과 같이 수행하여 구한 1시간최대출력과 순시최대출력 중에서 기기의 정격과 비교하여 어느 것이 제한인자로 되는가를 고려하여 변전소 용량이 결정된다.

열차밀도가 높은 대용량변전소에서는 순시최대출력과 1시간최대출력의 비가 비교적 작고 변전소 용량은 1시간최대출력으로 결정된다. 그러나 열차밀도가 작으면 순시최대출력으로 결정된다.

일반적으로는 정류기의 정격에서 순시최대출력이 250%를 초과하는 경우에는 순시최대출력으로 결정되고, 250% 이하의 경우는 1시간최대출력으로 결정된다. 이와 같이 하여 구한 변전소 용량에 향후의 부하증가를 고려하여 적합한 증가율을 곱해서 변전소 용량이 결정된다.

3 교류변전소의 용량

교류급전변전소의 용량은 직류변전소와 동일한 방법으로 구할 수 있으나 역률을 고려해야 한다. 그리고 급전용 변압기의 용량은 온도상승으로 결정되며 온도상승의 시정수가 크기 때문에 순시최대출력은 거의 문제가 되지 않는다. 변전소 용량은 일반적으로 1시간최대출력으로 결정된다. 이 경우 전압강하에 대해서 충분히 고려하여야 한다.

294

4 직류변전소의 기기수량

직류변전소의 용량은 '변성기기×설비수량'으로 선정된다. 단기용량이 크면 설비수량이 적어져서 kW당의 단가는 저렴해진다. 그러나 변동이 격심한 부하에 대해서 항상 효율을 높게 유지하는 것이 곤란하고 고장시나 점검시에 정지하면 열차운전에 지장을 주며 보수가 불편하다. 그리고 설비수량이 많아지면 설비비가 증가하고 운전조작이나 보수에 작업량이 많아진다.

그러므로 변성기기의 단기용량과 수량의 조합에는 설비비와 운용면에서 가장 유리하도록 선정되며 변전소의 특성에 따라 예비기를 설치할 필요가 있다. 일반적으로 직류 1,500V 구간에서 변성기기의 단기용량으로 실리콘정류기의 표준용량은 3,000kW, 4,000kW, 6,000kW가 있다. 변성기기의 단기용량은 상기의 표준용량으로 선정되며 전 변전소에 대해서 가능한 한 통일하는 것이 좋다. 변전소 용량이 커서 정지시에 열차운전에 지장을 주게 되는 중요한 변전소에는 예비기기가 설치된다.

단위변전소 방식에서는 예비용량으로 변성기기를 설치하지 않고 변전소 단위로 상호간에 예비운용하는 방식이 일반적인 원칙이다.

5 전철 변전소의 배치

(1) 개요

변전소의 배치는 전기철도의 종류, 전기방식, 전기차의 출력, 선로조건, 운전상황 등에 따라 서로 다르다. 일반적으로 다음의 조건을 만족하도록 변전소의 위치, 간격, 용량을 선정하여야 한다.

① 변전소 기기의 용량이나 전차선로의 전류 용량은 전기차 부하에 충분하여야 한다.

② 전압강하가 열차운전에 지장을 주지 않아야 한다.

③ 전차선로나 차량의 사고에 의해서 급전회로에 단락사고 등이 발생한 경우에 신속, 확실하게 검출하여 차단이 가능하여야 한다.

(2) 변전소의 위치

변전소의 위치를 선정하는 경우에 고려해야 할 필수조건은 다음과 같다.

① 급전구간 내의 부하중심에 가능한 한 근접해야 한다.

② 수전전원이 가깝고, 소요변전소 간격을 유지할 수 있어야 하며, 전압강하에 의한 지장이 없어야 한다.

③ 기기의 운반이 편리해야 한다.

④ 지반이 견고하고 수해나 토사유입 등의 우려가 없어야 한다.

⑤ 필요시 양질의 기기냉각수를 얻을 수 있어야 한다.

⑥ 토지비용이 저렴하고 향후 증설 등의 경우에도 부지의 여유를 취할 수 있어야 한다.

⑦ 인근 지역에 대해서 소음 등의 영향이 적어야 한다.

⑧ 화학공장의 배기가스나 염진해 등의 영향이 적어야 한다.

⑨ 교류전기철도에서는 변전소의 직전에 설치하는 무가압섹션으로 인해 전기차의 운전조작상 지장이 없어야 한다. 일반적으로 무가압섹션에서는 노치오프로 주행한다.

(3) 변전소의 간격

변전소의 간격을 결정하는 최대의 조건으로 전압강하가 허용범위 내에 있어야 한다. 그러므로 변전소 간격을 짧게 하는 것이 바람직하나 반면에 변전소 수가 증가하게 된다.

변전소 간격을 단축하면 다음과 같은 장점이 있다.

① 전압강하 및 전력손실이 적게 된다.

② 동일 전압강하에서 전차선로의 전류 용량이 작아지고, 건설비가 감소된다.

③ 귀선의 누설전류가 감소한다.

④ 급전회로의 보호가 용이하다.

그러나 다음과 같은 단점도 있다.

① 변전소의 수가 증가하므로 건설비가 높아진다.

② 기기의 단위용량이 작아지게 되므로 효율이 낮아지고 손실이 증가한다.

③ 보수 및 운전경비가 증가한다. 유인식에서는 운전원의 인건비도 증가한다.

따라서 변전소의 간격과 수는 변전소 및 전차선로의 건설비, 변전소의 운전, 보수 등의 유지비, 전력손실 등을 종합적으로 비교, 검토하여 가장 경제적으로 되도록 선정하여야 한다.

단위변전소 방식에서는 완전 무인화이고 소내기기도 단순화되므로 변전소 간격의 단축을 경제적으로 실현할 수 있다.

04 변성기기와 변압기

직류전기철도용 변성기기로 최근 실리콘이나 게르마늄 등의 반도체정류기의 발달에 따라 신설 변전소에는 실리콘정류기가 널리 설치되고 있다.

이하에 직류변성기기의 특성에 대하여 서술한다.

1 직류변성기기의 조건

① 전기철도의 변전소 부하는 변동이 격심하고 전차선로 및 전기차의 사고에 의해서 매우 큰 단락전류가 흐르는 경우가 많다. 그러므로 변성기기는 단시간의 과부하 내량을 가져야 한다.

② 전기철도 변전소는 철도연선의 다수 장소에 배치되고 어느 한 변전소가 정지되어도 전압강하로 인해 열차운전에 지장을 주지 않도록 극히 고신뢰도가 요구된다. 그리고 전원전압, 주파수 등의 변동에 대해서도 가능한 한 열차운전에 지장을 초래하지 않도록 해야 한다.

③ 가능한 한 소용량의 변성기기를 1대 또는 다수대 병렬로 접속 구성하여 운전취급이 간단하고 조작이 많지 않도록 해야 한다.

2 정류기의 정격

(1) 정류기의 정격

정류기의 표준정격은 일반적으로 A종, B종, C종, D종 및 E종 정격의 5종류로 지정되어 있다.

전기철도용 정류기는 부하의 변동이 격심하여 큰 순시과부하 내량과 고신뢰도가 요구되므로 상기의 정격 중에서 C종, D종 및 E종 정격이 적용되고 있다.

① C종 정격

해당 정격출력에서 연속사용하여 기기의 온도가 일정하게 된 후에 연속정격출력 전류의 150%에서 2시간, 200%에서 1분간 사용하는 경우에 어느 부하에도 지장 없이 견디고 기기의 연속사용에 지장이 없는 정격이다.

② D종 정격

C종 정격의 200%에서 1분간을 300%에서 1분간으로 대체한 정격이다.

③ E종 정격

C종 정격의 과부하를 ㉠ 정격출력전류의 120%에서 2시간, ㉡ 정격출력에서 9분간, ㉢ 정격출력전류의 300%에서 1분간을 반복하여 10회로 대체한 정격이다. 위 ㉡의 과부하조건은 전기철도부하의 특성상 역점호의 발생한도를 확률적으로 검정하는 것을 목적으로 한 것이며, 1시간최대출력을 정격출력으로 한 경우에 순시최대출력이 정격출력의 250%로 되는 부하조건에서 사용하는 것을 예상하여 결정된 것이다. 일반적으로 E종 정격이 많이 사용되고 있다.

(2) 실리콘정류기의 정격

일반적으로 실리콘정류기의 정격에는 다음의 정격이 사용되고 있다.

① D종 정격

정격출력의 150%에서 2시간, 300%에서 1분간

② E종 정격

정격출력의 120%에서 2시간, 300%에서 1분간

3 실리콘정류기(silicon rectifier)

실리콘(silicon)이나 게르마늄(germanium) 등의 반도체를 사용하는 정류기로 성능이 우수하고 효율이 높다. 그리고 소형경량 구조로 되고, 보수 및 운전조작 등이 간단하다. 특히, 실리콘은 다른 반도체에 비해서 순전압강하가 작고, 허용온도가 높으며, 단위면적당의 전류 용량이 크다. 그리고 역내전압이 높고 정류특성이 우수하다.

실리콘정류기는 최근 제조기술의 진보에 따라 내전압이 더욱 향상되어 전기철도 변전소의 변성기기로 널리 사용되고 있다.

(1) 실리콘정류기의 특성

① 장점

㉠ 구조취급이 간단하여 보수 및 운전이 용이하다.

㉡ 냉각을 충분히 수행하면 온도제어나 진공유지를 할 필요가 없다.

㉢ 효율이 높다. ([그림 10.10] 참조)

㉣ 소형경량으로 설치면적이 작고, 가격이 저렴하다.

㉤ 순방향의 전압강하가 약 0.8~1.5V 정도로 작고, 역내전압이 높으며, 역전류가 대단히 작다. ([그림 10.11] 참조)

㉥ 허용온도가 높다.

㉦ 내진성이 양호하다.

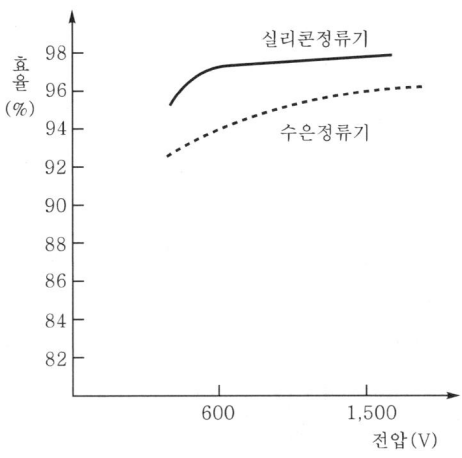

[그림 10.10 **실리콘정류기의 효율**]

② 단점

　　㉠ 단시간 과부하 내량이 작다.

　　㉡ 과전압 내량이 작다.

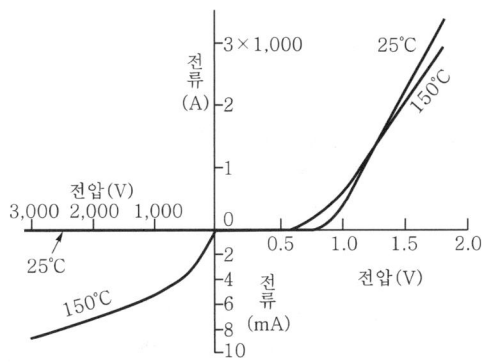

[그림 10.11 **실리콘 정류소자의 순역특성(800A형)**]

(2) 실리콘 정류소자

　실리콘 정류소자는 스터드(stud)형과 평판형이 있으며, 최근에는 평판형이 많이 사용되고 있다.

(3) 실리콘정류기의 구성

　실리콘정류기는 다수의 정류소자를 조합하여 유입식으로 한 본체와 냉각장치를 분리하여 구성된다.

전기철도용 실리콘정류기는 특성상 다음과 같은 성능이 요구된다.

① 전기철도의 부하는 반복되는 첨두(peak)부하이므로 전류 및 온도변화의 반복에 대해서 실리콘 정류소자가 충분히 견디어야 한다.

② 직류전압이 높고 소자의 직렬수량이 많으므로 역전압 분담을 충분히 평형시켜야 한다.

③ 직류측에서 이상전압 침입의 기회가 많으므로 직렬소자는 이 이상전압에도 충분히 대응할 수 있어야 한다.

④ 전차선로 및 전기차의 사고 등에 의해서 급전회로에 단락사고가 발생하는 기회가 많으므로 병렬소자는 과전류에 대해서 충분히 협조되어야 한다.

이러한 성능조건은 과전압 내량, 과부하 내량이 작은 실리콘정류기로서는 가혹한 것이다. 그러므로 과전압에 대해서는 다수개를 직렬로 구성하고, 과전류에 대해서는 병렬구성을 수행하여 과전압 및 과전류에 대해 충분히 협조하고 전압, 전류의 분담을 충분히 평형시키고 있다.

실리콘정류기의 용량은 병렬수량에 의하며 이론적으로는 몇 개라도 증가시킬 수 있으나 병렬소자간의 전류 불평형이 증대하고 단락전류가 크게 된다. 이 경우 정류기 내의 모선 및 소자배치가 복잡해진다.

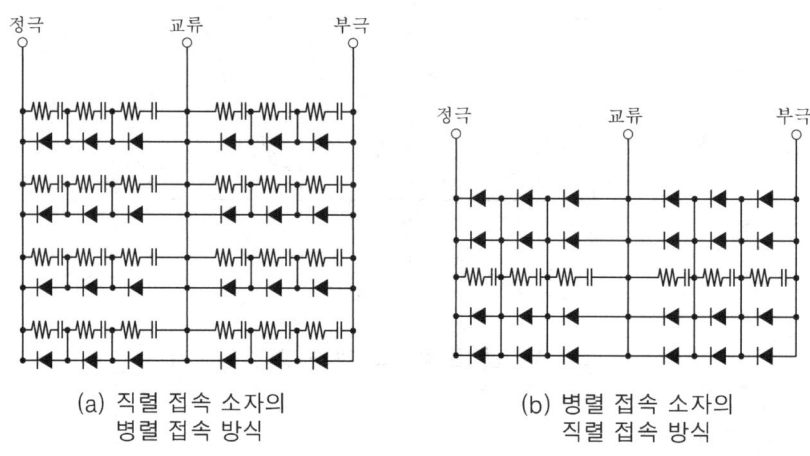

(a) 직렬 접속 소자의
병렬 접속 방식

(b) 병렬 접속 소자의
직렬 접속 방식

[그림 10.12 **실리콘 정류소자의 접속법(1arm)**]

정류소자의 접속방식에는 [그림 10.12](a)와 같이 다수개의 직렬소자를 병렬로 접속하는 방식과 (b)와 같이 병렬소자를 직렬로 접속하는 방식이 있다.

(a)방식은 전류분담면에서는 (b)방식보다 유리하지만, 전압분담의 불평형이 크게 된다. (b)방식은 반대로 전압분담은 용이하지만, 전류분담의 불평형은 (a)방식보다 크게 된다. 일반적으로는 (a)방식을 많이 사용하고 있다.

어느 방식에서나 콘덴서와 저항으로 구성되는 분압기를 설치하여 역전압 분담이 균일하게 되도록 하고 있다.

(4) 실리콘정류기용 변압기의 결선

전기철도용 실리콘정류기의 변압기 결선에는 3상브리지(bridge)결선과 상간 리액터부 2중성형결선이 사용된다. ([그림 10.13] 참조)

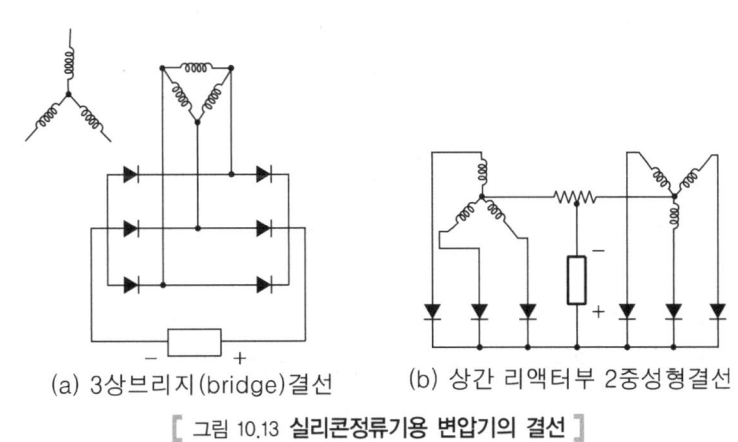

(a) 3상브리지(bridge)결선   (b) 상간 리액터부 2중성형결선

[그림 10.13 **실리콘정류기용 변압기의 결선**]

양 결선방식의 비교를 [표 10.3]에 보인다.

┃ 표 10.3 **결선방식의 특성비교** ┃

항 목	3상브리지결선	상간 리액터부 2중성형결선
정류 상수	6상	6상
변압기 용량 비율	1	1.29
동작 첨두(peak) 역전압 비율	1	2
정류소자 전류 비율	1	0.5
정류소자 직렬수량 비율(DC 1,500V)	1	1.67
정류소자 병렬수량 비율	1	0.5
정류소자 전수량 비율(DC 1,500V)	1	0.83

위의 표에서 보면 3상브리지결선 변압기의 이용률이 높고 용량이 작다.

정류기에서 3상브리지결선은 상시의 동작상태에서 역전압이 2중성형의 1/2로 되고 정류소자의 직렬수량이 적게 되어 전압이 높은 경우에 유리하다. 반면, 전류는 2배로 되므로 병렬수량은 많아진다. 이에 대해 2중성형은 직렬수량은 많으나 병렬수량은 적게 된다. 그러므로 직류측에서의 서지(surge)전압의 침입을 고려하면 양 결선 모두 1암(arm)에서 서지전압을 받게 되므로 직렬수량은 상시 역전압보다 훨씬 높은 서지전압에 의해서 결정된다. 그러므로 정류기에서는 병렬수량이 적은 2중성형결선이 일반적으로 유리하다.

정류소자의 역내전압의 향상 및 직류피뢰기의 제한전압의 감소를 도모하는 것이 가능하면 3상브리지식으로 변압기 용량이 작은 방식을 선정할 수 있다. 전기철도 직류 1,500V에서는 일반적으로 3상브리지방식이 사용되고 있다.

(5) 과부하 한도

실리콘정류기의 과부하 한도는 소자의 온도상승에 의해서 결정된다. 즉, 온도가 높아지면 과전류가 증가하고 온도상승을 크게 하면 일정한도에 도달하면 파괴되어 재사용이 불가능하게 된다.

실리콘 정류소자의 온도상승의 시정수는 극히 작으며 그 과부하 한도는 1분간 정도의 단시간 과부하에 의한 소자의 온도상승에 의해서 결정된다.

(6) 보호

실리콘정류기는 과전압, 단시간 과부하 내량이 작으므로 이상전압이나 단락전류 등에 의한 과전압 및 단시간 과부하를 피해야 한다. 과전압에 대해서는 교류측 및 직류측에 피뢰기를 설치하고 각 상에 콘덴서 및 무유도저항으로 구성되는 서지흡수장치를 설치하여 방전개시전압 및 제한전압을 정류기의 과전압 내량과 협조시킨다.

분압기도 역전압을 균등하게 걸고 부분적 과전압을 방지하는 기능을 수행한다. 차량 및 전차선로 사고 등에 의한 단락사고시의 과전류 보호에 대해서는 고속도차단기에 의하고 있다. 그리고 주회로에 직렬리액터를 삽입하여 사고전류의 입상을 억제하는 방식도 취하고 있다.

이 외에 정류기의 전압변동률을 크게 하여 단락전류를 줄일 수 있으나 사용목적에 따라 한도가 있고 일반적으로 약 7~9% 정도로 된다.

4 직류변성기기용 변압기

직류변성기기용 변압기는 일반전력용에 비해서 플래시오버, 역점호, 급전회로의 단락사고 등의 기회가 많으므로 기계적 및 전기적으로 강화되어 있다. 그리고 각 상의 리액턴스가 동일하지 않으면 양극전류의 불균형이 발생하므로 이를 피해야 한다.

실리콘정류기는 2차코일의 이용률이 나쁘고 통전전류가 정현파가 아닌 맥동직류로 직류분과 고조파분을 포함하고 있다. 그리고 1차코일에도 정현파가 아닌 고조파를 포함한 전류가 흐른다.

그러므로 실리콘정류기용 변압기는 일반 변압기와는 다르게 1차, 2차 용량이 동일하지 않다. 즉, 정류기 용량보다 1차측 용량이 크고 2차측 용량은 1차측 용량보다 대부분 크게 되어 있다.

5 교류급전용 변압기

(1) 교류급전용 변압기의 개요

일반적으로 교류전기철도는 상용주파 단상교류방식이다. 그러므로 이 선로구간의 말단에 있는 변전소를 제외하고 중간에 위치하는 변전소는 단상부하에 의한 전원불평형을 경감하기 위하여 [그림 10.14]와 같이 스코트결선(scott connection)변압기를 사용하고 있다.

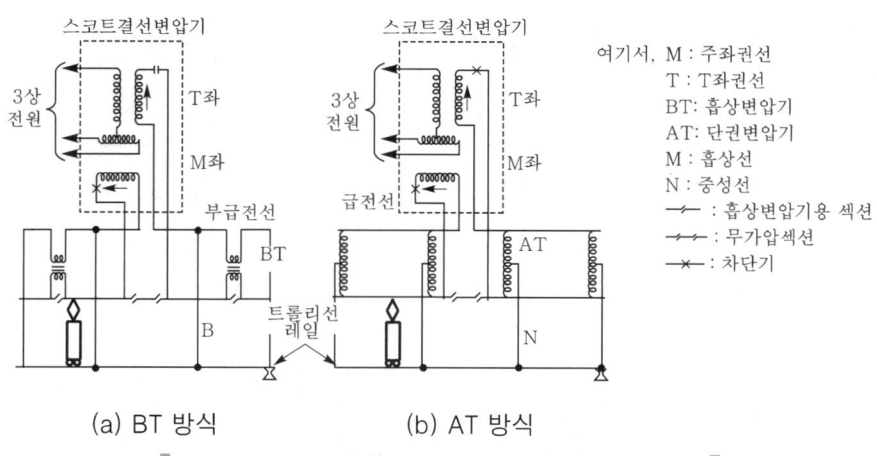

(a) BT 방식   (b) AT 방식

[그림 10.14 **스코트결선(scott connection)변압기의 회로도**]

일반적으로 변압기 권선은 단시간의 온도상승에 대해서 그 여유도가 매우 크게 설계되고 변압기 냉각유의 온도상승 시정수도 2~3시간으로 비교적 크다.

그리고 변동주기에 비해서 변압기 냉각유 온도상승의 시정수가 매우 크기 때문에 변동부하의 영향을 거의 받지 않는다. 따라서 일반의 연속정격변압기를 사용하고 있다.

(2) 스코트결선(scott connection)변압기

교류급전용 변압기로 주로 사용되고 있는 스코트결선변압기의 벡터도를 [그림 10.15]에 보이며, 그 동작원리는 다음과 같다.

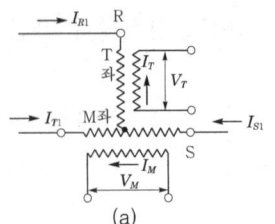

여기서, I_{R1}, I_{S1}, I_{T1} : 변기기 1차측 전류
I_M, I_T : 변압기 2차측, M좌 T좌의 부하전류
ϕ_M, ϕ_T : 변압기 2차측, M좌 T좌의 부하역률

(a)

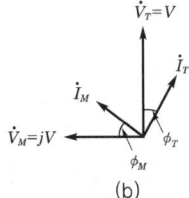

(b)

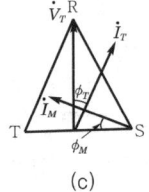

(c)

[그림 10.15 **스코트결선(scott connection)변압기의 벡터(vector)도**]

T좌 전압을 기준 벡터(vector)로 하면 [그림 10.15](b),(c)의 벡터도와 같이 각 상의 전압, 전류는 다음과 같이 표시된다.

$$
\left.
\begin{aligned}
&\dot{V}_M = jV : \text{M좌 전압,} \quad \dot{V}_T = V : \text{T좌 전압} \\
&\dot{I}_M = jI_M e^{-j\phi M} : \text{M좌 전류,} \quad \dot{I}_T = I_T e^{-j\phi T} : \text{T좌 전류}
\end{aligned}
\right\} \cdots\cdots\cdots (10.5)
$$

M좌 및 T좌의 권수비를 1 : 1로 하면 1차 각 상의 전류는 다음과 같이 된다.

$$
\left.
\begin{aligned}
&\dot{I}_{R1} = I_T e^{-j\phi T} \\
&\dot{I}_{S1} = -\frac{1}{2} I_T e^{-j\phi T} - jI_M e^{-j\phi M} \\
&\dot{I}_{T1} = -\frac{1}{2} I_T e^{-j\phi T} + jI_M e^{-j\phi M}
\end{aligned}
\right\} \cdots\cdots\cdots\cdots (10.6)
$$

대칭분으로 표현하기 위해 $a = -\frac{1}{2} + j\frac{\sqrt{3}}{2}$, $a^2 = -\frac{1}{2} - j\frac{\sqrt{3}}{2}$로 두면 다음 식으로 표시된다.

$$
\left.
\begin{aligned}
&\text{영상분 :} \ \dot{I}_0 = \frac{1}{3}(\dot{I}_{R1} + \dot{I}_{S1} + \dot{I}_{T1}) = 0 \\
&\text{정상분 :} \ \dot{I}_1 = -\frac{1}{3}(\dot{I}_{R1} + a\dot{I}_{S1} + a^2\dot{I}_{T1}) = \frac{1}{2} I_T e^{-j\phi T} + \frac{1}{\sqrt{3}} I_M e^{-j\phi M} \\
&\text{역상분 :} \ \dot{I}_2 = -\frac{1}{3}(\dot{I}_{R1} + a^2\dot{I}_{S1} + a\dot{I}_{T1}) = \frac{1}{2} I_T e^{-j\phi T} - \frac{1}{\sqrt{3}} I_M e^{-j\phi M}
\end{aligned}
\right\} \cdots (10.7)
$$

T좌 2차전압의 절대치를 주좌 2차전압과 동일하게 하기 위해서는 T좌의 권선비가 $n_1/n_2 = \sqrt{3}/2$이므로 2차전압을 I'_T로 두면 식 (10.7)의 I_T는 다음과 같이 된다.

$$I_T = \frac{2}{\sqrt{3}} I'_T$$

정상, 역상분 전류는 다음과 같다.

$$\left. \begin{aligned} \dot{I}_1 &= \frac{1}{\sqrt{3}} (I'_T e^{-j\phi T} + I_M e^{-j\phi M}) \\ \dot{I}_2 &= \frac{1}{\sqrt{3}} (I'_T e^{-j\phi T} - I_M e^{-j\phi M}) \end{aligned} \right\} \quad \cdots\cdots (10.8)$$

$$\left. \begin{aligned} \text{M좌 전력} : \dot{W}_M &= \dot{V}_M \underset{\cdot}{I}_M = P_M + jQ_M \\ \text{T좌 전력} : \dot{W}_T &= \dot{V}_T \underset{\cdot}{I'}_T = P_t + jQ_T \end{aligned} \right\} \quad \cdots\cdots (10.9)$$

단, 여기서 $\underset{\cdot}{I}$는 $\dot{I}$의 공역벡터(vector)이다.
따라서, 다음과 같이 표현된다.

$$\underset{\cdot}{I}_M = -j\frac{P_M + jQ_M}{V}, \quad \underset{\cdot}{I'}_T = \frac{P_T + jQ_T}{V}$$

그러므로 역상전류는 다음과 같이 된다.

$$\left. \begin{aligned} \dot{I}_2 &= \frac{\underset{\cdot}{I'}_T}{\sqrt{3}} + j\frac{\underset{\cdot}{I}_M}{\sqrt{3}} = \frac{P_T - jQ_T}{\sqrt{3}\,V} - \frac{P_M - jQ_M}{\sqrt{3}\,V} \\ I_2 &= \frac{1}{\sqrt{3}\,V} \cdot \sqrt{(P_T - P_M)^2 + (Q_T - Q_M)^2} \end{aligned} \right\} \quad \cdots\cdots (10.10)$$

1차측의 선간전압 V, 정상분, 역상분의 전압과 임피던스를 각각 V_1, V_2 및 Z_1, Z_2로 두면 전선로의 경우에 일반적으로 Z_1과 Z_2는 동일하므로 3상 단락용량 P_S는 다음과 같이 된다.

$$P_S = \sqrt{3}\,VI_1 = 3V_1 I_1 = \frac{3V_1^2}{Z_2}$$

단, $V_1 = I_1 Z_1 = I_1 Z_2$이다.

그러므로 전압 불평형률 K는 다음 식과 같이 된다.

$$K = \frac{V_1}{V_2} = \frac{I_1 Z_2}{\sqrt{3}}$$

$$= \frac{Z_2}{3 V_2} \sqrt{(P_T - P_M)^2 + (Q_T - Q_M)^2}$$

$$= \frac{1}{3 VI} \sqrt{(P_T - P_M)^2 + (Q_T - Q_M)^2}$$

$$= \frac{1}{P_S} \sqrt{(P_T - P_M)^2 + (Q_T - Q_M)^2} \quad \cdots\cdots\cdots\cdots\cdots\cdots\cdots (10.11)$$

$$= \frac{1}{P_S} (P_T - P_M)$$

05 고속도차단기

1 고속도차단기의 종류

고속도차단기는 자체 내에 고장 검출부를 구비하고 직류회로에 단락전류 또는 역류 등의 이상이 발생한 경우에 최대한 빠른 시간 내에 고속도로 개극한다. 그리고 이상전류가 최대치에 도달하기 이전에 어느 일정치로 제한하여 직류급전회로의 사고전류를 차단한다.

고장발생의 순간으로부터 차단기가 동작하여 전류가 감소를 시작하기까지의 시간은 보통 약 8/1,000~10/1,000초 정도이다. 그리고 차단이 완료되기까지의 시간은 약 18/1,000초 정도이다.

(1) 정방향 고속도차단기

정상전류와 동일방향의 과전류에 대해 자동차단을 수행하는 고속도차단기이다.

적용용도에 따라서 급전용, 정극용, 부극용, 필터장치용, 인버터용 등이 있으며, 급전회로나 기기 등의 과전류보호에 사용된다.

(2) 역방향 고속도차단기

정상전류와 역방향의 전류에 대해 자동차단을 수행하는 고속도차단기이다.

적용용도에 따라서 정극용, 부극용 등이 있으며, 수은정류기의 역점호시나 회전변류기의 플래시오버 발생시 등에 직류측에서 역류하는 전류를 차단하는 데에 사용된다.

(3) 양방향 고속도차단기

정역 양방향의 전류에 대해서 자동차단을 수행하는 고속도차단기이다.

주로 급전 타이포스트(tie post)의 상선, 하선 접속용에 사용된다.

■2 고속도차단기의 정격

전기철도용 직류고속도차단기의 주요정격은 다음과 같다.

(1) 정격차단용량

정격전압 및 규정 회로조건의 기준에서 규정된 표준동작책무와 동작상태에 따라서 차단하는 경우에 차단하는 차단용량의 한도이며, 추정단락전류 최대치로 표시한다. ([그림 10.16] 참조)

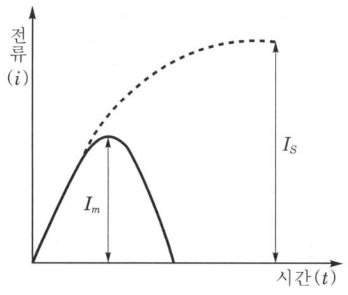

여기서, I_m : 차단최대전류
I_s : 추정단락전류의 최대치

[그림 10.16 **추정단락전류 최대치와 차단전류**]

(2) 정격차단전류

정격전압 및 규정 회로조건의 기준에서 규정된 표준동작책무와 동작상태에 따라 차단하는 경우의 차단전류 최대치를 말한다. [표 10.4]에 그 예를 보인다.

표 10.4 **차단전류의 최대치**

정격차단용량 (kA)	규정 회로조건		최대차단전류 (kA)
	추정최대 단락전류(kA)	돌입률 (kA/sec)	
15	15 이상	5×10^5 이상	10
5	5 이상	3×10^6 이상	25

3 고속도차단기의 동작원리 및 구조

(1) 고속도차단기의 동작순서 및 구조

고속도차단기는 고장전류의 검출부분과 접촉자를 개방하여 전류를 차단하는 차단부분이 조합되어 구성된다. [그림 10.17]에 그 회로도를 보인다.

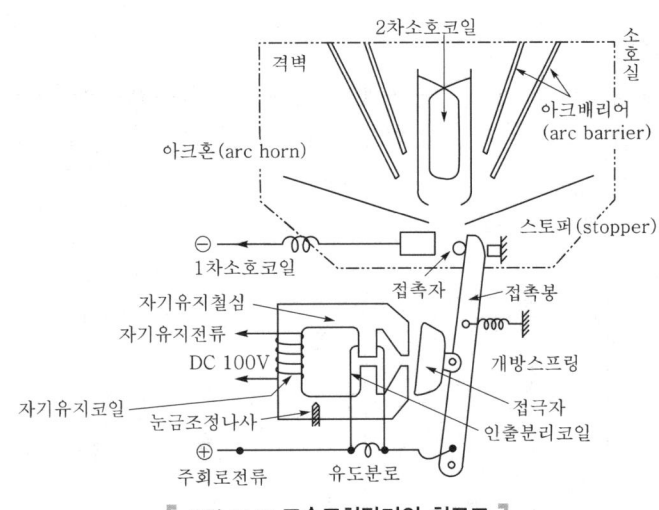

[그림 10.17 **고속도차단기의 회로도**]

① 접극자는 유지코일의 전자력에 의해서 개방스프링의 힘에 대항하여 흡착되고 접촉봉을 개재하여 접촉자가 개로된다.

② 트립코일의 기자력은 유지코일의 기자력을 소멸시키도록 구성되고 여기에 주회로전류 또는 그 일부가 흐른다. 그리고 지정된 정정치를 초과하면 유지코일의 전자력은 소멸되고 개방스프링에 의해서 신속하게 접극자가 개방되며 동시에 접촉자가 개로된다.

③ 접촉자 개로시에 발생하는 아크는 소호코일에 의해서 소호실로 압출되고 아크길이의 연장에 따른 아크전압의 증대와 냉각효과에 의해서 전압강하가 증가하여

차단된다. 차단과 동시에 기계적 연동에 의해서 이미 축적된 압력공기를 주접촉자의 전극 사이로 불어넣는 구조로 되어 있다.

(2) 고속도차단기의 동작원리

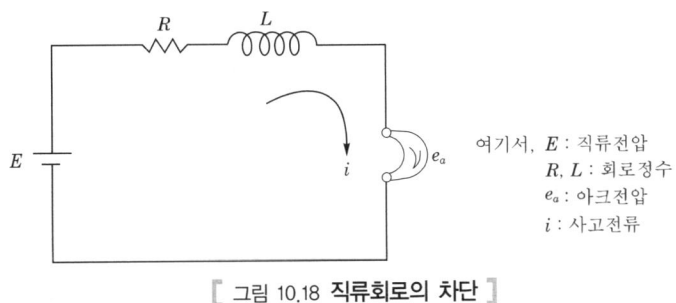

여기서, E : 직류전압
R, L : 회로정수
e_a : 아크전압
i : 사고전류

[그림 10.18 **직류회로의 차단**]

직류회로의 차단시는 다음 관계식에 의해서 표시된다. ([그림 10.18] 참조)

$$L\frac{di}{dt} + Ri + e_a = E \quad \cdots\cdots\cdots\cdots (10.12)$$

식 (10.12)를 변경하면 다음과 같다.

$$e_a - (E - Ri) = -L\frac{di}{dt} \quad \cdots\cdots\cdots\cdots (10.13)$$

그러므로 식 (10.13)에 의해서 차단기의 아크전압 e_a가 $(E-Ri)$보다 크게 되면 큰 만큼 전류는 신속하게 감소하고 차단은 빠르게 수행되는 것을 알 수 있다.

동시에 아크에너지(arc energy) E_A는 다음 식으로 표시된다.

$$\begin{aligned}
E_A &= \int e_a i\, dt = \int_0^\infty (E - Ri)i\, dt - \int_0^\infty L\frac{di}{dt}i\, dt \\
&= \int_0^\infty (E - Ri)i\, dt - \int_{I_0}^\infty Li\, di \\
&= \int_0^\infty (Ei - Ri^2)dt + \frac{1}{2}LI_0^{\,2} \quad \cdots\cdots\cdots\cdots (10.14)
\end{aligned}$$

앞 식의 제1항은 아크기간중에 아크에 대해서 전원에서 공급되는 에너지이고 제2항은 차단개시 전에 회로가 가지고 있는 전자에너지이다. 아크에너지는 전류, 회로인덕턴스 및 아크시간의 증가에 따라서 증가하고 이것이 증가하면 접촉자를 손상시키고 이어서는 차단불능으로 된다.

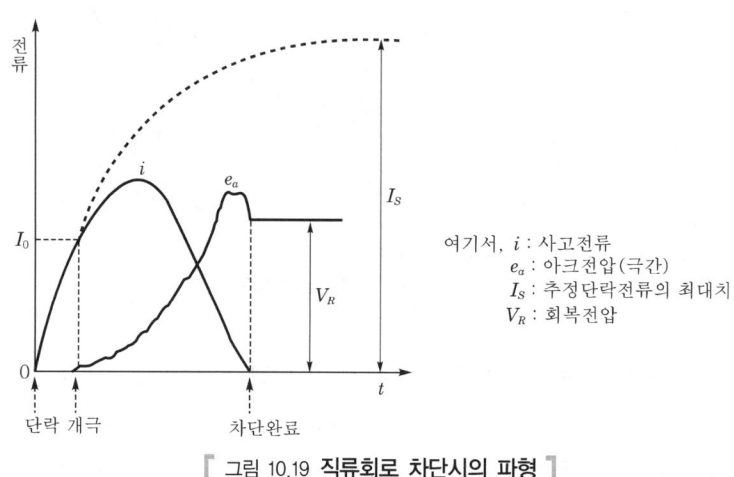

여기서, i : 사고전류
e_a : 아크전압(극간)
I_s : 추정단락전류의 최대치
V_R : 회복전압

[그림 10.19 **직류회로 차단시의 파형**]

[그림 10.19]는 인덕턴스를 가지는 직류회로를 고속도차단기에 의해서 차단하는 경우의 전류전압 파형이다.

이상으로부터 인덕턴스를 가지는 직류회로를 고속도차단기로 차단하는 경우에 차단성능으로 필요한 조건은 다음과 같다.

　① 전류가 정정치를 초과하면 가능한 한 신속하게 차단이 수행되고 발호되어야 한다.

　② 발호후에 신속하게 아크길이를 증가시키고 아크전압을 증가시켜 차단을 완료해야 한다. 그러나 아크전압의 피크치가 크게 초과되면 이상전압으로 회로의 절연을 위협할 우려가 있으므로 허용치 이내로 들게 하여야 한다.

위의 성능이 만족되면 사고전류가 최종적인 단락전류 I_s로 증가하기 전에 이것을 차단할 수 있게 되고 아크에너지를 감소시켜 차단을 용이하게 수행하여 사고피해를 줄일 수 있다.

4 고속도차단기의 특성

(1) 트립(차단)자유(trip free)

고속도차단기의 투입기구는 폐로코일의 여자 또는 투입용 압축공기의 제거후에 주접

촉자를 폐로하도록 되어 있으며 회로에 고장이 계속되는 경우 또는 폐로되는 순간에 고장이 발생하여 과전류가 흐르는 경우에는 즉시 차단하도록 되어 있다. 이 기구가 트립자유 회로이다.

(2) 선택성

고속도차단기에는 트립코일과 병렬로 유도분로가 설치되고 급격하게 증가하는 부하에 대해서는 트립코일에 흐르는 전류의 비율을 크게 하며 동작치를 내려서 선택성을 가지도록 되어 있다.

고속도차단기의 선택성은 동일 설정치에 대해서 돌입전류의 경우가 점진적 전류의 경우보다 작은 전류로 동작하는 특성이다. 동일 설정치에서 돌입전류에 의한 최소동작전류와의 점진적 전류에 의한 최소동작전류와의 비를 선택률이라고 한다.

고속도차단기의 동작전류는 유지코일의 자기저항을 눈금나사로 변화시켜 조정한다.

(3) 역방향 고속도차단기의 불요동작

역방향 고속도차단기가 정상전류가 급격히 감소하는 경우에 트립(차단)동작하는 것이 불요동작이다.

역방향 고속도차단기는 정방향 전류에 의한 자속과 유지코일 자속이 접극자면에 가해지도록 되어 있다. 이는 정방향 대전류에서는 동작하지 않고 이것이 급격하게 감소한 경우에 이에 의한 자속이 유지코일과 쇄교하여 유지코일에 역방향의 전압이 유기되고 유지전류가 감소하여 접극자가 개극하는 경우가 있다. 이의 대책으로 유지코일과 트립코일 자속이 쇄교하지 않도록 하고 있다.

(4) 자기유지

변전소 내에서 단락사고가 발생한 경우에 급전용 차단기는 정방향 동작특성이므로 급준한 역방향 대전류가 급전선측으로 흘러 유입하는 경우가 있다.

이 경우 트립전류는 유지코일전류와 동일방향으로 되므로 차단기를 개로하기 위하여 유지코일의 전류를 영(0)으로 하여도 트립되지 않는 경우가 있다. 그러므로 수동으로 개방하는 경우에는 유지코일의 전류를 역방향으로 하는 방법을 취한다.

(5) 소전류의 차단

소호코일을 사용하는 고속도차단기에서는 소전류의 차단이 곤란하여 공기소호방식을 병용하는 방식도 있다.

06 ▶ 필터(filter)

1 필터의 개요

전기철도의 직류전원으로 수은정류기 또는 실리콘정류기가 사용되는 경우에 발생되는 직류전압 및 전류 중에는 nf (n : 정류기의 상수, f : 전원주파수)를 기본파로 하는 맥동분이 포함되어 있다. 이 맥동하는 전압/전류가 전차선로에 공급되면 전차선로에 첨가하여 가선되어 있는 통신선 등에 정전유도 또는 전자유도에 의해서 전압을 유기하고 통신선에 통화장해를 유발한다. 이 통화장해를 유발하는 정도는 각 주파수의 전압의 크기와 청각감도에 관계되고 통화자의 청각감도와 수화기의 특성에 따라 서로 다르며 1,000Hz 부근이 가장 크다. 그러므로 정류기에서 발생되는 맥동전압 및 전류를 감소시키는 장치로 필터가 설치된다.

2 필터의 구성

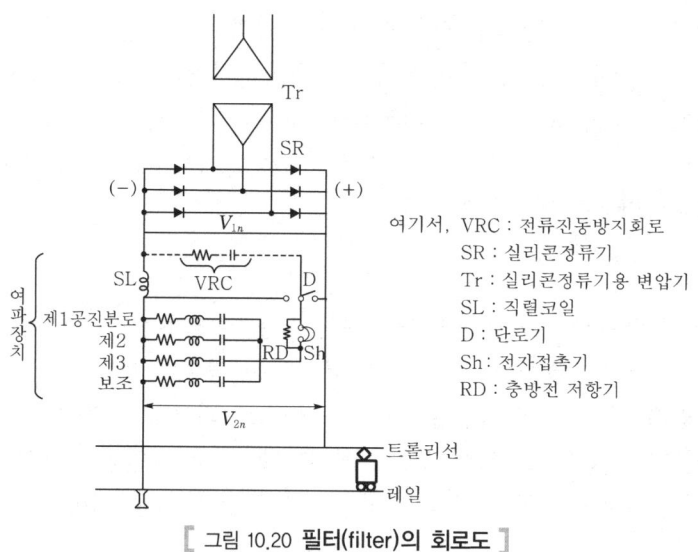

여기서, VRC : 전류진동방지회로
SR : 실리콘정류기
Tr : 실리콘정류기용 변압기
SL : 직렬코일
D : 단로기
Sh : 전자접촉기
RD : 충방전 저항기

[그림 10.20 **필터(filter)의 회로도**]

필터는 [그림 10.20]과 같이 1개의 직렬코일과 다수개의 공진분로로 구성된다.

직렬코일은 분로에 흐르는 전류를 제한하여 분로의 전류 용량을 결정하며, 공진분로는 콘덴서와 공진코일로 구성되고 [표 10.5]와 같이 각 주파수별로 구분되어 공진하며 고조파 전압을 단락하여 외선으로 인출되는 것을 방지한다.

필터의 성능을 표시하기 위하여 저감률이 사용되고 다음 식으로 표시된다.

$$제n조파 저감률(A_n) = \frac{\text{필터 입력 제}n\text{조파 전압}(V_{1n})}{\text{필터 출력 제}n\text{조파 전압}(V_{2n})} \quad \cdots\cdots\cdots\cdots\cdots \quad (10.15)$$

필터의 회로정수는 트롤리선에 나타나는 전압전류의 고조파 성분에 대해서 경제성, 제작 및 조정편의성을 고려하여 선정된다.

일반적으로 필터의 회로정수를 [표 10.5]와 같이 지정하고 있다.

표 10.5 **필터의 회로정수**

직렬코일		정격전류 기준		1.1mH 이상	
		정격전류의 150% 기준		1.0mH 이상	

공진 분로	고조파 차수	공진코일의 인덕턴스		콘덴서의 용량(μF)	전류용량(A)	실효저항(Ω)
		50Hz(mH)	60Hz(mH)			
제1	6	1.1~1.4	0.8~1.0	240	80	0.07~0.12
제2	12	0.37~0.47	0.27~0.33	180	20	0.10~0.20
제3	18	0.22~0.29	0.16~0.20	120	20	0.15 이하
보조분로	3	18~20	13~15	60	10	–

2중성형결선의 수은정류기 정류회로에서는 3상 2군으로 병렬운전을 수행하며 필터에 보조분로가 없는 경우에 정류기의 1상 실효가 원인이 되어 2군간의 평형이 파괴되어 3상운전을 유발하는 경우가 있다. 이 결과는 유도장해나 필터 각부의 소손 또는 역점호를 야기한다.

그러므로 전원주파수의 3배 주파수에 동조하는 보조분로가 설치된다. 그리고 정류기의 전류(轉流)시에 발생하는 고조파 진동에 의해 반송전화에 잡음을 발생시키는 경우가 있다. 이때문에 [그림 10.20]에 점선으로 표시된 것과 같은 전류진동방지회로 VRC를 부가하는 경우가 있다.

3 필터의 조건

필터는 변전소의 운전에 직접 관계가 없으나 그 성능을 완전하게 발휘하여 잡음장해를 최소화하기 위해서는 설치 및 보수시에 다음과 같은 사항을 고려해야 한다.

① 정극모선 및 레일에 접속하는 리드선이 최대한 짧게 되도록 기기를 배치하여야 한다.

② 공진분로의 동조를 완전하게 수행해야 한다.

③ 접촉부의 점검보수를 세밀하게 수행하고, 접촉저항을 극소치로 유지해야 한다.

07 전철 변전소의 원격감시제어시스템

변전소와 이를 제어하는 주변전소 또는 원격감시제어소의 사이에 제어용 회선을 설치하여 신호를 전송하고 변전소의 운전상태나 고장발생상태를 연속하여 감시하면서 운전제어를 수행하는 방식이 원격감시제어이다.

이 원격감시제어방식은 1개의 제어소에서 다수의 변전소 또는 급전 구분소를 제어하므로 변전소 운전원이 절감되고 사고시의 조치가 종합적으로 신속하게 수행될 수 있는 장점이 있다.

최근의 전기철도에서는 직류, 교류 모두 널리 사용되고 있다. ([그림 10.21] 참조)

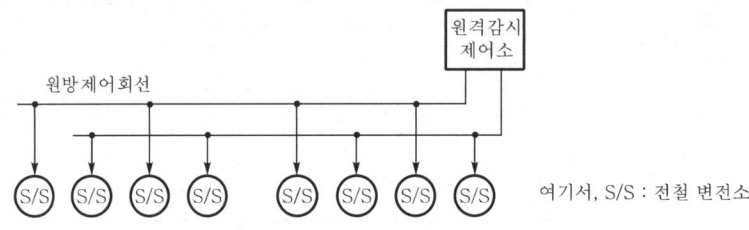

[그림 10.21 **원격감시제어시스템의 기본구성도**]

전기철도 변전소의 원격감시제어방식은 그 기능상 고신뢰도가 요구되며 오동작이 없어야 한다. 그리고 소수의 제어회로에 의해서 가능한 한 다수의 제어가 수행되는 것이 경제적이며, 반대로 피제어 변전소에는 제어점(position)의 수를 가능한 한 감소시켜야 한다.

또한, 다수의 변전소나 기기의 제어를 수행하기 위하여 소수의 제어회로를 공유하므로 신호가 충돌되는 경우에는 보다 중요도가 높은 신호를 우선하여 전송시켜야 한다. 이와 같은 조건을 만족시키기 위하여 각종 방식이 사용되고 있다.

이 방식으로 [그림 10.22](a)는 장단부호의 조합에 의한 코드(code)를 이용하는 장단부호식, (b)는 정부의 부호조합에 의한 유극부호식의 전송신호이다.

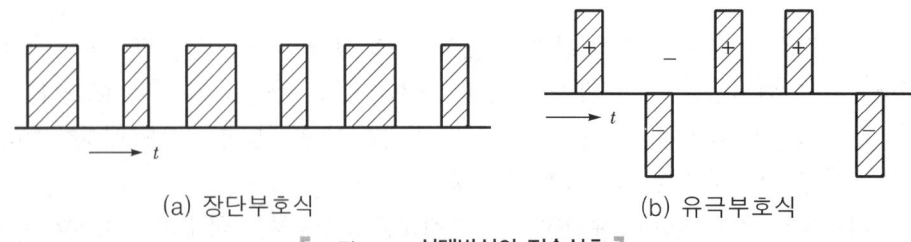

(a) 장단부호식   (b) 유극부호식

[그림 10.22 **선택방식의 전송신호**]

MEMO

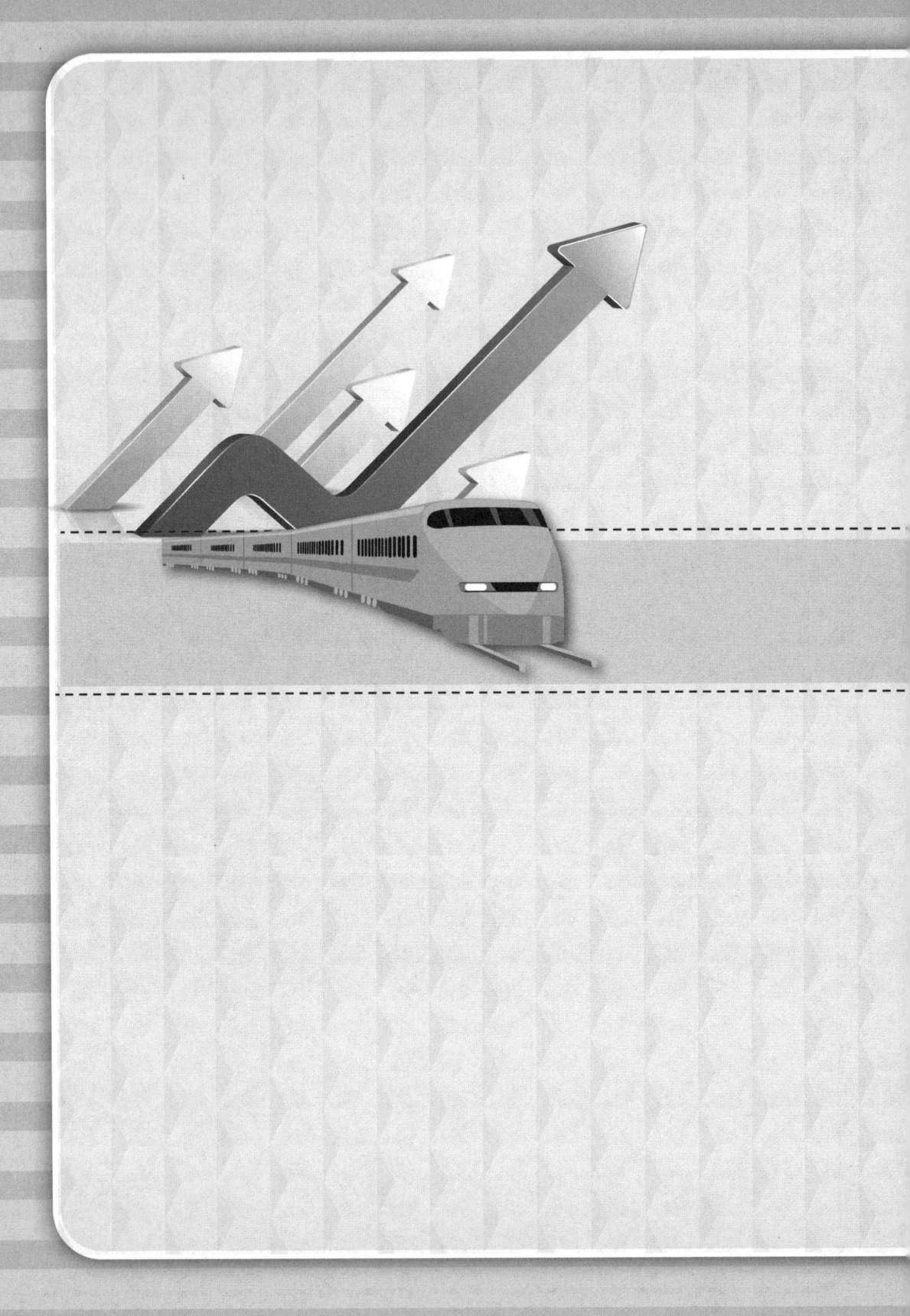

CHAPTER

11

교류전기철도

11 교류전기철도

01 교류전철의 개요

1 교류전철의 방식

교류전기철도의 방식에는 전기방식, 전기차의 전력변환장치 및 주전동기 등에 따라 다수의 종류가 있다. 최근 가장 많이 사용되고 있는 단상교류 상용주파수방식에 대하여 기술한다.

2 교류전철의 표준전압

교류전기철도에서는 전기차에 변압기를 탑재하므로 급전전압은 주전동기의 전압에 관계없이 선정할 수 있다. 국제철도연합(UIC) 및 국제전기기술위원회(IEC)에서는 25kV를 표준전압으로 하고 있다.

02 교류전철의 특성

1 교류전철의 주요특성

단상교류 상용주파수방식의 지상설비 및 전기차의 특성을 직류방식과 비교하여 요약하면 [표 11.1]과 같다.

표 11.1 단상교류 상용주파수방식과 직류방식의 지상설비 및 전기차 특성 비교

항 목		상용주파 단상교류방식(AC 25kV)	직류방식(DC 1,500V)
지상설비	변전소	변전소 건설비가 저렴하다. • 변전소 간격이 BT 급전방식은 약 30~50km, AT 급전방식은 약 100km로 길고, 변전소 수가 적다. • 변압기만으로 충분하므로 변전소설비가 간단하다.	변전소 건설비가 고가이다. • 변전소 간격이 약 10~20km로 짧고, 변전소 수가 많다. • 교류 → 직류의 변성기기가 필요하고, 변전소설비가 복잡하다.
	급전전압	전기차에 변압기를 사용하고, 고전압 이용이 가능하다.	주전동기, 직류변성기기의 절연설계상 제약을 받고, 고전압 이용이 불가능하다.
	전차선로	전류가 작아서 소요동량이 적고, 구조도 경량이다.	전류가 커서 소요동량이 많고, 구조도 큰 하중에 견디는 것이 필요하다.
	궤도회로	상용주파 교류궤도회로를 이용할 수 없다.	상용주파 교류궤도회로를 이용 가능하다.
	절연이격	전압이 높으므로 절연이격이 크고, 일반적으로 터널 등의 단면이 크게 된다.	전압이 낮으므로 절연이격이 작게 된다.
	전압강하	직렬콘덴서나 자동전압조정장치에 의해 간단히 보상할 수 있다.	급전선의 증설이나 급전 구분소 또는 변전소의 신설이 필요하다.
	보호설비	운전전류가 작고, 사고전류의 판별이 용이하여 보호설비가 간단하게 된다.	운전전류가 크고, 사고전류의 선택차단이 곤란하여 복잡한 보호설비가 필요하다.
	통신유도장해	통신유도장해가 크고, 흡상변압기나 단권변압기, 통신선의 케이블화 등이 필요하다.	통신유도장해가 작고, 변전소에 필터를 설치하는 등 이외에 전차선로에 특별한 설비가 필요없다.
	불평형	단상부하에 의한 3상전원 불평형이 발생하고 이 대책이 필요하다.	전원 불평형의 문제가 발생되지 않는다.
전기차설비	집전장치	집전장치가 소형경량으로 되고, 추종성이 좋다.	집전전류가 커서 집전장치가 무겁고, 추종성이 나쁘다.
	보호방식	직류 대전류 차단에 비해서 교류 소전류 차단 및 사고전류의 선택차단이 용이하여 보호방식이 간단하다.	직류 대전류 차단 및 사고전류의 선택차단이 곤란하여 보호방식이 복잡하다.
	속도제어	변압기의 탭절환이나 사이리스터, 인버터 등에 의해 교류전동기의 속도제어가 용이하다.	직류전동기 사용시 속도제어가 복잡하다.
	점착성능	점착성능이 우수하고, 소형으로 큰 하중을 견인 가능하다.	교류전기차에 비해서 점착성능이 나쁘고, 대출력을 필요로 한다.
	부속기기	변압기를 사용하고 임의 저압의 교류전원이 얻어지며 간단하고 견고한 유도전동기를 사용 가능하다. 형광등 조명용, 냉난방용 등의 전원설비도 간단하게 된다.	가선전압으로 직류기를 구동하고 구조가 복잡하다. 형광등, 냉난방 등의 전원설비도 복잡하게 된다.

2 교류전철의 기술적 대책

교류전기철도의 선정에 있어서 고려해야 할 주요 기술적 문제점은 다음과 같다.

(1) 3상전원의 불평형

3상전원 계통에서 단상부하를 수전하는 경우에 전원부하의 불평형이 발생하고 극단적인 경우에는 그 계통에 속하는 유도전동기나 발전기 등의 기기에 온도상승 등의 악영향을 주게 된다. 그러므로 스코트결선(scott connection)변압기 사용 등의 대책이 필요하다.

(2) 통신유도장해

전기철도 연선에는 근접한 통신선이 많이 설치되고 이러한 교류전차선에 근접하고 있는 통신선에는 정전유도 및 전자유도에 의해 위험전압이나 잡음전압이 유기된다. 그러므로 전기차에 필터의 설치, 통신선의 케이블화나 절연중계코일의 삽입, 전차선로에는 흡상변압기나 단권변압기 등의 대책이 필요하다.

(3) 신호궤도회로

상용주파수의 교류전기철도에는 상용주파수의 교류궤도회로가 사용될 수 없으므로 AF 궤도회로, 분배주 궤도회로 등이 사용되어야 한다.

(4) 교직연계

직류 1,500V 방식의 구간과 접속되고 있는 구간에서는 교류/직류 직통운전을 수행하기 위해 지상에는 교직접속설비, 차상에는 교직절환설비 등이 설치되어야 한다.

03 3상불평형

1 불평형률의 정의

단상교류전기철도의 급전회로는 1선접지의 단상부하로 되며 3상전원 계통에서 수전하는 경우에 각 상의 전류치는 불평형을 발생하게 된다. 그러므로 3상전압도 불평형으로 된다. 불평형이 발생되는 것은 역상분이 가해지는 것이 되므로 불평형률은 대칭좌표법을 이용하여 다음과 같이 표현된다.

$$불평형률 = \frac{역상분}{정상분} \times 100\% \quad\quad (11.1)$$

위의 식 (11.1)은 전압 및 전류에 대해서 성립한다.
그리고 전압 불평형률은 근사적으로 다음 식으로 표시된다.

$$전압\ 불평형률 = \frac{단상부하용량}{부하점의\ 3상단락용량} \times 100\% \quad\quad (11.2)$$

2 불평형의 영향과 허용한도

3상불평형의 영향 중에서 일반수용가의 3상유도전동기에 주는 영향이 가장 큰 문제이다. 3상유도전동기는 정상 임피던스에 비해서 역상 임피던스가 매우 작아서(약 20% 정도 이하이므로) 작은 역상전압에서 대단히 큰 역상전류를 생성한다. 그러므로 역상전류에 의한 역토크(torque)를 발생하여 유효토크를 감소시키며 동손이 증가하여 온도상승이 커지고 효율 및 출력 감소를 유발한다.

동손의 증가비율은 일반 농형전동기에서는 전류 불평형률의 2승에 비례하고 특수 농형전동기에서는 더욱 크게 된다. 그리고 고정자 권선은 각상 전류의 불평형에 의해 국부적인 열을 발생하여 절연열화를 촉진하게 된다.

또한, 전력계통의 발전기, 조상기 등은 역상전류의 유입에 의해 회전자의 설계상태에 따라서는 국부적인 열 발생에 의해서 절연열화나 유기전압 파형의 변형을 발생한다. 그리고 적산전력계에서는 오차의 원인이 되고 보호계전기는 오동작할 우려가 있다.

3상불평형의 허용한도를 보면 3상유도전동기는 전압 불평형률 5%에서 온도상승 10% 정도이며, 발전기, 조상기도 거의 동일한 정도로 간주되고 있다. 그리고 적산전력계, 보호계전기는 특별한 악조건이 아니면 실질적 영향은 없는 것으로 간주되고 있다.

그러므로 변전소에 특히 접근하여 여유도가 적은 부하가 있는 경우를 고려하여 전철 변전소 수전모선에서 단시간(약 2시간) 최대부하에 대해서 3% 이하로 억제하고 있다. 그러나 개별조건에 따라서 5%에서도 지장이 없는 것으로 간주되고 있다.

일반적으로 전압불평형률의 표준한도는 급전 변전소의 변압기 결선방식에 따라서 다음 식으로 계산된 값이 변전소 수전점에서 3% 이하로 되도록 지정되어 있다.

(1) 단상결선변압기

$$K = z \cdot P \times 10^{-4}$$

여기서, K : 전압 불평형률(%)

z : 변전소 수전점의 3상전원계통 %임피던스 또는 %리액턴스(100MVA 기준)

P : 전체 급전구간에서 연속 2시간의 평균부하(kVA)

(2) 스코트결선(scott connection)변압기

$$K = z(P_A \sim P_B) \times 10^{-4}$$

여기서, P_A, P_B : 각각의 급전구간에서 연속 2시간의 평균부하(kVA)

(3) V결선변압기

$$K = z\sqrt{P_A{}^2 - P_A P_B + P_B{}^2} \times 10^{-4}$$

3 불평형의 경감대책

불평형을 경감하기 위해서는 일반적으로 단락용량이 큰 지점에서 수전하는 것이 좋으며, 경감대책으로 다음과 같은 방법이 있다.

(1) 단상 급전방식

전기철도의 연선에 3상 송전선이 있는 경우에는 전차선로를 다수의 급전구간으로 분할하고 3상 송전선의 각각 다른 상으로부터 수전한다. 송전선의 일부에서 불평형이 크게 되어도 송전선 전체로서는 불평형을 작게 할 수 있다.

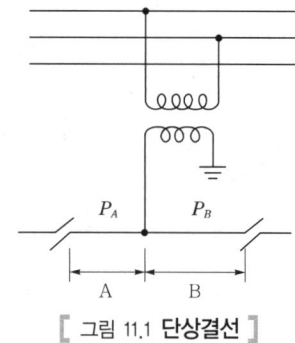

[그림 11.1 **단상결선**]

앞의 [그림 11.1]의 상하방면의 구간 A, B에서 최대부하를 P_A, P_B로 하고 최악부하 조건의 부하점의 전압 불평형률은 P_S를 부하점의 3상단락용량으로 하면 다음 식과 같이 된다.

$$K_{\max} = \frac{P_A + P_B}{P_S} \times 100\%$$

(2) V결선 급전방식

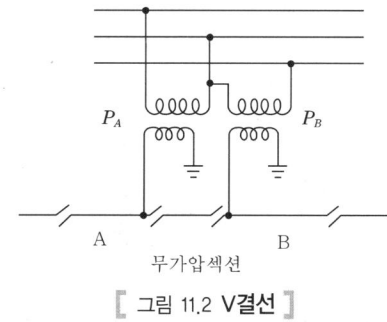

[그림 11.2 **V결선**]

2대의 단상변압기를 사용하여 [그림 11.2]와 같이 3상회로의 2개의 상으로부터 각각 상하방면에 급전한다. 양 변압기에 가해지는 단상부하 P_A, P_B가 최대로 되는 경우의 전압 불평형률은 다음과 같다.

$$K = \frac{a^2 P_A + P_B}{P_S}, \ a^2 = -\frac{1}{2} - j\frac{\sqrt{3}}{2}$$

이 경우의 최악조건은 $P_A = P_B$의 경우에 발생하고 다음과 같이 되어 단상 급전방식의 경우에 비해서 1/2로 된다.

$$K_{\max} = \frac{P_A}{P_B}$$

$P_A \neq P_B K$이면 이 값보다 작게 되지만 어느 한편이 영(0)인 경우에는 다시 단상 급전 방식의 1/2로 된다.

(3) 스코트결선(scott connection) 급전방식

스코트결선변압기를 사용하여 3상회로로부터 수전하고 M좌, T좌에서 각각 상하방면에 급전한다. ([그림 11.3] 참조)

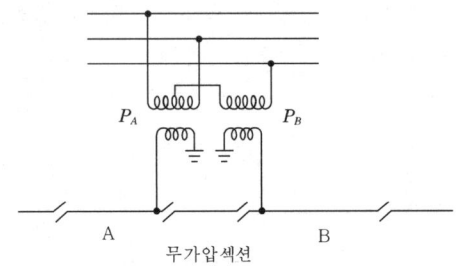

[그림 11.3 **스코트결선(scott connection)**]

최대단상부하 P_A, P_B의 경우에 다음과 같이 되고, $P_A = P_B$의 경우에 $K = 0$으로 된다.

$$K = \frac{P_A \sim P_B}{P_S}$$

한편이 최대이고 다른 한편이 영(0)인 경우에 최악조건으로 되고 단상 급전방식의 1/2, V결선 급전방식과는 동일하게 된다.

일반적으로 스코트결선 급전방식이 많이 사용되고 있으며, 스코트결선에서도 전압 불평형률을 최대한 줄이기 위해서는 위상보상장치를 사용하여야 한다.

이 외에 회전기를 사용하여 3상변환을 수행하는 방식, 정지형 상수변환장치를 사용하는 방식 등이 있으나 설비가 복잡하고 교류전기철도의 경제성을 달성하지 못하므로 일반적으로 실용화되지 않고 있다.

04 통신유도장해

전차선에 근접한 통신선에는 전차선 전압에 비례하여 정전적으로 유기되는 정전유도와 트롤리선 전류와 귀선전류의 불평형에 의해 전자적으로 유기되는 전자유도에 의해서 위험전압과 잡음전압이 발생한다. 위험전압은 통신선과 대지간의 전압이 문제가 되고, 잡음전압은 선간전압이 문제가 된다.

1 정전유도

정전유도는 전차선 전압에 따라서 결정되며, 트롤리선과 통신선과의 이격거리를 크게 하면 [그림 11.4]와 같이 급격하게 감소한다. 그리고 트롤리선 이외에 보호선(PW) 또는 부급전선이 있는 경우에는 차폐효과에 의해서 약 30% 정도 경감된다.

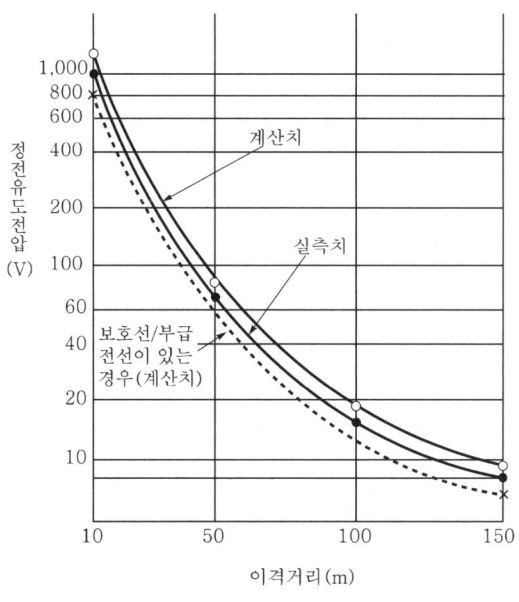

[그림 11.4 **정전유도전압과 이격거리**]

그리고 통신케이블에서는 케이블 연피의 차폐효과에 의해서 완전히 차폐된다. 정전유도전압에서는 인체 및 기기에 미치는 위험을 피하기 위하여 통신선과 접지간에 유기되는 전압이 300V 이하, 전류 10mA 이하가 되도록 제한된다.

2 전자유도

전자유도는 트롤리선의 전류에 의해서 통신선의 길이방향으로 유기되고 통신선의 평행 폭로장이 크게 되면 누적되어 커지게 된다.

전자유도전압은 다음 식으로 표시된다. ([그림 11.5] 참조)

$$V_m = 2\pi f M(1 - I_R)l$$
$$\simeq 2\pi f M I_g l$$

여기서, I : 트롤리선의 전류

I_R : 레일 전류

I_g : 대지누설 전류

M : 트롤리선과 통신선과의 상호인덕턴스

l : 트롤리선과 통신선과의 평행길이

f : 전원주파수

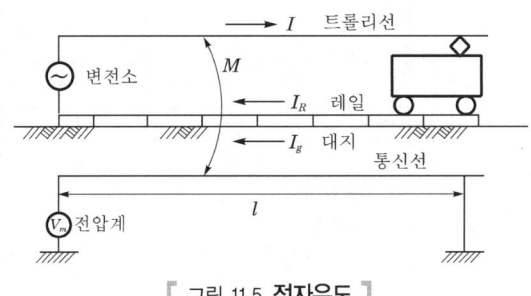

[그림 11.5 **전자유도**]

상호인덕턴스 M 은 대지도전율의 크기에 따라 크게 영향을 받으며, 대지도전율이 크면 전자유도전압 V_m 은 감소한다. 상호인덕턴스 M 은 트롤리선과 통신선과의 이격거리가 증가하여도 급격히 감소하지 않는다. 그리고 전자유도는 $I \cdot l \cdot f$ 에 비례하여 증가한다. ([그림 11.6] 참조)

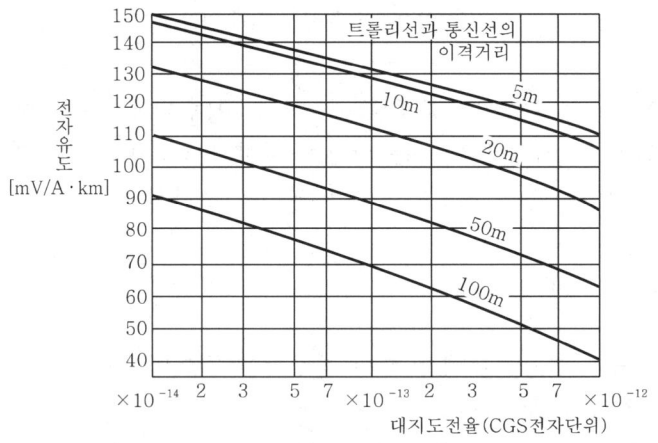

[그림 11.6 **전자유도전압의 대지도전율 및 이격거리**]

일반적으로 전자유도전압은 평상시는 60V, 전차선 지락사고 등의 이상시에는 300V, 최대 430V를 초과하지 않도록 제한되고 있다.

3 전기차의 잡음전압

교류구간에 운전되는 정류기형 전기차의 정류작용은 전차선측에 고조파를 발생시켜 통신선에 잡음을 야기한다.

전화통신회선에 대한 잡음은 청각이나 전화기의 감도가 각 고조파에 따라 서로 다르므로 이를 고려하여 2선간에 유기되는 평가잡음전압으로 비교된다. 이 한도는 나통신선에서는 2.5mV, 케이블통신선에서는 1.0mV 이하로 규제되고 있다.

4 통신유도장해의 경감대책

통신유도장해의 경감대책은 전력측, 통신선측, 전기차측의 대책으로 구분된다.

(1) 전력측의 대책

전력측의 대책으로는 흡상변압기를 이용하는 방식과 단권변압기를 이용하는 방식이 있다.

① 흡상변압기 방식

흡상변압기는 권선비 1 : 1의 변압기로 일정간격(일반적으로 4~5km)으로 선로에 배치한다. 그리고 1차측을 전차선에 접속하며 2차측은 [그림 11.7]과 같이 부급전선 또는 레일에 접속한다.

여기서, ── 부하에 의해 흐르는 전류
　　　　---- 흡상변압기에 의해 흐르는 전류

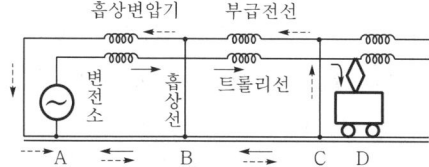

(a) 귀선전류를 부급전선에 흡상하는 회로

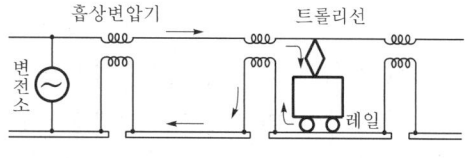

(b) 귀선전류를 레일에 흡상하는 회로

[그림 11.7 **흡상변압기에 의한 유도장해의 경감**]

위의 [그림 11.7](a)에서 변전소 A로부터 C점까지 레일 및 대지에 흐르는 전류는 부하에 의한 전류와 흡상변압기에 의한 전류에 의해서 완전히 소멸되고 전류는 모두 부급전선을 통하여 변전소로 귀환하므로 전자유도는 약 1/20 정도로 경감된다. 흡상선 C와 부하점 D의 사이는 부하전류의 일부가 대지로 누설되지만 그 거리가 짧아 영향이 적다. 이와 같이 흡상변압기는 대지를 흐르는 귀선전류를 가능한 한 작게 하고 기유도(Amp·km)를 최대한 작게 하는 것을 목적으로 하고 있다.

[그림 11.7](b)에서는 부급전선 대신에 레일을 이용하므로 부하가 존재하지 않는 구간에서도 대부분의 전류가 레일로부터 대지로 누설되고 유도장해방지의 효과가 작다.

일반적으로 [그림 11.7](a)의 방식을 사용한다.

② 단권변압기 방식

단권변압기는 전자적인 밀결합으로 설계된 변압기로 이것을 적당한 간격(일반적으로 약 10km)으로 배치한다. 그리고 [그림 11.8]에서와 같이 권선의 중앙 또는 적절한 권선비로 되는 점을 레일에 접속하고 양단자의 어느 한편과 레일과의 사이의 전압을 전기운전에 적합한 전압으로 선정하여 트롤리선에 급전하고 다른 한단을 급전선에 접속한다.

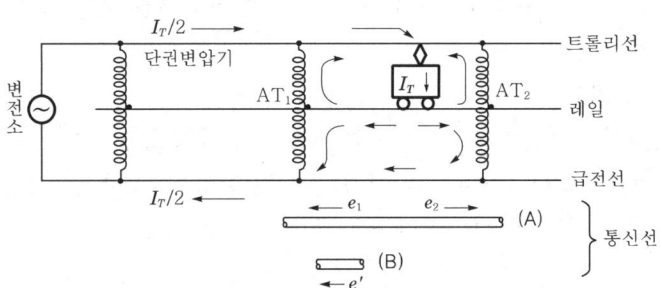

[그림 11.8 **단권변압기에 의한 유도장해의 경감**]

위의 [그림 11.8]에서 전기차가 I_T인 부하전류를 취하는 것으로 하면 각 단권변압기의 권선간 누설임피던스가 극히 작으므로 I_T는 변전소 및 전기차측에 인접하는 단권변압기 AT1, AT2에 의해 대부분 공급된다.

그러므로 전기차 위치보다 변전소에 근접한 측의 단권변압기 AT1에서 변전소까지의 사이에는 트롤리선과 급전선에 $I_T/2$(선간전압은 2배)가 흐르고 레일에는 거의 전류가 흐르지 않는다. 따라서 이 사이에서는 기유도(Amp·km)가 작게 되고 전자유도가 경감된다.

단권변압기 AT1~AT2 사이는 레일에 전기차의 부하전류가 흐르지만 이 구간에 설치되어 있는 통신선 (A)에 대해서는 각각 반대방향의 전압 e_1, e_2를 유기하므로 교대로 상호 소멸되어 감소하고 통신선의 유도전압은 작아진다.

그러나 그림의 (B)와 같이 짧은 통신선의 경우에는 상호 소멸되는 부분이 적고 유도전압이 다소 크게 된다.

(2) 통신선측의 대책

① 정전유도

ㄱ 이격거리를 증가시킨다.

ㄴ 케이블화한다.

ㄷ 배류코일을 설치하여 전하를 대지로 방류한다. ([그림 11.9] 참조)

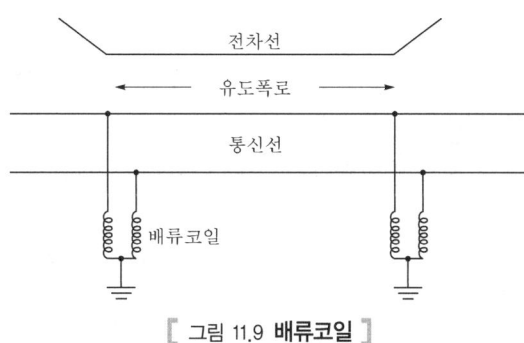

[그림 11.9 **배류코일**]

② 전자유도

ㄱ 통신선의 차폐케이블화 또는 지하매설에 의해 차폐효과를 향상시킨다.

ㄴ 통신선에 차폐코일을 삽입하여 전자유도전압을 소멸시킨다.

이것은 [그림 11.10]과 같이 피보호 통신선에 가능한 한 근접하여 차폐선을 설치하고 양단을 접지하며 차폐선과 통신선과의 사이에 권선비 1 : 1의 차폐코일을 삽입하는 것이다.

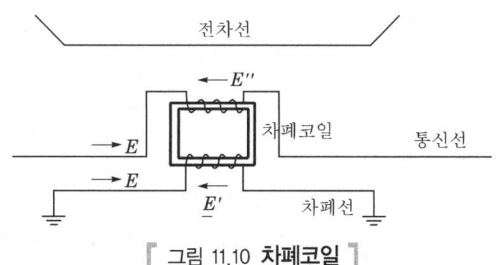

[그림 11.10 **차폐코일**]

ㄷ 통신선에 중화코일을 삽입하여 기기의 평형도를 향상시키고 잡음전압을 경감시킨다. 이것은 [그림 11.11]과 같이 권선비 1 : 1의 중화코일(루프회로에서는 무유도, 대접지회로에서는 유도)을 삽입하여 기기 L_1, L_2의 접지에 대한 임피던스를 증가시키고 L_1, L_2의 불평형을 경감하여 전자유도에 의한 불평형전류를 억제하는 것이다.

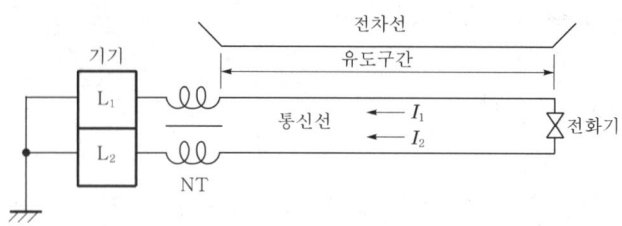

[그림 11.11 **중화코일(NT)**]

ⓒ 통신선에 절연중계코일을 삽입하고 피유도구간을 분할하여 유도전압을 제한한다.

ⓜ 통신선과 대지간에 여파배류코일을 삽입하여 기본파 및 특정 고조파를 경감한다.

ⓗ 통신선의 경로를 별도 경로(route)로 선정하여 전자유도의 영향이 없도록 한다.

(3) 전기차측의 대책

정류기형 기관차의 변압기 2차측에 콘덴서와 저항을 조합한 필터(filter)를 병렬로 접속하여 전차선로에 흐르는 고조파 성분을 경감한다.

05 신호회로

상용주파수를 사용하는 교류궤도회로에서는 귀선전류와 레일을 공용으로 이용하는 것이 불가능하다. 그리고 교류전기철도에서는 부하전류에 의해 레일에 발생하는 방해전압이 신호전압에 비해서 높고 궤도계전기에서 이 방해전압을 차단하는 것이 곤란하다.

그러므로 교류전기철도 구간의 궤도회로는 부하전류에 의한 전압이 가해져도 오동작이 없고 평상시 동작에도 지장이 없어야 한다. 따라서 궤도회로 전원으로 상용주파수 이외의 주파수를 사용하고 계전기에 침입하는 귀선으로부터의 방해전압을 경감하기 위한 보호장치가 필요하다.

교류전기철도 구간의 궤도회로로 정지형 주파수변환장치에 의한 상용주파수의 1/2 또는 2배의 25, 30, 100, 120Hz를 사용하는 분배주 궤도회로, 전동발전기에 의한 $83\frac{1}{3}$ Hz, 100Hz를 사용하는 교류궤도회로, 1kHz 부근의 가청주파수를 사용하는 AF 궤도회로 등이 사용되고 있다.

이 외에 역구내 등에서 직류단궤조 궤도회로가 사용되는 경우가 있으며, 방해전압을 감소시키기 위하여 주로 여파기를 사용하고 있다. 그리고 궤도회로에는 사고시 등의 이 상전압으로부터 보호하기 위하여 피뢰기나 궤도 리액터가 설치된다.

교류전기철도 구간에 근접하는 직류전기철도 구간 또는 일반철도 구간 내의 상용주파 수 궤도회로는 전차선으로부터의 유도전압 외에 교류귀선전류의 누설에 의해 오동작할 우려가 있다. 반대로, 직류전기철도 구간에 근접하는 교류전기철도 구간 내의 직류궤도 회로는 직류귀선전류의 누설에 의해 오동작할 우려가 있다.

특히, 교류전기철도 구간에 있는 직류단궤조 궤도회로에 미치는 영향이 크고 이에 대한 방지책으로 콘덴서를 사용한 직류누설방지설비가 교직접속지점에 설치된다. ([그림 11.12] 참조)

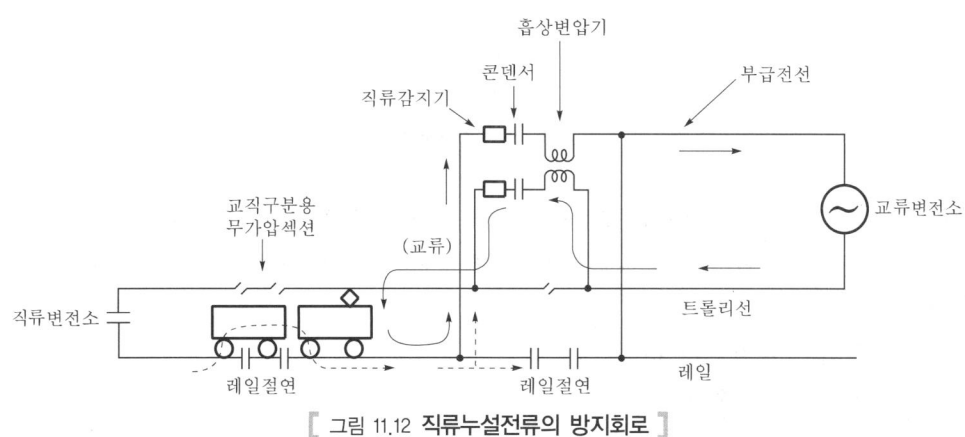

[그림 11.12 **직류누설전류의 방지회로**]

 **교직연계**

1 교직연계방식

교류전기철도 구간과 직류전기철도 구간을 직통운전하기 위한 교직접속방식으로 지상 절환방식과 차상절환방식이 있다.

(1) 지상절환방식

지상절환방식에는 [그림 11.13]과 같이 구내의 일부 전차선을 교직 양 전원으로 절환 가압하고 교류전용 전기기관차와 직류전용 전기기관차를 상호 교환하는 방식과 교직양용 전기차의 정차 중에 전차선 전압을 절환하는 방식이 수행되고 있다.

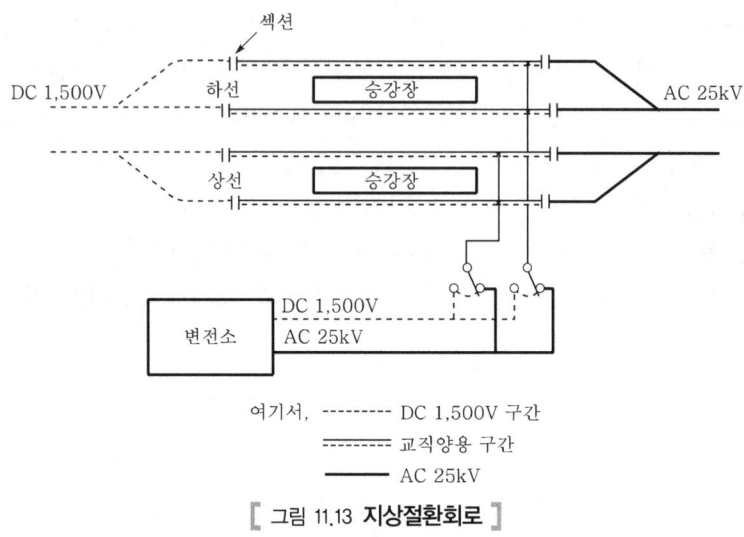

[그림 11.13 **지상절환회로**]

이 방식에 의한 교직절환에서는 신호현시와 전압 종류 사이에 연동이 실시되고 진로에 적합한 전압이 가해져 초기에 신호현시를 하도록 수행된다. 이 방식은 다음과 같은 단점이 있다.

　① 열차의 정지가 필요하다.
　② 지상설비가 고가이다.
　③ 직류용 또는 교류용 전기차의 장거리 운용이 곤란하다.
그러므로 교직양용 전기차에 의한 차상절환이 수행되고 있다.

(2) 차상절환방식

직류전차선과 교류전차선의 접속점에 일정구간의 무가압섹션을 설치하고 교직양용전기차를 사용하여 섹션통과중에 교직절환을 수행하는 방식이다. 이 방식은 열차를 정지시킬 필요가 없고 지상설비비가 저렴하다. 이 방식은 다수 선로구간에 사용되고 있다.

전기차는 타행으로 무가압섹션에 진입하고 차상의 교직절환스위치를 조작하여 절환이 간단하게 수행된다. 만일, 차상절환이 수행되지 않고 이종전원 계통으로 모진하여도 주회로가 차단되어 보호된다.

(3) 간접접속방식

이 간접접속방식은 차상절환 이외에 중간의 선로구간에 디젤기관차를 운전하고 해당역에서 교류전용 기관차와 접속교환하는 방식이다.

■2 교직연계대책

교직접속은 종래의 직류전기철도와 최근의 교류전기철도 사이에 필연적으로 발생되는 문제이다. 교직접속의 주요특성은 다음과 같다.

① 지상설비가 반드시 필요하다.

② 전기차 운용에 제약을 받는다.

③ 교직양용 전기차에서는 여분의 차상설비가 필요하다.

그러므로 교직접속점 및 교직접속방식은 열차의 운행계통, 수송량, 정차시간, 정차역 등 선로구간의 상태를 충분히 고려하여 선정해야 한다. 이 외에 교직접속점을 적게 하기 위하여 각 선로구간의 전기철도방식을 합리적으로 설정하는 것이 필요하다.

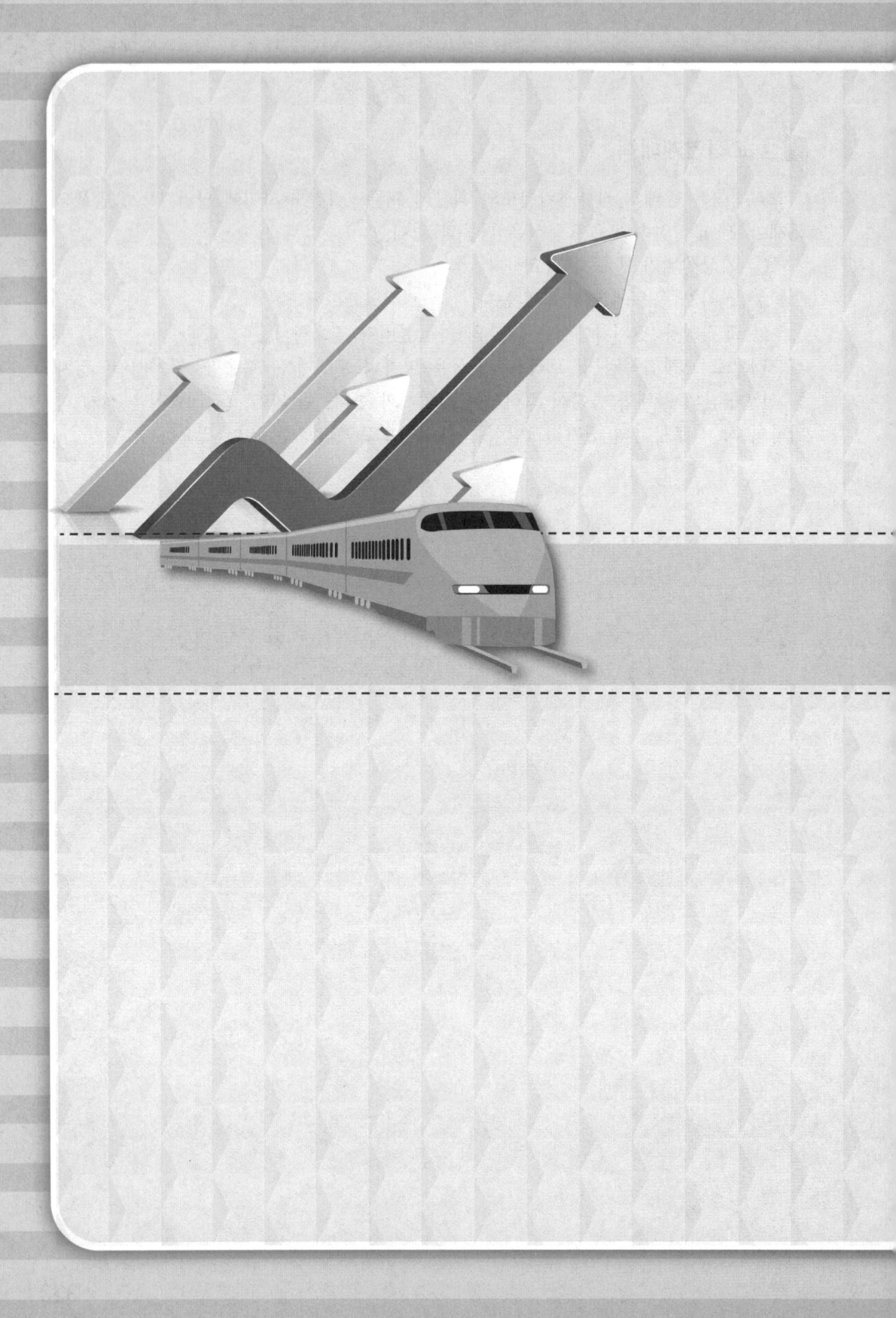

특수전기철도

12 특수전기철도

01 특수전철의 개요

특수전기철도는 일반전기철도와는 그 기능과 구조가 다른 철도이며, 이에는 무궤조전차, 강삭철도, 삭도, 모노레일(mono-rail), 안내궤조식 철도 및 기어궤조식 철도 등이 있다. 본 장에서는 특수전기철도 이외에 도시 교통기관인 노면전차 및 지하철도에 대해서도 기술한다.

1 노면전차

노면전차는 기본적으로 도로에 설치되고 도시교통기관의 일종으로 도시 내에서 단거리의 수송 및 고속철도와 목적지간의 연계수송을 수행하여 왔다.

일반적으로 차량은 소출력의 저속 전차가 사용되고, 병용궤도에서 동력브레이크가 있는 경우에는 최고속도 40km/h 이하, 평균속도 30km/h 이하, 기타의 경우는 최고속도 25km/h 이하, 평균속도 16km/h 이하로 제한되고 있다.

그러나 대도시에서 자동차의 증가에 따라 도로교통이 혼잡하고 노면전차의 존재 자체가 도로교통의 혼잡에 가세하는 현상을 초래하여 노면전차는 급속히 감소하였다.

최근 도시철도 또는 대도시 지하철의 연계교통수단으로 운행속도를 증가시킨 노면전차가 일부 국가에서 운영되고 있다.

2 지하철도

최근 지하철도는 대도시의 통근수송 및 도로교통대책의 일환으로 노선의 신설 또는 연장이 수행되고 있고, 교외철도와의 직통운전이 성행되고 있다. 지하철도는 매년 운행거리가 증가하여 도시교통의 혼잡완화에 크게 기여하고 있다.

지하철도는 주로 협소한 지하터널 내를 운행하게 되므로 차체는 불연성의 구조로 되고 보안장치는 신호와 연동시켜 자동적으로 열차를 정지시키는 자동열차정지장치를 구비하고 있다. 종래에는 점제어식의 타자식 등이 사용되었으나 최근에는 궤도회로를 이용한 연속제어방식에 의한 자동열차제어장치가 사용되고 있다.

지하철도로 종래에는 주로 제3레일방식이 많았으나 최근에는 가공단선방식이 널리 사용되고 있다.

지하철도는 다음과 같은 장점이 있다.

① 노면교통을 방해하지 않는다.

② 도로의 지하부를 이용하므로 특별히 용지가 필요없다.

③ 도시의 미관을 해치지 않고 소음이 없다.

④ 고속으로 연결운전을 수행하여 수송력이 크다.

반면에, 건설비가 높고 공사기간이 길다.

02 무궤조 전차

1 무궤조 전차의 개요

트롤리선에서 집전하여 도로상을 주행하는 전차로 트롤리버스(trolley bus)라고도 불린다. 무궤조 전차의 집전장치, 주전동기의 구조는 노면전차와 비슷하고 차체, 운전장치, 차륜 등은 자동차와 동일하다. 즉, 무궤조 전차는 노면전차와 버스의 중간 성능을 가지고 있다. 일반적으로 무궤조 전차의 최고속도는 60km/h 이하로 제한되고 있다.

무궤조 전차는 노면전차에 비해서 다음과 같은 장점이 있다.

① 궤도가 필요 없고, 건설비 및 보수비가 저렴하다.

② 타이어를 사용하므로 노면과의 마찰계수가 크고, 소음이 작다.

③ 트롤리선으로부터 어느 정도(약 2.5m) 편위되어 운전할 수 있으므로 노면전차보다 운행이 자유롭다.

무궤조 전차는 대도시 교통기관으로서 일시적으로 각광을 받았으나 최근에는 도로교통의 혼잡에 의해 평균속도가 감소하고 대형버스의 투입 등에 따라 점차 폐지되고 있다. 현재 일부 국가에서 무궤조 전차가 운용되고 있다.

이 무궤조 전차의 전기방식은 주로 직류 600V 가공복선식으로 되며, 무궤조 전차는 급구배, 급곡선 등 운전상의 특성을 이유로 사용되는 경우도 있다.

2 무궤조 전차의 구조

무궤조 전차의 집전장치로 트롤리폴(trolley pole) 2본이 설치된다. 그리고 주전동기는 직류직권전동기(약 120kW, 1대)를 차량의 상면하부에 설치하고 추진축, 자동연결장치 및 차동기어장치를 개재하여 후단축을 구동한다. 전단축은 조향용으로 자동차와 동일하게 핸들로 조작된다. 역행이나 브레이크의 제어는 발판식의 간접제어방식으로 되어 있고, 속도제어는 저항제어방식이며, 가속도, 감속도는 대체적으로 버스와 동일하다.

[그림 12.1]에 무궤조 전차의 주회로 예를 보인다. 역행시에는 직권계자를 이용하여 운전하며, 전기브레이크시에는 분권계자로 절환한다. 분권계자전류를 제어하여 유기전압이 높아지는 것을 억제하면서 브레이크력을 원활하게 제어할 수 있다.

무궤조 전차는 차체가 고무타이어에 의해 대지와 절연되어 있으므로 승객의 승하차시에 누전에 의한 감전의 위험이 있다. 이것을 인체대전(body charge)이라고 한다.

이 인체대전을 방지하도록 일반적으로 다음 사항이 규정되어 있다.

① 차체 내부의 주회로 배선용 전선에는 고무절연전선을 고무, 에보나이트, 절연포 등의 절연관에 삽입하거나 캡타이어케이블을 사용한다.
② 차량의 조명, 브레이크장치, 경음기 등의 회로는 주회로와 절연시키고, 전압은 32V 이하로 한다.
③ 제어기, 저항기 등의 전기기구는 차체와 절연한다.
④ 주회로와 차체 사이의 누설전류치는 1mA 이하로 한다.

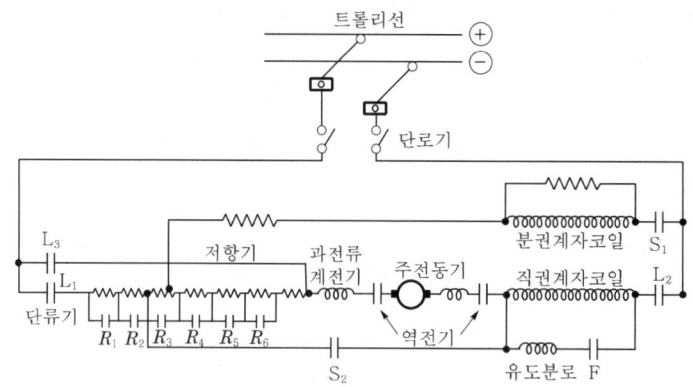

[그림 12.1 **무궤조 전차의 주회로도**]

338

03 강삭철도

1 강삭철도의 개요

　강삭철도는 강제삭조에 레일상을 주행하는 차량을 견고하게 연결하고 고지대의 권상기로 권상 운전하여 여객화물을 운송하는 것으로 일반적으로 케이블카(cable car)로 불린다. 강삭철도는 주로 관광용, 등산용으로 사용되고 있다. ([그림 12.2] 참조)

[그림 12.2 **강삭철도**]

　그리고 간이강삭철도는 산상으로 여객이나 화물을 운송하기 위한 소규모의 강삭철도로 1차량의 승차인원은 10~20인 정도이며, 리프트카(lift car)라고도 불린다.

　강삭철도에서는 로프(rope) 절단 등의 경우에 차량의 제동자가 레일을 죄어서 차량이 정지되는 구조로 되어 있고, 예삭과는 별도로 설치된 보안용 로프에 의해서 차량을 안전하게 정지시키는 방식을 취하고 있다. 강삭철도는 삭도에 비해서 건설비가 상당히 높고 또한 복잡한 지형에서는 건설이 곤란하다. 최근에는 삭도기술의 발달에 의해서 차제에 소멸되어 가는 경향에 있다. 강삭철도의 최고속도는 3.5m/s 정도이다.

2 강삭철도의 구조

(1) 선로설비 및 차량

　강삭철도는 선로를 단선으로 하고 중간에 주행교차선로를 설치하며 2대의 차량을 교대로 상하주행시키는 교차주행식이 주로 사용되고 있다.

　교차주행선로는 전체 선로장의 중앙에 설치되고 전환장치가 없는 특수한 분기기를 사

용한다. 강삭철도의 차량은 [그림 12.3]과 같이 A, B 2대 차량의 외측 차륜은 2중플랜지부의 홈형 답면, 내측 차륜은 편평 답면으로 되어 있고, A차는 항상 좌측, B차는 우측을 통행하여 자동적으로 교차주행한다.

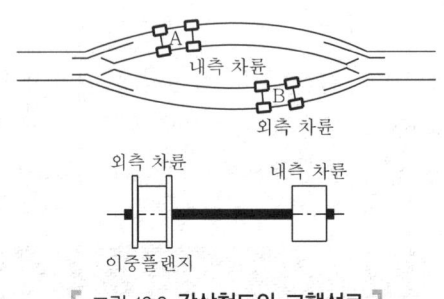

[그림 12.3 **강삭철도의 교행선로**]

궤간은 협궤(예 : 1,067mm)가 많이 사용되고 있고, 구배는 600‰ 정도가 최급구배이며 700‰ 정도가 한도이다.

강삭철도에서는 기동시 강삭의 장력차를 작게 하고 산상에서 차량의 정지를 원활하게 하기 위하여 산상에 접근함에 따라 구배를 급하게 한다. 그리고 선로의 종곡선(횡단면)은 포물선이 이용되고 있다.

궤도의 구조는 자갈도상과 콘크리트도상으로 구성되고 350‰ 정도 이상의 급구배에서는 콘크리트도상을 사용하여 레일을 고정한다. 궤도중앙에는 강삭작동용의 소활차가 약 10m 간격으로 설치된다. 강삭의 강도는 안전을 충분히 고려하여 인장에 대한 안전율은 8 이상으로 지정되고 있다.

강삭철도에서는 전차선이 설치되고 집전장치에 의해 집전하며 조명회로나 벨(bell)회로에 급전한다. 전압은 직류 또는 교류 200V 이하이며, 교류 100~200V가 가장 많이 사용되고 있다.

그리고 선로에 병행하여 전화선이 설치되고 정차시에 양단역과 통화하는 것이 가능하다. 또한, 운전중에도 무선을 이용하여 통화가 가능하다.

(2) 권상설비

강삭철도의 권상용 전동기로는 일반적으로 3상유도전동기가 사용되고 전압은 3,000V가 많이 사용되고 있다. 출력은 2대의 차량 중량이 동일하면 마찰저항과 강삭 등의 중량에 대응하여 견인 가능한 용량으로 선정되며, 일반적으로 100~300HP 정도이다.

권상설비에서는 [그림 12.4]와 같이 전동기에 의해서 권상드럼을 회전시키고 차량을 상하로 운전한다.

[그림 12.4 **강삭철도의 권상설비**]

권상장에는 선로의 전방투시가 양호한 위치에 운전실을 설치한다. 운전실에는 차량위치표시기, 신호설비, 제어기 등이 설치되고, 차량의 위치를 계속 감시하면서 권상기를 제어한다.

③ 강삭철도의 보안장치

강삭철도는 급준한 구배선로상을 무동력의 차량을 강삭으로 인상하여 운전하므로 강삭의 절단 등의 사고에 대해서 보안상 강삭 및 제동기의 구조 기준이 상세하게 규정되어 있다.

차량의 제동기는 각각 독립적으로 작동하는 수동식과 자동식이 설치되고 일반적으로 전자는 상용, 후자는 비상용이다.

차량용 자동브레이크는 다음의 경우에 자동 또는 수동으로 동작하고, 제동자가 강한 힘으로 레일을 죄어서 브레이크 작용을 한다.

　① 강삭이 절단 또는 느슨해진 경우
　② 승무원이 비상용 발판 페달을 밟은 경우

자동식은 강삭이 절단 또는 이완된 경우에 자동적으로 동작하며 승무원의 취급에 의해서도 작동시킬 수 있다. 이 브레이크력은 제동자가 강한 힘으로 레일을 죔에 의해서 얻어진다. 이 외에 차량의 속도가 제한치를 넘는 경우에 자동적으로 동작하는 경우도 있다. 차량의 수동브레이크는 차상에서 핸들을 조작하여 동작한다.

권상기의 자동브레이크는 다음의 경우에 동작하여 전동기를 정지시킨다.

① 차량의 자동브레이크가 동작한 경우
② 차상의 비상정지스위치를 조작한 경우
③ 권상 운전원이 비상버튼을 누른 경우
④ 차량이 제한속도를 초과한 경우
⑤ 차량이 정지위치를 과주한 경우
⑥ 정전 또는 전압강하가 된 경우
⑦ 전동기에 이상전류가 흐르는 경우

이 외에도 통신설비나 차상의 벨 및 전동기 회로차단기 등의 보호장치도 전체적인 보안작용을 수행하고 있다.

 **04** **삭도**

1 삭도의 개요

삭도는 가공삭조에 운반기기를 매어 달고 원동력 또는 운반기기의 중량을 이용하여 여객, 화물을 수송하는 것으로 보통삭도와 특수삭도로 분류된다.

보통삭도는 [그림 12.5]와 같은 로프웨이(rope way)로 폐쇄식 운반기기를 사용하여 여객, 화물을 운송하는 방식이다.

[그림 12.5 **보통삭도**]

특수삭도는 의자식 운반기기를 사용하여 여객을 운송하는 방식으로 적설지의 스키 리프트(ski lift), 적설지 위의 스키(ski) 또는 썰매를 활주시켜 여객을 운송하는 것, 여름의 산상 리프트(lift) 등의 종류가 있다. 그리고 화물만을 운송하는 것을 화물삭도라고 한다.

삭도에는 교차주행식(두레박식)과 순환식이 있으며, 보통삭도에서 교차주행식은 운전속도 5.0m/s 이하, 순환식은 2.0m/s 이하로 지정되어 있다.

삭도는 지형의 영향이 적으며, 비교적 용이하고 저렴하게 건설할 수 있으므로 관광지나 스키장에 많이 설치되어 있다. 최근 보통삭도에서 운반기기의 대형화, 운전속도의 향상, 굴곡선로의 적용 등 삭도기술도 상당히 발달되고 있다.

2 삭도의 구조

삭도는 강삭의 조수구성에 따라 단선식, 복선식, 3선식 및 4선식이 있으며, 보통삭도에는 일반적으로 3선식 또는 4선식이 사용된다.

3선 교차주행식은 [그림 12.6]과 같이 양단 정거장간에 지삭으로 직경 50mm 정도의 운반기기 현수용의 강삭을 가설하고 이 위에 활차를 개재하여 운반기기를 매어 달고 예삭으로 끌어당겨 이동시킨다.

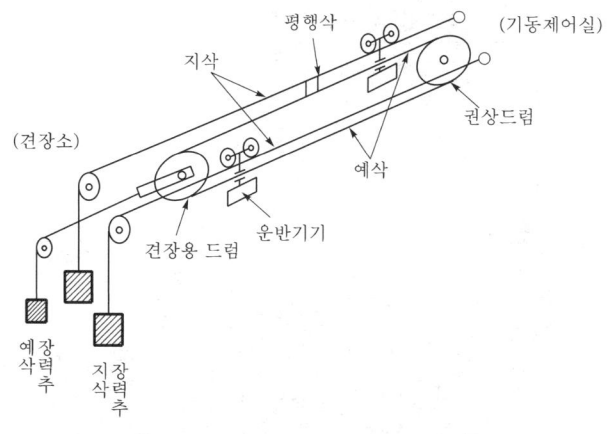

[그림 12.6 **교차주행식 삭도의 구성**]

지삭은 산상측에 고정되고 산마루측에는 장력추를 설치하여 장력을 일정하게 유지한다. 예삭은 직경 16~22mm 정도의 강삭 2조로 구성되고 2조를 상용하는 방식과 1조를 상용예삭으로 하고 다른 1조를 예비로 하여 상용이 절단된 경우에 자동적으로 예비용으로 절환하는 방식이 있다. 이 외에 예삭에 상시 적당한 장력을 주기 위하여 예삭에 대응하여 운반기기의 반대측에 평형삭을 설치한다. 4선식은 지삭 2조를 사용한다.

　예삭은 강삭철도와 동일하며 산상의 기동제어실에 설치된 전동기에 의해 권상드럼을 회전시키고 예색을 감아서 운반기기를 이동시킨다. 삭도는 위험에 대비하여 운반기기 및 기동제어실에 강삭철도와 거의 유사한 각종의 보안장치를 구비하고 있다.

05　단궤조 철도(모노레일 : mono-rail)

1　단궤조 철도의 개요

　일반적으로 모노레일(단궤조 철도)은 현수식(suspension type)과 과좌식(straddled type)이 있다. 현수식은 [그림 12.7]과 같이 공중에 지지된 특수구조의 궤조거더(girder)에 차량을 현수시켜 운전하는 것이다.

[그림 12.7 현수식 모노레일(Safage)]

과좌식은 [그림 12.8] 및 [그림 12.9]와 같이 궤도거더의 위에 차량이 장착된 상태로 운전하는 것이다.

[그림 12.8 **과좌식 모노레일(Alweg)**]　　[그림 12.9 **과좌식 모노레일(Lockheed)**]

최근 대도시 교통의 혼잡완화를 위하여 지하철도 및 고가철도와 더불어 모노레일이 도시의 입지조건에 적합한 교통기관으로 많이 설치되어 운행되고 있다. 향후로도 모노레일은 대도시 교통기관으로서 발전될 것으로 보인다.

(1) 장점
모노레일은 일반 도시고속철도에 비해서 다음과 같은 장점이 있다.
① 일반적으로 고무차륜을 사용하므로 소음이 작고, 승차감이 양호하다.
② 점착계수가 커서 가속도 및 감속도를 크게 할 수 있고, 급구배도 비교적 용이하게 주행할 수 있다.
③ 일반적으로 용지가 정거장과 지지주 개소 이외에는 특별히 필요 없고, 도시공간을 입체적으로 활용할 수 있다.
④ 건설비가 저렴하고, 공사기간이 짧다.

(2) 단점
반면에 다음과 같은 단점이 있다.
① 단위차량의 수송력이 일반 도시고속철도에 비해서 적다.
② 분기기의 구조가 복잡하다.
③ 각종 건축물이 많고, 노면사용의 제약이 많은 대도시 내에서는 대규모로 경제적으로 건설하는 것이 곤란하고, 노선에 제약을 받는다.

2 단궤조 철도의 종류 및 구조

(1) 모노레일의 구조

모노레일은 [그림 12.10]과 같이 각종 구조의 방식이 있다.

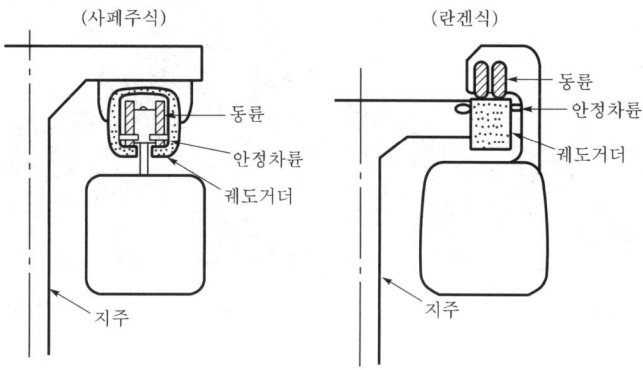

(a) 현수식 – 사페주식

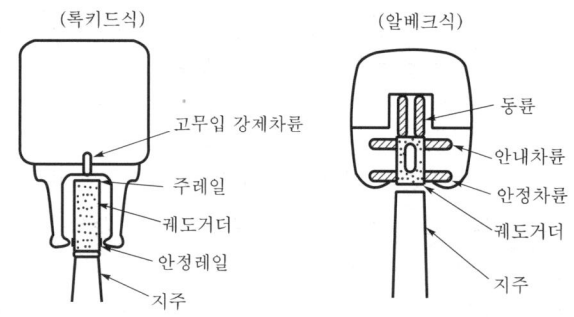

(b) 과좌식 – 알베크식

[그림 12.10 **모노레일의 구조**]

① 란겐식(Langen type)

갈고리형의 행어로 차량을 현수시키는 방식이다.

② 사페주식(Safage type)

대향하여 설치된 주행답면을 상자형 궤도거더의 중간에 설치하고 대차축 중심에 행어를 설치하여 차량을 현수시키는 방식이다.

이 방식의 대차구조를 [그림 12.11]에 보이며, [그림 12.12]는 대차, 현수링크 및 차체의 상관관계를 보이고 있다.

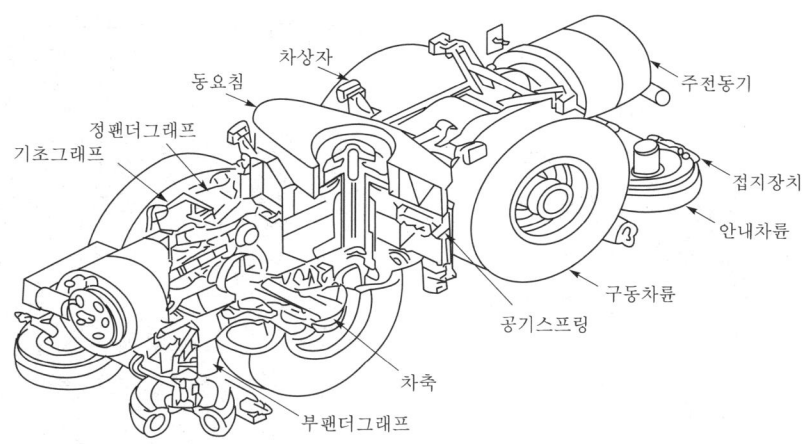

[그림 12.11 **사페주식의 대차**]

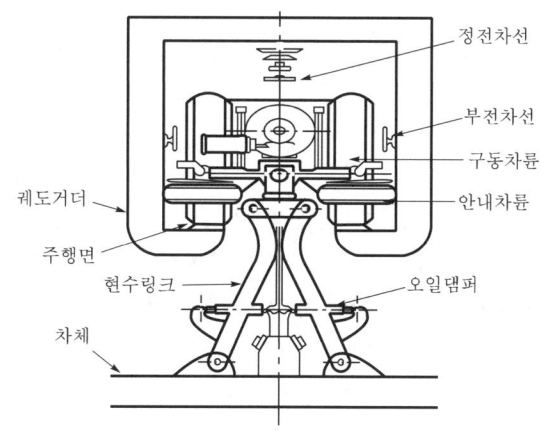

[그림 12.12 **사페주식의 대차, 현수링크 및 차체의 상관관계**]

③ 록키드식(Lockheed type)

주레일의 양측 하면에 안정레일을 설치하여 차량의 안정을 도모한 구조의 방식
이다.

④ 알베크식(Alweg type)

궤도거더와 고무타이어에 의해서 차량의 주행 및 안정을 도모한 방식이다.

이 방식의 대차구조를 [그림 12.13]에 보이며, [그림 12.14]는 대차와 차체의 상
관관계를 보이고 있다.

[그림 12.13 **알베크식의 대차**]　　[그림 12.14 **알베크식의 차체와 대차**]

(2) 차량

모노레일은 일반적으로 주행차륜으로 공기차륜를 사용하고 있어 강제차륜의 경우에 비해서 하중의 부담력이 약하다. 그러므로 지지주나 궤도거더 등의 구조물을 가능한 한 간단하게 하여 차량의 주행성능을 향상시키고, 차량은 가능한 한 경량화하여야 한다. 이 때문에 차체는 최근의 일반철도 차량과 동일하게 장각구조를 사용하고 내식성의 경합금을 사용하여 경량화를 도모하고 있다.

모노레일 차량의 가장 큰 특성은 대차에 있다. 대차의 구조는 [그림 12.11] 및 [그림 12.13]과 같이 각각 모노레일의 방식에 따라서 서로 다르며, 궤도거더에 장착 또는 궤도거더의 중간을 주행하므로 특수한 대차구조로 되며 주행차륜 이외에 안정차륜 또는 안내차륜을 구비하고 있다.

주전동기는 일반적으로 고속회전의 직류직권전동기를 사용하고, 브레이크는 주로 전기브레이크와 공기브레이크가 사용되고 있다.

모노레일은 시설 특성상 신호와 연동되어 동작하는 자동열차정지장치를 구비하고 정거장에서는 차체를 접지시켜야 한다. 그러므로 고무차륜을 사용하는 모노레일에서는 차체접지장치를 사용하여 정거장에서 차체를 접지시키고 있다.

일반적으로 모노레일의 집전장치로는 궤도거더의 양측에 도전용 레일을 애자로 지지하고 집전자(collecting shoe)로 집전하는 형식의 강체복선식이 사용되고 있다. 그리고 급전전압은 주로 직류 1,500V, 750V 또는 600V가 사용된다.

3 단궤조 철도의 특성

각종 모노레일과 일반철도의 지지주의 높이, 소요공간 등의 대소를 비교한 것을 [그림 12.15]에 보인다.

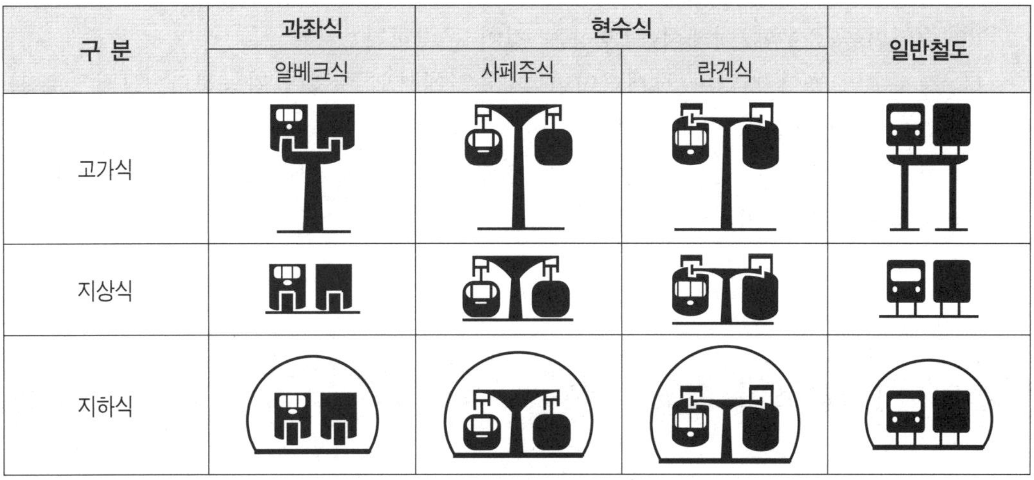

구 분	과좌식	현수식		일반철도
	알베크식	사페주식	란겐식	
고가식				
지상식				
지하식				

[그림 12.15 **모노레일 방식의 비교**]

현수식과 과좌식 모노레일의 특성을 일률적으로 비교할 수는 없지만 일반적으로 다음 과 같은 특성이 있다.

(1) 현수식(Suspension type)
① 현수식의 장점
  ㉠ 차량의 중심이 주행면보다 하부에 있으므로 좌우의 안정을 유지하는 데에 중력을 이용할 수 있어 상부의 궤도거더의 구조물을 간소화할 수 있다.
  ㉡ 차체의 높이가 낮으므로 승강장을 낮게 할 수 있다.
  ㉢ 궤도거더의 주행면을 풍우에 대해서 보호할 수 있으므로 천후에 관계없이 고무차륜의 높은 점착계수를 이용할 수 있다.
② 현수식의 단점
  ㉠ 횡풍이나 분기기 통과시에 발생하는 차체의 동요를 억제하는 장치가 필요하다.
  ㉡ 지지주의 높이가 높게 되고 지표면을 주행할 수 없으므로 상시 지지주와 상부 구조물이 필요하다.
  ㉢ 터널 또는 토사절취 등의 단면이 비교적 크다.
  ㉣ 차량의 구조가 복잡하다.
  ㉤ 복선에서는 지지주때문에 선로의 간격이 커진다.

(2) 과좌식(Straddled type)

현수식과 반대의 장단점이 있으며, 주요 상이점은 다음과 같다.

① 차량의 중심이 주행면보다 상부에 있으므로 중력을 이용할 수 없으며, 수평 안정차륜이 필요하다.

② 상부 궤도거더의 구조물이 비틀림을 받으므로 견고하게 해야 한다.

③ 주행면을 풍우에 대해서 보호하는 것이 곤란하다.

④ 지지주의 높이가 낮아 경제적이며, 지표면에서도 주행이 가능하다. 그러므로 노선 선정의 제한이 비교적 적다.

⑤ 선로의 간격은 일정치 이상이면 충분하고 현수식에 비해서 좁게 할 수 있다.

⑥ 차고의 구조가 비교적 간단하다.

 ## 06 안내궤조식 철도

1 안내궤조식 철도의 개요

안내궤조식 철도는 고무주행차륜과 안내차륜을 가지는 전기차가 주행답면의 중앙에 설치된 안내궤조에 연해서 주행하는 방식이다. 급전전압으로는 직류 750V가 주로 사용된다. 안내궤조식은 다음과 같은 특성이 있다.

① 소음 및 진동이 작다.

② 점착계수가 크고, 가감속도가 크며, 브레이크시의 미끄러짐이 작다.

③ 대차구조 및 스프링장치가 간단하여 경량화할 수 있다.

④ 궤도구조가 간단하여 유지비가 저렴하다.

2 안내궤조 및 집전장치

안내궤조는 [그림 12.16]과 같이 주행답면의 중앙에 1개의 H형강이 I형으로 설치된다. 차량은 안내차륜에 의해서 약 200kg의 압력으로 안내궤조의 양측으로부터 압착되어 주행한다.

[그림 12.16 **안내궤조와 안내차륜**]

전차선은 강체복선식으로 설치되고, (+)측은 제3궤조, (−)측은 안내궤조를 이용한다. 정, 부 2조의 집전장치를 구비하며, 어느 한 궤조의 상면접촉방식으로 집전한다.

3 안내궤조식의 차량

(1) 차체와 대차

차체는 2량 영구 편단연접의 7축을 1유닛(unit)으로 하고 구조체는 알루미늄합금 대형 압출형재를 사용하는 전 용접구조로 되어 경량화되어 있다.

전기차는 [그림 12.17]과 같이 안내기구를 가지는 선두 안내대차(2대), 연접 안내대차(1대) 및 구동대차(2대)로 구성되고, 공기스프링이 구비되어 있다.

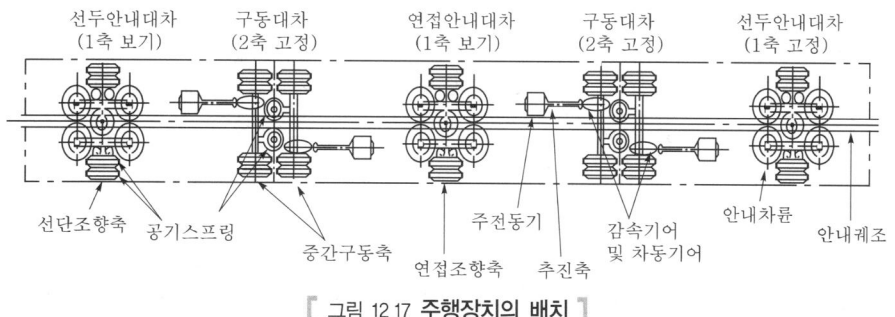

[그림 12.17 **주행장치의 배치**]

선두대차와 연접대차는 [그림 12.18](a)와 같이 조향을 수행하는 1축 대차로 구성되고, 각각 4개의 안내차륜을 구비하고 있다.

351

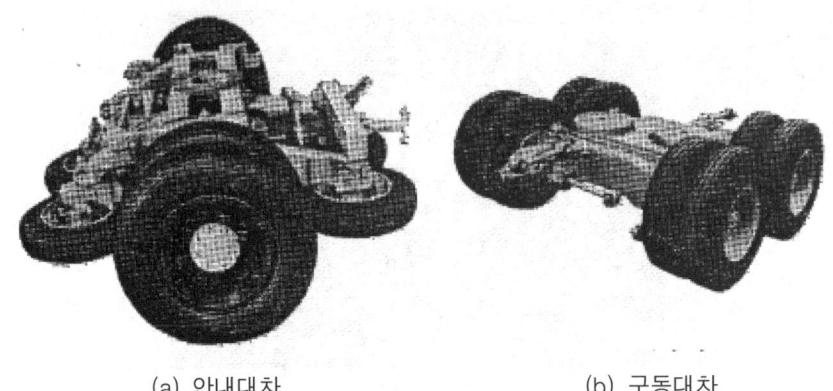

| (a) 안내대차 | (b) 구동대차 |

[그림 12.18 **대차**]

주행시의 안내기구는 안내대차 주행 전위부의 안내차륜에서 조타력을 발생하고 주행 후위부의 안내차륜은 일정 이상의 횡하중이 발생한 경우에만 작용한다. 주행 전위부의 1대만으로 안내하는 방식이 1점 안내방식이며, 전후부의 안내차륜이 안내작용을 하는 방식이 2점 안내방식이다.

구동대차는 [그림 12.18](b)와 같이 2축으로 차체에 고정되고 차량구조가 단순 경량화되어 있다. 각 차축은 복륜으로 되어 있어 1차륜 펑크시에는 나머지 1차륜으로도 주행이 가능하며 좌우차륜은 단독으로 회전할 수 있다.

(2) 주전동기와 구동장치

주전동기는 직류직권 보극부 전동기로 각 구동축에 대해서 각각 1개의 암(arm)을 구비하여 차체에 장착되어 있다. 구동장치는 직각 커던(cardan)식으로 감속기어와 차동기어를 구비하고 있다.

차동기어장치에 의해 곡선통과가 용이하고 감속기어와 큰 기어비에 의해 주전동기를 경량화할 수 있는 특성이 있다.

(3) 제어장치

저항제어, 계자제어를 이용하며 발전브레이크제어도 수행한다. 브레이크는 전공병용의 전자직통 공기브레이크식을 상용으로 하고 자동열차제어장치와 연동시키고 열차분리 등의 비상용으로 자동공기브레이크를 구비하고 있다. 브레이크의 공기압은 실린더에 의해서 액압으로 변환되고 각 축의 드럼 브레이크에 작용한다.

그리고 대응하중장치를 구비하여 하중의 증감에 따라 공기스프링 압력변화를 감지하여 브레이크제어기의 핸들위치에 대응한 전기브레이크력과 공기브레크력을 구해서 일정 감속도로 주행하도록 되어 있다.

(4) 차체 접지장치

차체가 고무차륜에 의해 대지와 절연되어 있으므로 차량의 선단부에 차체 접지장치를 설치하고 정거장의 지상에 설치된 차체 접지판에 접지시켜서 감전에 의한 위험을 방지한다.

4 열차감지와 자동열차제어장치

고무차륜방식으로 일반철도와 같이 차축단락에 의한 궤도회로가 사용될 수 없으므로 열차감지에 [그림 12.19]와 같이 체크-인 및 체크-아웃(check-in & check-out) 방식을 사용하고 있다.

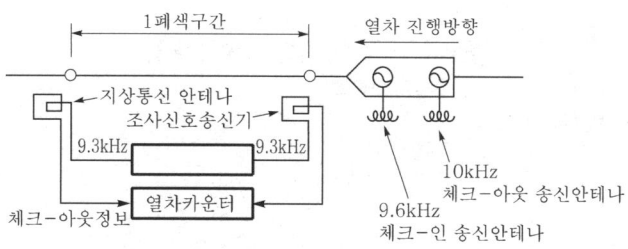

[그림 12.19 **체크-인 및 체크-아웃의 동작원리도**]

이 방식은 [그림 12.19]와 같이 주행답면에 근접하여 수신용의 루프선(loop wire)을 설치하고 열차의 선두부와 후미부에는 발신기를 설치한다.

열차 선두부의 폐색구간 진입에 의한 신호를 받아서 체크하고 열차 카운터에 기록한다. 폐색구간의 출구에서 열차의 후미부 진출을 체크하여 카운터의 기록을 삭제한다. 이렇게 하여 폐색구간의 열차유무를 감지한다. 자동열차제어장치는 폐색구간의 제한속도에 대해 지상으로부터 정보를 수신하고 이것과 열차의 주행속도를 차상에서 연속적으로 비교하는 차상현시방식이다.

지상으로부터의 속도정보는 운전대 정면의 속도계와 조합되어 표시등에 의해 속도제한치를 표시하고 제한속도를 초과하면 자동적으로 브레이크가 동작되도록 되어 있다.

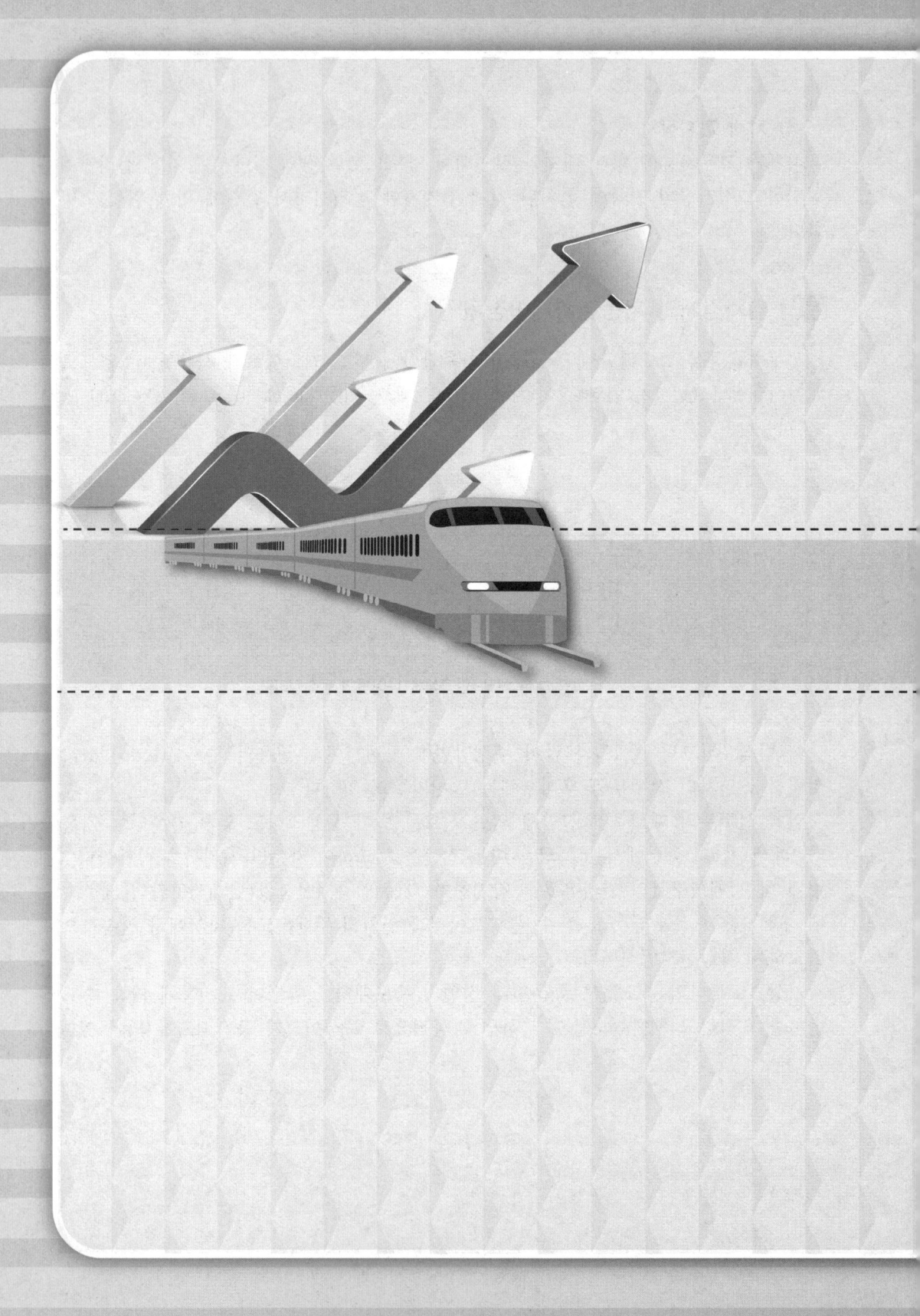

CHAPTER

13

경량전기철도

13 경량전기철도

01 경량전철의 개요

경량전기철도(경전철)는 대량수송, 정시운행 등의 일반 대중교통수단의 목표를 충족하면서 차량을 축소화하고 신기술을 적용해 운행효율을 극대화하여 승객의 편의성을 제공하는 새로운 교통시스템으로 정의된다.

현재 운행중인 주요 경전철에는 다음과 같은 종류가 있다.

① 모노레일(mono-rail)
② 자동안내교통시스템(AGT ; Automated Guideway Transit)
③ 선형전동기(linear motor)열차시스템
④ 노면전차(tramway)
⑤ 자기부상열차시스템(MAGLEV)

02 경량전철의 종류

현재 운행중에 있는 주요 경량전철시스템의 종류 및 주요특성은 다음과 같다.

1 모노레일(mono-rail)

모노레일은 1조의 궤도 또는 빔(beam)에 의해 지지되거나 매어 달려 운행되는 도시의 대중교통수단이다.

모노레일은 일반적으로 현수식(suspension type)과 과좌식(straddled type)이 있다. 모노레일의 궤도는 일반적으로 고가이며, 운행속도는 30~50km/h이고 최대속도는 80km/h 정도이다. 모노레일의 운전방식은 일반적으로 유인운전(1인)시스템이며, 운전시격은 120~150초 정도이다.

그리고 모노레일의 전력공급은 보통 직류 1,500V 전기방식으로 하고 있다.

② 자동안내교통시스템(AGT ; Automated Guideway Transit)

자동안내교통시스템(AGT)은 일반적으로 승무원 없이 운전되는 무인자동화시스템으로 고정된 유도로상에 운행되는 대도시 대중교통수단이다.

이 시스템의 차량은 일반적으로 일반철도차량보다 규모와 용량이 작으며 보통 1~6량으로 편성되고 양방향운전이 가능하다. 그리고 이 시스템은 일반적으로 고무차륜을 사용하고 있다. 자동안내교통시스템은 유인 또는 완전자동운전이 가능하며, 일반적으로 최소운전시격은 60초, 최대속도는 80km/h로 운행된다.

그리고 전기방식은 일반적으로 제3궤조방식으로 직류 750V가 공급된다.

③ 선형전동기(linear motor)열차시스템

선형전동기열차시스템은 일반적으로 선형유도전동기(LIM ; Linear Induction Motor)를 사용하고 있다. 이 시스템에서는 궤도와 차륜의 접촉없이 추진력이 발생된다.

이 시스템은 선형유도전동기를 사용하여 차량과 안내궤조(guideway) 사이의 전자력에 의하여 주행하므로 일반의 철도와 비교하여 차량의 높이가 낮으며, 차륜의 마찰력이 없으므로 차량의 미끄러짐이 감소되어 급구배의 주행이 가능하다. 또한, 이 시스템은 기존의 차륜지지방식과 비교하여 터널의 단면이 작고(약 60% 정도), 저진동 및 저소음 운행이 가능하며, 차량의 길이를 길게 할 수 있고, 완전자동운전시스템이 가능하며, 최소운전시격은 120초, 최대운행속도는 100km/h이다.

그리고 전기방식은 가공방식 또는 제3궤조방식으로 직류 1,500V 또는 750V가 공급된다.

03 경량전철의 구성

최근 건설되고 있는 직류 750V, 강체복선식 경량전철의 주요 구성인 차량편성, 차량의 견인동력구동 주회로 및 주행선로의 구조 예를 보면 다음과 같다.

(1) 차량편성
고무차륜 및 철제차륜의 차량편성 예를 다음의 [그림 13.1] 및 [그림 13.2]에 보인다.

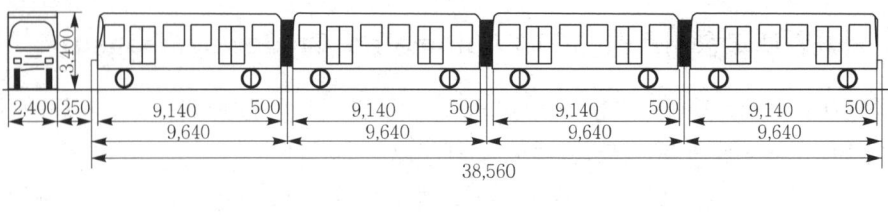

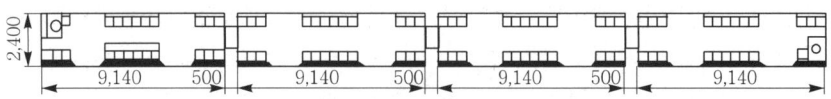

[그림 13.1 **고무차륜의 차량편성(4량 1편성) 예**]

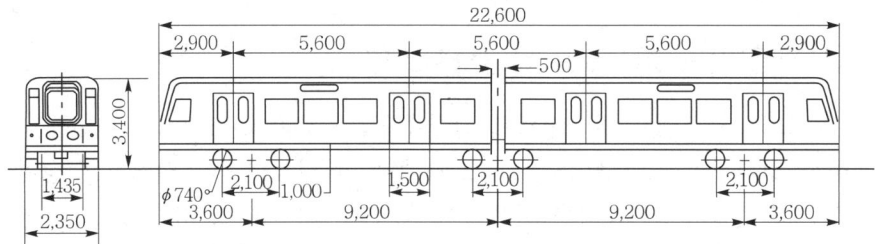

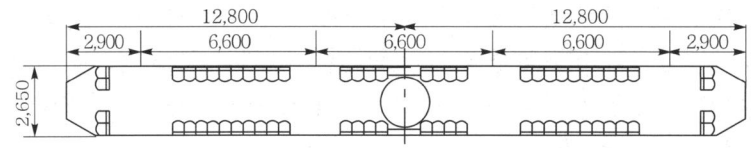

승객용량	착석	60명
	입석	104명
	합계	164명
최고속도		80km/h
급전전압		DC 750V

[그림 13.2 **철제차륜의 차량편성(2량 1편성) 예**]

(2) 차량의 주회로

경량전철의 견인동력구동 주회로 예를 다음의 [그림 13.3] 및 [그림 13.4]에 보인다.

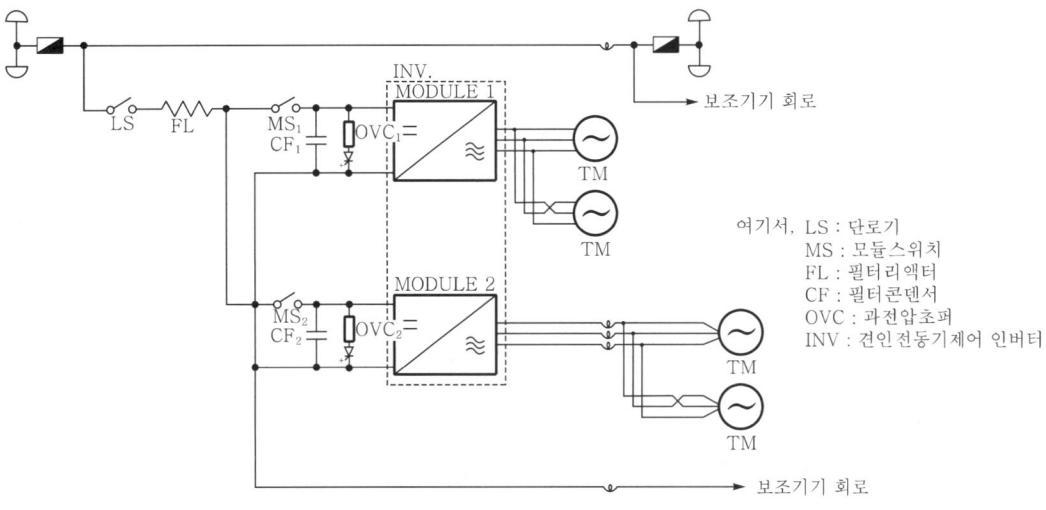

[그림 13.3 **차량의 주회로도(2량 1편성) 예**]

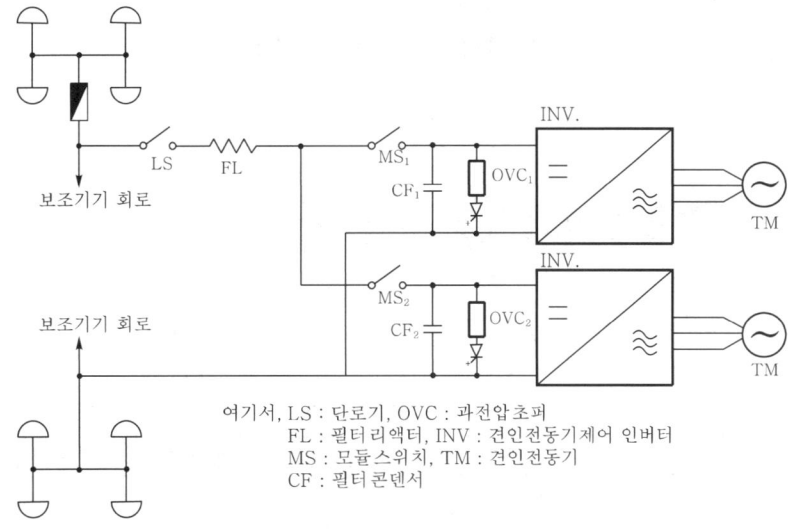

[그림 13.4 **차량의 주회로도(4량 1편성) 예**]

(3) 주행선로의 구조

경량전철 주행선로의 표준 단면구조의 예를 [그림 13.5]에 보인다.

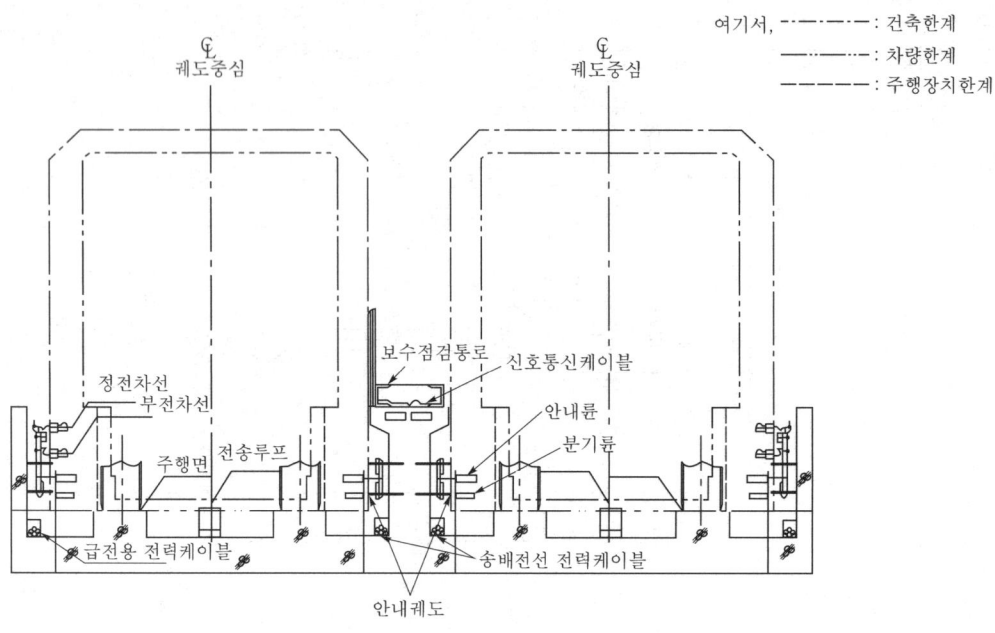

여기서, ────·── : 건축한계
───── : 차량한계
──── : 주행장치한계

[그림 13.5 **주행선로의 표준 구조도(고가구조) 예**]

04 ▷ 경량전철의 적용기술

경량전기철도의 주요 시스템의 기술특성을 비교하면 다음의 [표 13.1]과 같다.

┃ 표 13.1 **경전철의 특성 비교** ┃

구 분	모노레일	자동안내교통시스템(AGT)	선형전동기열차시스템(LIM)
급전전압	1,500V DC	1,500V DC	1,500V DC
급전방식	제3궤조방식	제3궤조방식	–
차륜방식	고무/철제차륜	고무차륜	–
최대속도	70~80km/h	60~90km/h	80~100km/h
운행속도	30~50km/h	30~50km/h	40~60km/h
최대구배	60~80‰	50~70‰	60~80‰
운전방식	유인운전	무인/유인운전	무인/유인운전
차량정원	90~120인	60~90인	70~80인
수송용량(인/시간, 편도)	5,000~20,000	5,000~40,000	20,000~40,000
적용사례	미국, 일본	프랑스, 캐나다, 일본	미국, 캐나다, 일본

MEMO

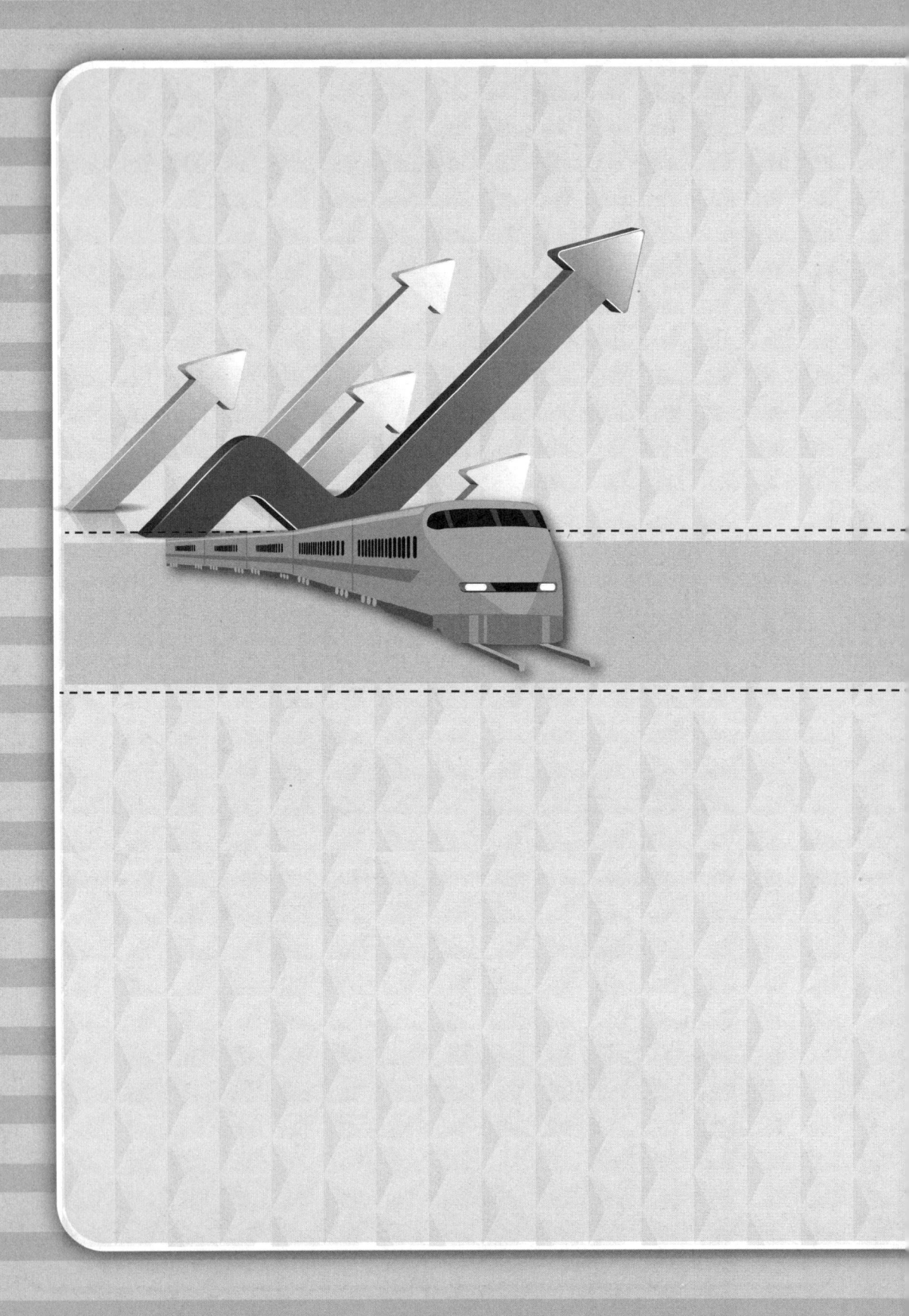

선형전동기식 철도

CHAPTER 14 선형전동기식 철도

01 선형전동기식 철도의 개요

도시철도 특히, 지하철의 건설비는 약 반 이상이 터널건설 비용으로 소요되고 있으므로 이 터널의 단면적을 축소하게 되면 건설비가 매우 효과적으로 감소될 수 있다. 이를 위해 전기차의 단면적을 축소시키면 좋지만 이는 객실을 축소하게 되어 수송량이 감소하게 되므로 부적합하다. 그러므로 차량의 상면하부를 낮추는 것이 가장 효과적이고 합리적이 된다. 선형전동기(linear motor) 구동방식의 철도는 이 차량의 저상화에 가장 적합한 것으로 현재 실용화가 적극 추진되고 있다. 이 방식의 철도는 향후 새로운 도시철도의 방식을 지향할 것으로 보인다.

02 선형전동기식 철도의 구성

선형전동기식 철도에서는 차량의 추진에 선형전동기를 사용하며, 차체의 지지 및 안내에는 철제차륜 및 철제레일을 사용하고 있다. ([그림 14.1] 참조)

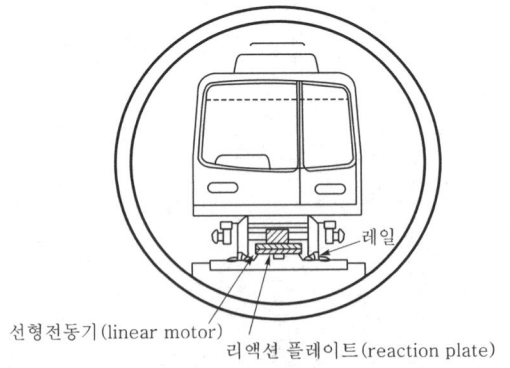

[그림 14.1 **선형전동기식 철도의 구조**]

이 방식에 일반적으로 사용되고 있는 선형전동기는 선형유도전동기(LIM ; Linear Induction Motor)로 그 원리는 [그림 14.2]에 보이는 바와 같다. 즉, 회전형의 유도전동기를 평편하게 펼친 것으로 차량의 대차에 장착되어 있는 1차측 코일과 레일의 중앙에 설치되어 있는 2차측 도체(reaction plate)의 사이에 발생하는 자기력에 의해 차량이 추진 또는 제동하는 것이다.

차상의 선형전동기에는 이동자계를 발생시킬 필요가 있으며, 이 전력은 가변주파수 제어가 가능한 차상탑재의 가변주파수 가변전압인버터(VVVF inverter)로부터 공급된다.

(회전형 전동기에서 선형전동기로의 전개도)

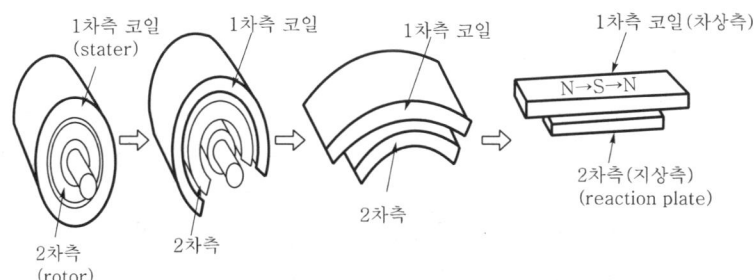

[그림 14.2 **선형유도전동기의 원리도**]

03 선형전동기식 철도의 특성

일반적으로 선형전동기방식의 철도는 선형전동기 구동방식과 철제차륜 및 철제레일 지지의 양 장점을 최대한 활용하도록 되어 있다.

이 방식의 주요 특성을 요약하면 다음과 같다.

(1) 선형전동기에 의한 특성
① 평편형태
　㉠ 저상화
　㉡ 터널단면 축소
② 감속장치 불필요
　㉠ 저소음
　㉡ 보수경감

③ 비점착구동

　　급구배 주행가능(80‰)

④ 대차설계 여유증대(자체 조향대차/반강제 조향대차)

　　급곡선(R : 50m)에서 파찰음 없음

(2) 철제차륜/철제레일 지지에 의한 특성

① 주행저항 감소

② 특수한 지지 또는 안내구조 불필요

③ 분기기의 단순화

④ 궤도회로로 레일 사용

⑤ 전력귀선으로 레일 사용

이 철제차륜 지지의 선형전동기 구동방식의 철도는 자기부상식이 아니므로 초고속에는 대응할 수 없으나 도시 교통기관으로서는 그 속도에 충분히 대응할 수 있다.

그리고 무엇보다도 종래에 철도에 사용되고 있는 기술이 잘 이용될 수 있는 장점이 있다. 또한, 고무타이어 방식과 비교하면 차륜의 마모가 적고 주행저항이 작아서 전력소비량이 적다.

더불어 이 방식은 구동전동기의 형상이 평편하여 감속장치가 필요없게 되어 차륜의 직경을 작게 할 수 있어서 차체의 대폭적인 저상화를 이룰 수 있다. 그러므로 도시 지하철에서는 여객공간을 희생하지 않고 터널의 단면을 대폭적으로 축소(약 50% 이하)하는 것이 가능하다. ([그림 14.3] 참조)

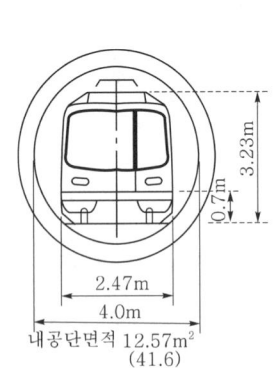
(a) 선형전동기식 지하철

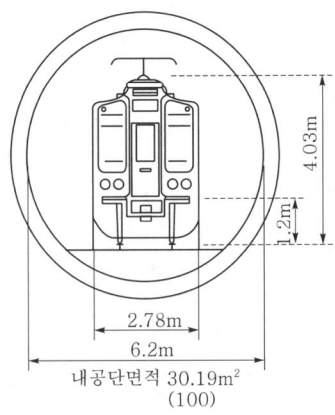
(b) 일반 지하철

[그림 14.3 **도시 지하철 터널단면의 비교**]

이 방식의 또 다른 특성으로는 차륜과 레일의 점착을 이용하지 않으므로 급구배(약 80％)에서 주행이 가능하고 저소음으로 보수비용이 저렴하다.

그리고 대차설계상의 제약이 적어서 차축이 곡선에 대응하여 조타(steering)되는 자체 조타대차 또는 급곡선에서 내외측 레일의 길이의 차이가 있으므로 이에 대응하여 좌우의 차륜이 독립적으로 회전 가능하도록 한 독립회전차륜 등을 사용하여 급곡선에서도 원활하게 주행할 수 있다.

급곡선 및 급구배에 대응 가능하다는 것은 도시철도에서 도로 하부의 유효한 이용, 지하매설물의 유효한 회피 등이 가능하게 되어 건설비의 절감과 편리성 향상에 크게 기여할 수 있다.

자기부상식 철도

15 자기부상식 철도

01 자기부상식 철도의 원리

　일반적으로 철도차량이 수송기능을 발휘하기 위해서는 탑재물을 지지하는 지지력과 탑재물을 이동시키는 추진력이 필요하다. 전기철도차량에서 차륜은 이 지지력을 제공하며, 주전동기는 추진력을 제공한다.

　자기부상식 선형전동기 철도에서는 이 지지력을 자기에 의해서 얻고 추진력은 선형전동기에 의해서 얻는다.

02 자기부상식 철도의 종류

　자기부상식 철도에는 부상방식과 선형전동기의 방식에 의하여 다음과 같이 분류된다.

1 부상방식

　자기부상방식에는 흡인식과 반발식이 있다. ([그림 15.1] 참조)

　흡인식은 자석의 흡인력을 이용하여 차체본체에 걸리는 중력과 평형을 유지하면서 일정한 부상고를 얻도록 된 것으로 부상고를 일정하게 유지하기 위하여 정밀한 센서를 사용한다. TRANSRAPID(독일) 및 HSST(일본)가 이에 속한다.

　반발식은 자석의 반발력을 이용한 것으로 중력과 평형되게 결정된 부상고를 얻도록 되어 있다. 즉, 2개의 자석이 접근하면 자력이 강화되어 반발력이 증가하고 멀어지면 약화되어 상부에 탑재된 물체의 무게에 의해 낙하하는 원리를 이용한 것으로 높이 제어는 필요가 없다. 일본의 국철이 이에 속한다.

　이 방식에서는 지상측에 설치하는 코일로 철제망을 사용하면 흡인력이 작용하여 저항이 크게 되어 주행이 불가능하므로 이를 설치하지 않고 차상측에 상전도 자석을 사용하는 경우에 부상에 필요한 충분한 자력이 얻어지지 않으므로 보다 강한 자력을 발생하는

초전도 자석을 사용하고 있다. 흡인식은 종래와 같은 상전도 자석을 사용한다.

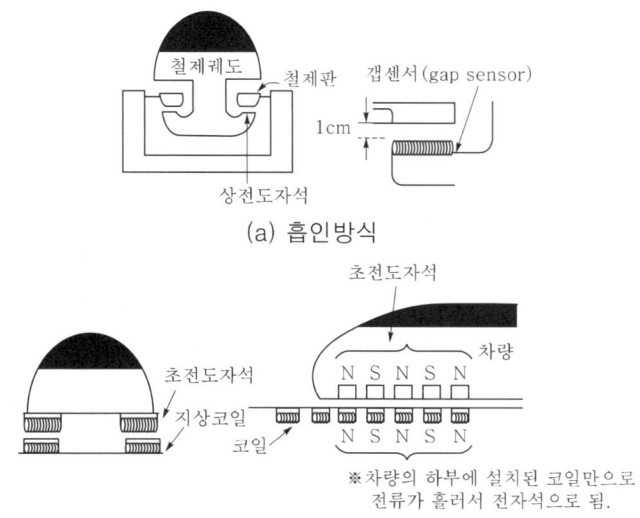

(a) 흡인방식

(b) 유도반발방식

[그림 15.1 **자기부상식의 원리도**]

이러한 흡인식, 반발식 모두 자석은 차상에 탑재되고, 지상에는 흡인식에서는 철제판, 반발식에서는 코일을 설치하고 있다.

반발식의 경우에 코일을 설치하는 것은 2개 자석의 반발력을 이용하므로 지상측도 자석화할 필요가 있기 때문이지만 지상에 설치하는 코일자체에는 전자석화하기 위한 급전이 필요가 없다. 그 이유는 이 코일의 부근을 차상의 강력한 자석이 통과함에 의해서 자동적으로 지상코일의 전자석화가 이루어지기 때문이다. 이 방식에 의해서 얻어지는 전력이 전자유도전력이다.

이 방식에서는 이와 같이 전자유도전력을 이용하므로 차상측에 탑재한 자석의 이동이 빠르고 더불어 속도가 일정치(100km/h) 이상이 되지 않으면 충분한 기전력이 얻어지지 않아 부상이 불가능하므로 보조수단으로 저속주행용 차륜을 구비할 필요가 있다.

흡인식의 경우에 급전방식은 2종류로 분류된다. 즉, 집전장치를 사용하여 외부로부터 집전하는 집전방식과 집전하지 않는 비집전방식이 있다.

비집전방식의 경우는 추진력을 얻는 방식이 가이드웨이상의 코일에 급전하여 추진하는 방식이 있으며 이때에 자석화되는 가이드웨이측 코일의 자성을 이용한다. 즉, 가이드웨이상의 자석부근을 차상에 탑재되어 있는 코일이 통과하면 전자유도전력이 발생하고 외부로부터의 급전이 없어도 차상측의 코일이 자석화되는 것이다.

그리고 속도가 일정치 이상이 되지 않으면 충분한 전력이 얻어지지 않으므로 저속도 주행 및 정차중에도 부상고를 유지하도록 일반적으로 예비축전지를 탑재하고 있다.

2 급전방식

선형전동기는 일반의 회전형전동기를 선형(직선상)으로 펼친 것과 같으며, 회전형전동기는 유도식과 동기식이 있다.

유도전동기는 외측의 철제망에 감겨져 있는 권선에 교류전류를 흘리면 N과 S가 교번하여 회전자계를 발생한다. 그러면 동시에 전동기의 내측에 있는 회전체(알루미늄 원통 등)에도 전류가 유기된다. 자계 중에 위치한 도체에 전류가 흐르면 플레밍의 법칙에 의해서 힘이 발생하며 이것을 회전력으로 하여 취하는 것이다. ([그림 15.2] 참조)

동기전동기는 외측코일밖에 없고 회전체 자체도 자석에 의한 것으로 외측의 회전자계와의 사이에 흡인, 반발관계를 유발하고 이것이 힘으로 되어 회전하는 것이다. ([그림 15.2] 참조) 이 전동기는 회전자가 회전자계와 동일한 속도(synchronous speed)로 회전한다.

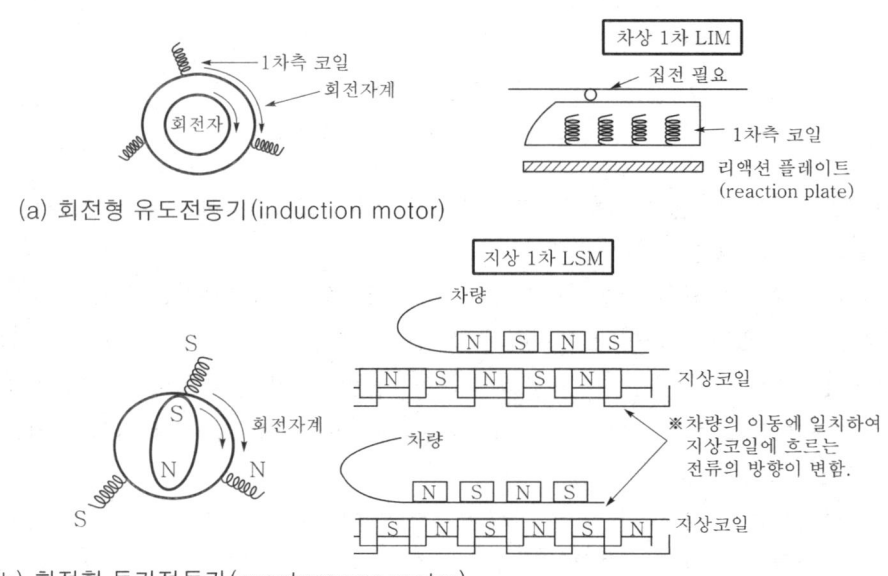

(a) 회전형 유도전동기(induction motor)

(b) 회전형 동기전동기(synchronous motor)

[그림 15.2 **선형전동기의 구조도**]

선형전동기는 이러한 전동기를 직선상으로 펼쳐 놓은 것이며, 회전형전동기에서 회전자계를 얻는 측 즉, 급전할 필요가 있는 측을 1차측이라 한다. 선형전동기의 경우 이 1차측을 차상 또는 지상에 설치하는 2종류의 방식 즉, 차상1차 방식과 지상1차 방식이 있다. TRANSRAPID는 지상1차 방식이며, HSST는 차상1차 방식이다.

차상1차 방식은 전자석용 코일을 차상에 탑재설치하면 되며, 지상1차 방식에서는 전선에 걸쳐서 전자석용 코일을 지상에 설치할 필요가 있다. 그리고 차상1차 방식의 경우

에는 집전의 필요가 있으며 집전시의 마찰력때문에 300km/h를 초과하는 속도에서는 운행이 불가능한 것으로 알려져 있다. 또한, 지상1차 방식의 경우에는 이러한 문제가 없으므로 이론적으로는 속도 500km/h를 초과하는 운행도 가능하다.

회전형전동기에서 전기를 공급하지 않는 측을 2차측이라고 한다. 선형유도전동기에서 2차측은 알루미늄 등의 자계는 통과하지만 자체는 자화되지 않는 상자성체를 설치한다. 선형동기전동기에서는 N없이 S에 고정된 자석이 필요한 방식, 부상용의 초전도 자석을 그대로 이용하는 방식, 부상용 코일을 자석화하는 것과 동일하게 하는 유도발전방식 등이 있으며, 외부로부터의 급전은 필요없다. 그리고 극성을 고정화하기 위하여 필요한 전류의 방향을 일정하게 하는 즉, 유도발전에 의해서 얻어진 교류전류를 직류화하는 변환장치를 설치하고 있다.

3 초전도 자기부상방식

최근 고온초전도물질이 개발되고 선형전동기방식의 철도에도 이 초전도물질이 이용되고 있다. 즉, 상전도에서는 불가능한 강력한 자계를 얻을 수 있으므로 이것이 이용되고 있는 것이다. 부상고의 차이를 보면 상전도 자석에서는 약 1cm이나 초전도 자석 방식에서는 약 10cm의 부상고를 얻을 수 있다.

일반적으로 사용되고 있는 초전도물질은 니오브티탄 합금이 있으며, 이것은 극저온(약 영하 264℃)이 아니면 초전도 상태를 얻을 수가 없다. 이 때문에 냉각제로 액체헬륨을 사용하고 있으며, 상당히 고가로 된다.

그러므로 코일상태로 가공되어 실용가능한 고온초전도물질이 개발되어야 이 문제가 해결될 것으로 보인다. 초전도 자기부상식 철도의 구성 예는 다음의 [그림 15.3]과 같다.

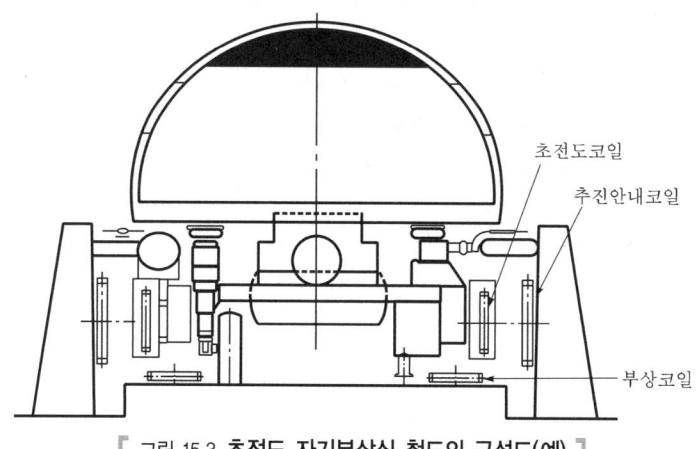

초전도코일
추진안내코일

부상코일

[그림 15.3 **초전도 자기부상식 철도의 구성도(예)**]

03 자기부상식 철도의 특성

1 기본방식

(1) 흡인방식
① 정차중에도 부상이 가능하다.
② 주행저항의 일부로 되는 자기저항이 작다.
③ 기존의 철도기술과의 조합에 의해 구성하는 것이 가능하다.
④ 부상고가 1cm 정도로 작으므로 궤도를 고정밀도로 유지해야 한다.
⑤ 부상고를 일정하게 유지하기 위하여 상시제어가 필요하다.

(2) 반발방식
① 부상고가 약 10cm 정도로 되고, 궤도의 오차 허용치가 크다.
② 부상을 위한 제어는 필요없다.
③ 정전시에도 저속으로 되기까지 낙하하지 않는다.
④ 저속에서는 부상력이 얻어지지 않으므로 보조차륜이 필요하다.
⑤ 저속역에서는 주행저항의 일부인 자기저항력이 크다.
⑥ 초전도, 극저온 등의 기술이 필요하다.

(3) 차상1차 선형유도전동기(LIM) 방식
① 구조가 간단하여 제어가 용이하다.
② 궤도측의 구동시스템의 설치비용이 저렴하다.
③ 변전소의 배치에 따라 열차운행 다이어그램이 제약을 받지 않는다.
④ 차량에 대용량의 집전장치가 필요하다.
⑤ 효율, 역률 등의 전기적 특성이 나쁘다.
⑥ 차량측과 지상측의 공극이 크게 되면 성능이 극단적으로 나빠진다.
   (일반적으로 1cm 이내)

(4) 지상1차 선형동기전동기(LSM) 방식
① 차량측에 대용량의 집전장치는 불필요하다.
② 효율, 역률 등의 전기적 특성이 양호하다.
③ 제어가 복잡하다.
④ 궤도측 구동시스템의 설치비용이 높다.
⑤ 변전소의 배치에 따라 열차운행 다이어그램이 제약을 받는다.

② 운용방식

현재 운행되고 있는 고속전기철도의 주요특성을 비교하면 다음의 [표 15.1]과 같다.

표 15.1 **고속전기철도의 주요특성 비교**

항 목	TRANSRAPID(독일)	HSST(일본)	JR(일본)
수송기능	유럽 대도시간의 고속수송	도시간/공항접근 고속수송	도시간 고속수송

부상방식	상전도 전자흡인방식
	• 궤도측
	  철제판
	• 차량측
	  상전도자석(비집전)
	  주행시는 유도발전,
	  저속/정전시는 축전지 사용
		상전도 전자흡인방식
		• 궤도측
		  리액션 플레이트부 철제레일
		  (안내, 추진겸용)
		• 차량측
		  상전도자석(집전 필요)
		  정전시는 축전지 사용
			초전도 전자유도반발방식
			• 궤도측
			  코일(유도전류)
			• 차량측
			  초전도자석(비집전)
			  초기충전만 시행

부상고	약 1cm	약 1cm	약 10cm

주전동기
방식
	지상1차 LSM 방식
	• 궤도측
	  상전도자석(급전)
	• 차량측
	  상전도자석(비집전)
		차상1차 LIM 방식
		• 궤도측
		  리액션 플레이트(유도전류)
		• 차량측
		  상전도자석(집전 필요)
			지상1차 LSM 방식
			• 궤도측
			  상전도자석(급전)
			• 차량측
			  초전도자석(비집전)

차량 보조전원	주행시는 유도발전 (저속/정전시는 축전지 사용)	집전 (부상, 추진과 일괄집전)	유도발전 (발전용 코일을 별도로 탑재)
최고속도	500km/h	300km/h	500km/h
최소 곡선반경	4,000m (400km/h, 캔트 12°)	2,400m (300km/h, 캔트 12°)	6,700m (500km/h, 캔트 12°)
최급구배	100‰	60‰	100‰
차량제원	• 차량길이 : 54m • 차량중량 : 100t • 정원 : 196명	• 차량길이 : 19.4m • 차량중량 : 18t • 정원 : 70명	• 차량길이 : 22m • 차량중량 : 17t • 정원 : 44명
철도구조물	구조물의 강화 필요성이 있으며, 궤도 정밀도를 높게 유지해야 함.	궤도 정밀도를 높게 유지해야 함.	구조물로 저자성체가 필요하고, 일정궤도오차가 허용됨.

∎ 참고문헌

- 「전기응용」, 지철근, 문운당
- 「전기철도 시스템 공학」, 강인권 편저, 성안당
- 「최신 전차선로」, 강인권 저, 성안당
- 「선로」, 철도교육연구회, 일본
- 「철도 Technical Terms」, 전기차연구회, 일본
- 「개정 전기철도」, Corona 사, 일본
- 「전기철도」, 전기서원, 일본
- 「급전시스템 기술강좌」, 철도종합 기술연구소, 일본
- 「전력개론(전차선)」, 철도전화협회, 일본
- 「전차선로」, 일본전설공업주식회사
- 「전력응용」, 전기서원
- 「도시철도 시스템 개론」, 동일기술연구소
- 「경전철 건설, 운영 기본계획」, 교통개발연구원
- 「OHM지」, OHM사, 일본
- 「21세기 고속철도망」, 공업시사통신사, 일본

합격비법 1 전기자기학

전수기 저 | 4·6배판 | 680쪽 | 20,000원

이 책은 어려운 수식을 가능한 배제하고 최소의 수식을 도입하여 각 장의 개념 파악에 노력하였으며, 각 장마다 본문 내용의 이해를 돕기 위해 각 장 중요 문제를 단원핵심문제로 선정하였습니다. 그리고 각 문제마다 key point를 제시하여 혼자서도 충분히 이해할 수 있도록 하였습니다.

합격비법 2 전력공학

정종연 저 | 4·6배판 | 572쪽 | 20,000원

이 책은 전기분야의 국가기술자격시험. 기술직 공무원시험 및 공사시험을 준비하는 학생은 물론 현장실무자들이 각종 시험에 대비할 수 있도록 집필하였습니다. 어려운 수식을 가능한 배제하고 최소의 수식을 도입하여 각 장의 개념 파악에 노력하였습니다.

합격비법 3 전기기기

임한규 저 | 4·6배판 | 692쪽 | 20,000원

기사·산업기사 국가기술자격증 취득을 위하여 공부하는 학생들은 물론 실무자들을 위하여 20여년 간의 강단 강의 경험을 토대로 수험생의 입장에서 꼭 필요한 내용을 알기 쉽게 수록하였습니다.
특히, 문제은행 방식인 국가기술자격시험 경향에 따라 과년도 출제문제를 상세한 해설과 함께 수록하였습니다.

합격비법 4 회로이론

전수기 저 | 4·6배판 | 672쪽 | 19,000원

이 책은 출제기준에 맞춘 체계적인 구성으로 이론을 상세하게 해설하였습니다.
각 장마다 본문 내용의 이해를 돕기 위해 각 장의 중요한 문제를 단원핵심문제로 선정하여 수록하였습니다.

합격비법 5 제어공학

전수기 저 | 4·6배판 | 408쪽 | 16,000원

기사·산업기사 국가기술자격증 시험은 문제은행 방식으로서. 과년도에 출제된 문제들이 대부분 출제되거나 유사문제가 출제되므로 출제예상문제 편에 과년도 출제 문제를 수록하였습니다. 다양한 문제 유형을 풀어봄으로써 각종 국가기술자격시험에 대비할 수 있도록 하였습니다.

합격비법 6 전기설비기술기준 및 판단기준

정종연 저 | 4·6배판 | 640쪽 | 20,000원

이 책은 각 장마다 본문 내용의 이해를 돕기 위해 각 장 중요 문제를 단원핵심문제로 선정하고 각 문제마다 자세한 해설을 제시하여 혼자서도 충분히 이해할 수 있도록 하였습니다.

합격비법 7 전기응용 및 공사재료

정종연, 김용신 공저 | 4 · 6배판 | 480쪽 | 17,000원

이 책은 저자가 20여년의 강단에서의 경험을 토대로 출간한 것으로 혼자서도 충분히 이해할 수 있도록 저술하였습니다.
체계적이고 상세한 이론 해설과 과년도 기출문제의 완전 분석으로 수험생들이 철저하게 시험을 준비할 수 있도록 하였습니다.

적중 전기기능사

전수기 · 정종연 · 임경순 공저 | 4 · 6배판 | 892쪽 | 27,000원

이 책은 모든 산업 현장의 기본이자 일상생활의 근간이 되고 있는 전기 분야에 처음 발을 내딛는 수험생들이 능률적으로 시험에 대비할 수 있도록 구성되었습니다. 암기 위주의 내용보다는 초보자도 쉽게 이해할 수 있도록 상세한 문제풀이 과정을 수록하여 쉽게 이해하고 계산능력을 키워줄 수 있도록 체계화하였습니다.

적중 전기기사

전기기사연구회 편 | 4 · 6배판 | 1,348쪽 | 38,000원

이 책은 다년간 전기기사 자격시험 문제를 철저하게 검토 · 분석하여 출제 가능성 높은 문제를 최단기간 내에 학습할 수 있도록 하였습니다. 또한 반복 학습을 통해 출제문제에 대한 응용력과 실전력을 배양할 수 있도록 하여 수험생에게 도움을 주고자 하였습니다.

적중 전기산업기사

전기산업기사연구회 편 | 4 · 6배판 | 1,188쪽 | 30,000원

이 책은 출제기준에서 요구하는 필수적인 내용(이론 및 공식)을 요점정리하여 가장 빠른 시간 내에 내용을 파악, 숙지할 수 있도록 하였습니다. 기출문제의 레벨, 범위, 경향을 파악한 후 문제를 엄선하여 체계적으로 정리하였으며 출제빈도가 높은 문제를 쉽게 파악하고, 중복 또는 유사문제에 대한 응용과 실전력을 단기간 내에 배양할 수 있도록 하였습니다. 또한, 최근 출제된 전기산업기사 문제를 부록으로 수록하여 최근 경향을 파악할 수 있게 하였습니다.

적중 전기공사기사

전기공사기사연구회 편 | 4 · 6배판 | 1,352쪽 | 38,000원

이 책은 지난 다년간 출제된 전기공사기사 자격시험 문제를 철저하게 검토 · 분석하여 합격에 필요한 지식을 전달하는 데 목적을 두고 있습니다. 개정된 출제기준의 항목별로 매년 중점적으로 출제되고 있는 빈도가 높은 문제 및 이후에도 계속 출제될 가능성이 높은 문제를 최단기간 내에 학습할 수 있도록 하였습니다.

적중 전기공사산업기사

전기공사산업기사연구회 편 | 4 · 6배판 | 1,136쪽 | 30,000원

이 책은 출제기준에 요구하는 필수적인 내용을 요점 정리하여 가장 빠른 시간 내에 내용을 파악, 숙지할 수 있도록 하였습니다. 합격을 위한 최소한의 필요 문제를 중점적으로 반복해서 학습할 수 있도록 편집, 배열하였으며, 최근 출제된 전기공사산업기사 문제를 부록에 수록하여 출제경향을 파악할 수 있게 하였습니다. 또한 기출문제의 레벨, 범위 등을 분석하여 앞으로의 시험에 대처할 수 있도록 정리하였습니다.

http://www.cyber.co.kr

121-838 서울시 마포구 양화로 127 첨단빌딩 5층(출판기획 R&D 센터)   TEL : 02)3142-0036
413-120 경기도 파주시 문발로 112(제작 및 물류)   TEL : 031) 955-0511
※본사의 사정에 따라 책표지와 정가는 변동될 수 있습니다.

【저자 소개】

1972. 3. ~ 1976. 8. : 서울대학교 공과대학 졸업
1977. 7. ~ 1981. 7 : 해군 기술장교 전역
1982. 7. ~ 2008. 2. : (주)대우엔지니어링 근무
2002. 3. ~ 2011. 2. : 동양공업전문대학 겸임교수
2008. 3. ~ 현재 : (주)강이엠테크 대표이사

- 전기철도 기술사
- 철도신호 기술사
- 전기응용 기술사
- 건축전기설비 기술사

[저서]
- 전기철도 시스템 공학(성안당)
- 최신 전차선로(성안당)
- 전기철도 구조물의 응용역학과 강도(성안당)
- 피뢰보호 시스템 설계(의제)
- 최신 피뢰 시스템과 접지기술(성안당)

최신 전기철도개론

2014. 7. 3. 초 판 1쇄 인쇄
2014. 7. 15. 초 판 1쇄 발행

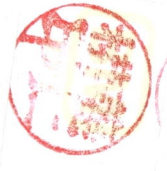

지은이 | 강인권
펴낸이 | 이종춘
펴낸곳 | BM 성안당

주소 | 121–838 서울시 마포구 양화로 127 첨단빌딩 5층(출판기획 R&D 센터)
     | 413–120 경기도 파주시 문발로 112(제작 및 물류)
전화 | 02) 3142–0036
     | 031) 955–0511
팩스 | 031) 955–0510
등록 | 1973.2.1 제13–12호
출판사 홈페이지 | www.cyber.co.kr
ISBN | 978–89–315–2476–5 (13560)
정가 | 20,000원

이 책을 만든 사람들
기획 | 황철규
진행 | 박경희
교정·교열 | 이용화
전산편집 | 호박
표지 | 임형준
홍보 | 전지혜
마케팅 | 구본철, 차정욱, 나진호, 강호묵
제작 | 김유석